FRONTEIRAS
DO
UNIVERSO

Paul Halpern, Ph.D.

FRONTEIRAS DO UNIVERSO

Uma Viagem aos Limites do Horizonte Cósmico

Tradução
ALEPH TERUYA EICHEMBERG
FERNANDA HELENA SILVA BORDON

Editora
Cultrix
SÃO PAULO

Título do original: *Edge of the Universe — A Voyage to the Cosmic Horizon and Beyond.*

Copyright © 2012 Paul Halpern.

Publicado mediante acordo com o autor e com Baror International, Inc., Armonk, New York, USA.

Copyright da edição brasileira © 2015 Editora Pensamento-Cultrix Ltda.

Texto de acordo com as novas regras ortográficas da língua portuguesa.

1ª edição 2015.

Todos os direitos reservados. Nenhuma parte desta obra pode ser reproduzida ou usada de qualquer forma ou por qualquer meio, eletrônico ou mecânico, inclusive fotocópias, gravações ou sistema de armazenamento em banco de dados, sem permissão por escrito, exceto nos casos de trechos curtos citados em resenhas críticas ou artigos de revistas.

A Editora Cultrix não se responsabiliza por eventuais mudanças ocorridas nos endereços convencionais ou eletrônicos citados neste livro.

Editor: Adilson Silva Ramachandra
Editora de texto: Denise de Carvalho Rocha
Gerente editorial: Roseli de S. Ferraz
Revisão técnica: Newton Roberval Eichemberg
Produção editorial: Indiara Faria Kayo
Assistente de produção editorial: Brenda Narciso
Editoração eletrônica: Fama Editora
Revisão: Nilza Agua

Dados Internacionais de Catalogação na Publicação (CIP)
(Câmara Brasileira do Livro, SP, Brasil)

Halpern, Paul, 1961- .
    Fronteiras do universo : uma viagem aos limites do horizonte cósmico / Paul Halpern ; tradução Aleph Teruya Eichemberg, Fernanda Helena Silva Bordon. — São Paulo : Cultrix, 2015.
    Título original: Edge of the universe : a voyage to the cosmic horizon and beyond
    Bibliografia.
    ISBN 978-85-316-1341-8
    1. Cosmologia — Obras populares I. Título.

15-08816   CDD-523.1

Índices para catálogo sistemático:
1. Universo : Astronomia 523.1

Direitos de tradução para o Brasil adquiridos com exclusividade pela EDITORA PENSAMENTO-CULTRIX LTDA., que se reserva a propriedade literária desta tradução.
Rua Dr. Mário Vicente, 368 — 04270-000 — São Paulo, SP
Fone: (11) 2066-9000 — Fax: (11) 2066-9008
http://www.editoracultrix.com.br
E-mail: atendimento@editoracultrix.com.br
Foi feito o depósito legal.

Dedicado, com amor,
a Felicia, Eli e Aden

SUMÁRIO

Prólogo: As Novas e Extraordinárias Fronteiras da Cosmologia 9

1. Até Onde Nós Conseguimos Enxergar? — Viagem às Fronteiras do Universo Conhecido 17

2. Como o Universo Nasceu? — Revelando a Aurora do Tempo 34

3. Até Onde se Estendem as Fronteiras do Universo? — A Descoberta da Aceleração do Universo 54

4. Por Que o Universo Parece Tão Uniforme? — A Era Inflacionária . 69

5. O Que é a Energia Escura? — Será Que Ela Está Dilacerando o Universo? 86

6. Nós Vivemos em um Holograma? — Explorando as Fronteiras da Informação 102

7. Existem Alternativas para a Inflação? — Dimensões Extras e o Grande Salto 118

8. O Que Proporciona Estrutura ao Universo? — A Procura pela Matéria Escura 134

9. O Que Está Arrastando as Galáxias? — Os Mistérios do Fluxo Escuro e o Grande Atrator 151

10. Que é o "Eixo do Mal"? — Investigando Estranhas Características do Fundo Cósmico 164

11. O Que são as Imensas Rajadas de Energia Vindas das Mais Longínquas Regiões do Universo? — Erupções de Raios Gama e a Procura pelos Dragões Cósmicos 176

12. Será Que Podemos Viajar para Universos Paralelos? — Os Buracos de Minhoca como Portais.. 191

13. Será Que o Universo Está se Dividindo Incessantemente em Realidades Múltiplas? — A Hipótese dos Muitos Mundos 206

14. Como Será o Fim do Universo? — Com uma Explosão, um Salto, uma Implosão, um Rasgão, um Estiramento ou um Lamento?....... 221

15. Quais São os Limites Definitivos do Nosso Conhecimento a Respeito do Cosmos?... 239

Agradecimentos... 253
Notas 255
Leituras Recomendadas 261

PRÓLOGO

As Novas e Extraordinárias Fronteiras da Cosmologia

Tudo em que antes acreditávamos sobre o universo está errado! Pensávamos que a maior parte do material presente no espaço compunha-se de átomos, ou pelo menos de substâncias visíveis. Errado! Pensávamos que a expansão do universo estivesse desacelerando — que seu crescimento a partir do Big Bang estivesse perdendo força. Errado mais uma vez! Pensávamos que as galáxias estivessem espalhadas com uniformidade e regularidade, e que não houvesse grandes regiões de espaço em que elas não estivessem presentes. Era o que se pensava antes que a descoberta de gigantescas regiões vazias tornasse essa noção destituída de significado e... errada mais uma vez! Pensávamos que houvesse um único universo — afinal de contas, "uni" significa "um". Embora o júri ainda esteja tomando sua decisão, alguns cientistas já estão alegando evidências de um multiverso — uma coleção de realidades paralelas. Assim, em última análise, até mesmo o nome "universo" pode estar errado!

Bem-vindo à cosmologia do século XXI, campo altamente preciso que não tem medo de admitir que a imensa maioria de tudo o que constitui o universo é feita de coisas que estão além da nossa compreensão atual. Matéria escura, energia escura e enormes "buracos" no espaço — imensas extensões vazias — são os muito discutidos tópicos cosmológicos da atualidade, os quais, como a série de televisão *Seinfeld*, da década de 1990, são, todos eles, "a respeito do nada". O nada está, literalmente falando, nas telas de radar dos cosmólogos, à medida que eles estão aprendendo sobre as enormes lacunas por meio de abrangentes levantamentos do espaço celeste graças a telescópios espaciais e terrestres, bem como por sondagens detalhadas dos sinais de rádio vindos da aurora do tempo, entre outras fontes.

É claro que essas coisas, na verdade, não são "o nada" — nós apenas não sabemos o suficiente a seu respeito para dizer o que elas são. Tradicionalmente, os astrônomos têm se concentrado naquilo que podemos observar diretamente — o material que forma as estrelas e os planetas. Eles estimam que cerca de 4% a 5% do universo é composto de matéria convencional. Mas para aqueles que seguem as últimas tendências, a matéria comum é *tão* século XX! Estivemos lá, fizemos isso, e agora queremos resolver o sofisticado enigma de sondar a maior parte do cosmos, que é invisível.

A cosmologia, como a ciência cujo objeto é todo o universo físico, muda suas metas e seu âmbito em conformidade com o fluxo e o refluxo do nosso conhecimento a respeito do espaço. Graças a técnicas modernas, muitos dos grandes mistérios que outrora confundiam filósofos e cientistas foram solucionados. Dados cosmológicos de todos os tipos apontam para uma era primordial do cosmos que foi incrivelmente quente e inacreditavelmente densa, chamada Big Bang. Os astrônomos o tomam como referência para estimar a idade aproximada do universo, 13,75 bilhões de anos (com uma margem de erro de cerca de 100 milhões de anos para menos ou para mais), e obtiveram uma imagem detalhada de alguns dos seus primeiros estágios. Recentes modelos estimam que o tamanho do universo observável (a parte dele potencialmente detectável por instrumentos que medem sinais vindos do espaço) é de aproximadamente 93 bilhões de anos-luz de diâmetro. No entanto, ironicamente, parece que quanto mais nós aprendemos a respeito do cosmos, mais nós compreendemos o quanto dele ainda está além da nossa compreensão.

Há cinco séculos, intrépidos exploradores europeus içaram velas para além do horizonte visível do mar e mapearam terras até então desconhecidas para eles. Hoje, astrônomos embarcaram em uma busca ainda mais extraordinária: determinar a forma, os horizontes e a extensão do próprio universo, inclusive das enormes regiões invisíveis. Para essa viagem cósmica, bússolas, sextantes e rolos de pergaminho foram substituídos por poderosos telescópios, delicados receptores de micro-ondas, sofisticados algoritmos de computadores e uma multidão de outras ferramentas para captar ondas luminosas vindas de todas as regiões do espectro. A cartografia emergente do universo está sendo montada a partir de seu registro imensamente intrincado de sinais luminosos — e até mesmo quando tentamos penetrar nos segredos da escuridão. Nesse alvorecer da nova cosmologia, são os diversificados matizes da luz coletada, e cientificamente analisada, que iluminam a noite eterna.

A escuridão circunda o nosso mundo, interrompida apenas por pontos luminosos espalhados pelo espaço. Estamos acostumados ao vazio, e não nos intimida a tarefa de pinçar informações vindas de longínquos objetos que apenas vagamente anunciam sua chegada a cada noite. Nossa prática de fabricar espelhos e lentes que reúnem a luz nos foi de grande utilidade, permitindo-nos mapear regiões do espaço de onde os sinais que hoje recebemos levaram, literalmente, bilhões de anos para chegar até nós. A astronomia agora se sente confortável diante de tais desafios.

No entanto, crescemos progressivamente mais conscientes de uma escuridão muito mais perturbadora e que, até agora, tem desafiado todas as tentativas de compreensão. Embora o puro nada, o nada incapaz de exercer efeitos e de ter consequências, seja fácil de descartar, o material invisível e que exerce influências igualmente invisíveis não pode ser considerado levianamente. Cada vez mais, nós compreendemos que as coisas que observamos são guiadas por substâncias que não podemos ver. A Via Láctea e outras galáxias têm em seus centros buracos negros supermassivos, são pilotadas pela matéria escura e afastadas umas das outras em marcha acelerada pela energia escura. Esses são três diferentes tipos de entidades ocultas. As duas últimas constituem, quando somadas, a parte do leão de toda a matéria e de toda a energia do universo.

Pelo menos, sabemos do que os buracos negros convencionais são feitos — estados materiais altamente comprimidos, que se formam quando os núcleos de estrelas massivas colapsam catastroficamente. A intensidade de sua atração gravitacional é tamanha que nada consegue escapar de seu puxão — nem mesmo os sinais luminosos. Buracos negros supermassivos, muito maiores do que a variedade comum, formados de remanescentes de gerações estelares mais antigas e mais massivas provavelmente desempenharam papéis fundamentais na maneira pela qual galáxias como a Via Láctea se organizaram e se estruturaram. Desse modo, embora os buracos negros sejam misteriosos, os astrônomos construíram modelos viáveis a respeito de como eles emergiram.

Não podemos dizer o mesmo da matéria escura; ninguém sabe qual é sua verdadeira composição. Os astrônomos inferem a existência da matéria escura por causa do comportamento das estrelas nas galáxias e das galáxias nos aglomerados galácticos. Esse material invisível puxa com força as estrelas situadas nas regiões mais externas das galáxias, forçando-as a girar ao redor dos centros galácticos muito mais depressa do que girariam se essa matéria não existisse. Além disso, sem a "cola" gravitacional fornecida por substâncias invisíveis, as galáxias não seriam capazes de formar os gigantescos aglomerados que vemos no céu, tais como o Aglomerado de Coma, o Aglomerado de Virgem, e numerosos outros. Recentes estudos a respeito da matéria escura que circunda os aglomerados mostraram que ela se distribui sob o formato típico de um charuto alongado em vez de formar uma esfera perfeitamente simétrica. Cientistas estimam que aproximadamente 23% a 26% de todo o material do universo é constituído de matéria escura. No entanto, apesar de muitos experimentos, sua identidade permanece desconhecida.

Uma fatia ainda maior de tudo o que existe no universo observado é constituída de uma entidade completamente diferente, mas igualmente misteriosa, denominada energia escura. Diferentemente da "cola" invisível da matéria escura, a energia escura exerce uma força de repulsão invisível, empurrando as galáxias e levando-as a um processo de aceleração à medida que as afasta umas das outras. Já sabíamos, desde o fim da década de 1920, que o universo está se expandindo; entretanto, foi somente no fim da década de 1990 que os astrônomos descobriram que a expansão cósmica está se acelerando em vez de desacelerar. Ninguém sabe qual é a causa dessa aceleração. Possivelmente, é uma modificação da própria lei da gravidade, e não uma substância real. O astrofísico Michael Turner cunhou a expressão "energia escura" para distingui-la da matéria escura, e ao mesmo tempo para indicar a natureza esquiva de ambos os tipos de substância. Os astrônomos estimaram que mais de 72% de tudo o que constitui o universo é formado por energia escura. Somando as enormes frações que cabem à matéria escura e à energia escura, conclui-se que menos de 5% do universo é feito de matéria comum — o material que constitui os átomos e tudo o que nós vemos. Descobrir qual é a natureza da matéria escura e qual a da energia escura são dois dos maiores enigmas científicos da era moderna.

Os limites ao conhecimento cósmico frustram o nosso espírito de curiosidade. Queremos sondar toda a realidade física e, como os leitores de um romance inacabado, ficamos decepcionados com suas berrantes omissões. Muitas outras perguntas sobre o universo desafiam nossas atuais tentativas de compreender e nos desafiam a nos esforçarmos mais para saber as respostas. Houve um princípio para o tempo? Houve eventos antes do Big Bang? É possível viajar para o passado? Há outros universos? Poderia haver dimensões superiores além da nossa percepção? Algum dia, a história do cosmos chegará a um fim? E, nesse caso, o que acontecerá em sua era final?

Em anos recentes, a ideia de multiverso — uma coleção de universos — ganhou muita aceitação. Um modelo que supõe um crescimento extremamente rápido bem no início do universo, chamado de "inflação", sugere, em algumas de suas versões, que o nosso universo é circundado por outros universos, chamados de "universos-bolhas". Embora o conceito soe como ficção científica, surpreendentemente uma recente descoberta parece apoiar a ideia de que há outros universos além do nosso.

Em 2008, o astrônomo Alexander Kashlinsky, do Centro de Voo Espacial Goddard, da NASA, anunciou os espantosos resultados de um estudo detalhado dos movimentos de aglomerados de galáxias. Fazendo uso de dados coletados pelo satélite WMAP (Wilkinson Microwave Anisotropy Probe, Sonda Wilkinson de Anisotropia de Micro-ondas), sua equipe descobriu que centenas de aglomerados estão afluindo em um movimento rápido e contínuo, de milhões de quilômetros por hora, em direção a um pedaço de céu entre as constelações de Centauro e Vela. Os pesquisadores especularam que esse "fluxo escuro", como eles chamaram o fenômeno, poderia ser o resultado de materiais vindos de além do universo observável, os quais estariam afetando os aglomerados dentro dele por meio de atração gravitacional mútua. Pelo que parece, partes invisíveis do universo poderiam estar puxando as mangas dos nossos paletós, tentando nos fazer saber que elas estão lá fora.

A análise estatística da radiação cósmica de fundo (RCF) na faixa das micro-ondas obtida a partir de dados coletados pelo WMAP e outros instrumentos comprovou ser uma ferramenta revolucionária para a astronomia. Ela revelou muitas estranhezas, entre elas um alinhamento de padrões de ondulações tão estranho que foi apelidado de "o eixo do mal". Outra fonte de perplexidade foi a descoberta de várias grandes manchas frias. Essas tomam consideráveis pedaços do céu, comparáveis em largura à Lua Cheia, e nelas a temperatura da radiação de micro-ondas é menor, em média, que a de outros setores. O significado dessas manchas frias não é claro. Enquanto alguns cientistas as descartam como meros acasos estatísticos, outros especulam que elas poderiam representar cicatrizes resultantes de interações com outros universos.

Como se tudo isso já não fosse suficientemente bizarro, outro mistério cósmico chamou a atenção dos cientistas na extremidade oposta do espectro das radiações eletromagnéticas. Enquanto a sonda WMAP foi incumbida de mapear sutis diferenças de temperatura na faixa das micro-ondas de baixa energia, outro instrumento espacial, o GLAST (Fermi Gamma-Ray Space Telescope, Telescópio Espacial Fermi de Raios Gama) teve por missão fazer um levantamento da radiação gama, a mais energética das formas de luz. Sempre que uma estrela massiva explode catastroficamente no que se conhece como explosão de supernova, ela libera quantidades colossais de energia — mais do que toda a energia que o Sol liberou até agora desde que nasceu. Grande parte dessa energia está presente sob a forma de raios gama. Essas erupções de raios gama enfatizam a importância da presença de uma "névoa" de fundo de tal radiação, conhecida como nevoeiro (ou neblina) de raios gama. Até recentemente, os astrônomos acreditavam que o nevoeiro de raios gama era simplesmente a soma total das erupções vindas de galáxias distantes — inclusive da incessante produção advinda dos buracos negros supermassivos em seus centros galácticos, que gera, rápida e continuamente, imensos fluxos de raios gama à medida que engolem matéria com enorme voracidade. No entanto, resultados coletados pelo GLAST e divulgados no início de 2010 indicaram que as fontes conhecidas formam apenas 30% do nevoeiro de raios gama. Os 70% restantes não puderam ser explicados — uma estranheza que o relatório chamou de "dragões". Que tipos de bestas astrais poderiam estar se escondendo na neblina, exalando fogo de raios gama? Juntamente com a matéria escura, a energia escura e o fluxo escuro, o nevoeiro de raios gama é outro grande mistério cósmico.

Prepare-se para uma viagem épica ao horizonte cósmico, e para além dele! Mantenha olhos vigilantes voltados para as estranhas criaturas que espreitam na neblina. Fique pronto para se defrontar com forças poderosas o bastante para forjar universos inteiros e com energias corrosivas o bastante para obliterá-los. E veleje com extremo cuidado ao redor dos buracos negros, para não ser por eles arrebatado em um mergulho de inconcebível violência.

Em nossa jornada rumo ao coração do espaço, herdamos o bravo legado dos marinheiros Leif Erikson e Magalhães, dos grandes exploradores polinésios que viajaram pelo Pacífico com escaleres a vela, dos corajosos viajantes que cruzaram a ponte de terra do Estreito de Bering rumo à América do Norte, e de todos os outros que procuraram novas terras e aventuras. Atualmente, viajamos com nossos olhos, nossos instrumentos e nossa imaginação, e não com nossos corpos físicos; mas quem sabe como será no futuro distante?

Esta é uma história sobre dragões cósmicos, poços sem fundo e mundos do outro lado do espelho — de um possível eixo do mal e de supostos portais abrindo-se para reinos escondidos. A escuridão permeia essa história — matéria escura, energia escura e fluxo escuro —, embora seja, em sua essência, uma crônica sobre como a luz radiante vinda das longínquas regiões do espaço é coletada, quebrada em seu caleidoscópio de cores e de frequências invisíveis, e analisada por mentes investigadoras. A partir dessas imagens e teorias, emergiu uma narrativa ainda mais excitante do que as heroicas sagas de outrora. Que a aventura celestial comece!

1

Até Onde Nós Conseguimos Enxergar?

Viagem às Fronteiras do Universo Conhecido

Bem alto no céu ela brilha,
Viva com todos os pensamentos e esperanças e sonhos
Da aventurosa mente do homem.
Lá em cima, eu sabia,
Os exploradores do céu, os pioneiros
Da ciência, estão agora prontos para atacar,
Mais uma vez, essa escuridão e ganhar novos mundos.

— ALFRED NOYES, *"WATCHERS OF THE SKY"* (1922)

A ciência moderna sugere que o espaço é infinito. Medições astronômicas revelaram que sua geometria é plana, como a de uma superfície bidimensional infinita, mas em três dimensões. É realmente um conceito perturbador ao extremo, pois, se o universo é infinitamente grande, nós somos infinitamente pequenos.

No entanto, quando os cientistas descrevem o conteúdo do universo — incluindo suas estrelas, galáxias e outras características — eles estão falando do universo cognoscível, do universo observável. O que está além dessa fronteira é algo que nós só podemos supor. Não podemos espreitar além das fronteiras do universo observável — por mais aperfeiçoados que sejam os nossos telescópios e outros instrumentos de medida —, e por isso não sabemos que fração do universo físico real ele representa. Embora possamos especular que o espaço se estende para sempre, não podemos provar isso definitivamente. Desse modo, qual é a largura deste universo observável, nosso enclave de escuridão e de luz do qual nós nunca conseguiremos ver além? Os cientistas estimaram que ele tem cerca de 93 bilhões de anos-luz de lado a lado. A capacidade que eles demonstram para fazer afirmações de alcance assim tão longo aponta para os surpreendentes avanços nas medições astronômicas.

Olhando para Trás no Tempo

A cosmologia, a ciência do universo, está testemunhando uma idade de ouro. Graças a poderosos telescópios, a sensíveis receptores de micro-ondas, a sofisticados algoritmos de computadores e a uma multidão de outras ferramentas para coletar e analisar a luz, o estudo do cosmos obteve extraordinário grau de precisão. Os pesquisadores foram capazes de estender o alcance do conhecimento astronômico até profundezas sem precedentes e até um passado mais remoto do que se havia chegado até então. Em última análise, nossa capacidade para ver a fronteira do universo conhecido é limitada por quão longe no tempo nós podemos observar.

A partir desse notável corpo de dados coletados nós podemos rastrear o crescimento do universo remontando no tempo e definindo com precisão a sua idade. Há cerca de 13,75 bilhões de anos, tudo o que vemos ao nosso redor, desde a Terra até os limites externos da nossa observação, emergiu em uma explosão no evento supremamente abrasador e ultracompacto conhecido como Big Bang. Ser capaz de abordar com tal autoridade um acontecimento que ocorreu há tanto tempo evidencia a que ponto chegou o triunfo de precisão da moderna cosmologia.

Vamos agora estimar o tamanho do universo observável. Como uma primeira aproximação, e para simplificar o raciocínio, vamos supor que o universo foi estático desde o seu princípio. Imagine que no instante do seu nascimento ele passou a existir subitamente da maneira como é exatamente agora. Então, a distância daqui até a fronteira do universo observável seria igual à sua idade multiplicada pela velocidade da luz. A luz se propaga no vácuo com uma velocidade de cerca de 300 mil quilômetros por segundo — um tanto menos do que 9,65 trilhões de quilômetros por ano. Por conveniência, os astrônomos deram à distância que a luz percorre em um ano o nome de ano-luz, cerca de 9,5 trilhões de quilômetros. Quando nós olhamos para um objeto que está a cerca de um ano-luz de distância, estamos na verdade vendo como ele era um ano atrás, pois a luz demorou um ano para percorrer esse ano-luz. Quando olhamos para um objeto distante 100 anos-luz de nós, estamos vendo como ele era antes de termos nascido. Quando olhamos para a fronteira do universo conhecido, não a estamos vendo como ela é agora, mas como ela era na época em que nasceu. Portanto, no cenário estático, o objeto mais distante que podemos ver estaria aproximadamente 13,75 bilhões de anos-luz distante de nós (cerca de 130 bilhões de trilhões de quilômetros), pois essa seria a distância que a luz poderia possivelmente viajar desde o início do tempo. Seria essa a extensão do universo conhecido.

Entretanto, como o universo está se expandindo, conseguimos ver corpos que estão muito mais distantes no espaço. Isso acontece porque, depois que um objeto emite luz, o espaço continua a crescer — impulsionando o objeto para mais longe de nós. Por volta da ocasião em que recebemos o sinal, a expansão tornou o objeto luminoso muito mais remoto. Além disso, a expansão do espaço se acelerou ainda mais, empurrando o corpo para ainda mais além. Consequentemente, o tamanho do universo observável é muito maior do que seria se o próprio espaço tivesse se mantido estático.

Foi apenas em 2005 que J. Richard Gott III, notável astrofísico de Princeton, e seus colaboradores calcularam o raio do universo observável, verificando que era de aproximadamente 46,6 bilhões de anos-luz.[1] Seu diâmetro seria, pois, o dobro disso, ou cerca de 93 bilhões de anos-luz de uma extremidade à extremidade oposta. Nenhum instrumento, por mais poderoso que fosse, poderia detectar um sinal vindo de tão longe.

Entretanto, em comparação com o cenário hipotético de instrumentos perfeitos, o alcance dos telescópios é um tanto mais limitado. Telescópios coletam luz que viajou através do espaço depois de ser emitida por várias fontes. De acordo com Gott e seus colaboradores, o raio da esfera contendo todas as fontes de luz potencialmente detectáveis é de aproximadamente 45,7 bilhões de anos-luz. Eles realizaram esse cálculo remontando no tempo até a era da recombinação por meio de extrapolações, determinando os limites das mais longínquas fontes da luz que tivessem sido emitidas a partir desse período e que poderíamos estar observando atualmente, e usando a taxa de expansão do universo e outros dados cosmológicos para determinar onde essas fontes estão nos dias de hoje.

A era da recombinação é a época, ocorrida cerca de 380 mil anos após o Big Bang, em que os átomos se formaram e a luz começou a viajar livremente através do espaço. A luz que vem dessa era é a mais antiga que podemos detectar. Antes dessa época, o universo era opaco, o que significa que a luz era incapaz de viajar até muito longe. A luz saltava de um lado para o outro entre elétrons, íons positivos (átomos com elétrons faltando) e outras partículas carregadas. Desse modo, a diferença entre os dois valores do raio resulta do fato de ser ou não possível registrar sinais não luminosos vindos do período opaco entre o Big Bang e a era da recombinação. Se incluirmos essa possibilidade, o universo observável terá cerca de 46,6 bilhões de anos-luz de raio. Se considerarmos apenas fontes de luz, a cifra será de 45,7 bilhões de anos-luz de raio.

É estranho imaginar a passagem do tempo durante o período opaco, pois nesse período a luz não se movia muito através do espaço. Por isso, não há registro visual sobre o que aconteceu durante essa era de cerca de 380 mil anos. Sem movimento é difícil imaginar o tempo. Entretanto, o tique de relógio durante esse intervalo foi o crescimento do próprio espaço. Medindo a composição material do universo e contando com a Teoria da Relatividade Geral de Einstein para determinar como a taxa de expansão mudou ao longo do tempo, cientistas contemporâneos foram capazes de determinar quanto tempo transcorreu desde o Big Bang até a era da recombinação, período em que o universo era demasiadamente frio para que átomos se formassem.

Só depois que os elétrons e íons formaram átomos neutros o universo tornou-se transparente à luz. Esta poderia parar de saltar de partícula em partícula e começar a se mover em linha reta. Os fótons (partículas de luz) liberados poderiam viajar livremente através do cosmos, percorrendo grandes distâncias com a velocidade da luz, oferecendo uma maneira mais familiar de dividir o tempo, dividindo a distância pela velocidade. Parte dessa luz nos atinge atualmente sob a forma da radiação cósmica de fundo (RCF) na faixa das micro-ondas — um ruído sibilante de rádio que permeia todo o espaço.

Como o universo se tornou cada vez maior desde o seu princípio, Gott e seus colaboradores levaram em consideração como sua escala mudou ao longo do tempo. Para a taxa de expansão e outros parâmetros cosmológicos, eles usaram resultados obtidos com precisão, como os mapeamentos detalhados enviados pelo satélite WMAP, a Sonda Wilkinson de Anisotropia de Micro-ondas, da NASA, planejado para coletar informações sobre a RCF, um ruído de micro-ondas presente em todo o universo. Análises dos dados enviados pelo WMAP produziram valores nítidos para quantidades procuradas há muito tempo, tais como a idade, a forma, a taxa de expansão e a aceleração do universo. Até que essas informações ficassem disponíveis, as estimativas astronômicas sobre o tamanho do universo observável eram muito menos precisas. Porém, graças aos dados, os pesquisadores foram capazes de calcular um valor muito mais seguro para a extensão do universo conhecido.

Gott e seus colaboradores estimaram em seu artigo que o universo observável é lar para cerca de 170 bilhões de galáxias, abrigando, ao todo, cerca de 60 sextilhões (bilhões de trilhões) de estrelas. Estimativas mais recentes dão resultados ainda maiores — chegando até um trilhão de galáxias, que abrangem um total de centenas de sextilhões de estrelas. A imensidão do espaço observável realmente nos deixa perplexos! É surpreendente que os modernos telescópios tenham conseguido sondar uma fração significativa dessas extensões imensas.

Uma Jornada a Partir do Centro do Universo

Quando consideramos o que existe na fronteira do universo observável, também poderíamos nos perguntar sobre o que existe em seu centro. Um mito comum é que existe algum lugar no espaço onde o Big Bang ocorreu. No entanto, não existe tal ponto porque o crescimento cósmico ocorre igualmente por toda parte no espaço. A expansão ocasionada pelo Big Bang empurra todos os pontos do espaço de modo a afastá-los de todos os seus pontos vizinhos. Se remontarmos no tempo, rastreando esse crescimento, descobriremos que todos os pontos do universo se aproximarão cada vez mais uns dos outros. Portanto, não existe um lugar único no universo que defina de maneira exclusiva onde o Big Bang ocorreu.

No entanto, o universo observável tem realmente um centro. Como poderíamos encontrá-lo? Haveria um marco nesse ponto, como o Four Corners Monument, onde o Arizona, o Novo México, o Colorado e Utah se encontram? É uma região movimentada, muito trafegada, como o Piccadilly Circus em Londres, e o Coliseu em Roma? Ou é um lugar remoto, de difícil acesso, mas de grande significado por causa da conjunção de linhas traçadas por cartógrafos, como o Polo Sul?

De fato, você poderia permanecer em qualquer um desses lugares e, sem deixar de dizer a verdade, gritar: "Estou no centro do universo observável!" Por definição, qualquer ponto de observação no espaço é o centro do universo observável porque a luz chega nesse local vinda igualmente de todas as direções. É como estar em um barco no mar aberto e ver o horizonte por toda a sua volta; onde quer que o barco esteja nesse momento seria o centro do círculo traçado por esse horizonte. Desse modo, se você instala um telescópio no Times Square, no topo do Monte Everest ou no pico da mais alta montanha no Havaí, a Mauna Kea, cada um desses lugares seria o centro do universo para você. (Se fosse escolher entre esses três, Mauna Kea seria a melhor alternativa para a astronomia, pois estaria longe das luzes da cidade, bem no alto, mas ainda acessível por estrada. É por isso que há observatórios importantes exatamente lá.)

Tudo isso poderia parecer uma questão de semântica. Poderíamos nos perguntar onde fica o centro do universo físico real, e não apenas o do universo observável. Nesse caso, os cientistas acreditam que não existe tal ponto. A existência de tal centro desafiaria uma regra de senso comum na astronomia: o Princípio Copernicano.

O Princípio Copernicano extrapola a ideia revolucionária de Nicolau Copérnico, astrônomo do século XVI — a Terra não é o centro de tudo e o Sol e os planetas não giram em torno dela — para o universo como um todo. Esse Princípio oferece uma poderosa ferramenta para deduzir logicamente as propriedades de outras regiões do universo ao admitir que a nossa região do espaço não é especial. Por exemplo, a distribuição das galáxias que vemos deveria ser aproximadamente a mesma que uma pessoa observaria, no mesmo momento, a partir de outro sistema planetário situado em outra galáxia um bilhão de anos-luz distante de nós. Um universo em que cada local se parece muito com qualquer outro local é chamado de homogêneo.

Ao realizar observações astronômicas em todas as direções nós poderíamos fazer uma afirmação de impacto ainda maior. Na escala mais ampla, em cada ângulo ao longo do qual nós fixamos nossa atenção, o que vemos se parece aproximadamente com o que podemos ver sob qualquer outro ângulo no que se refere à distribuição de matéria. Isso é chamado de isotropia. Se por uma perfeita coincidência estivéssemos realmente no centro do universo físico, poderíamos atribuir a isotropia observada ao fato de estarmos em um espécie de cubo da roda, como no centro de um anel viário a partir do qual as ruas irradiam para todas as direções. No entanto, se seguirmos a sabedoria de Copérnico e supusermos que não somos centrais, a isotropia significará aqui isotrópico por toda parte. O resultado é uma afirmação extremamente vigorosa sobre a geometria do espaço, útil para a nossa compreensão da cosmologia. O universo, em sua escala mais ampla, é homogêneo e isotrópico.

A Extraordinária História da Luz

A partir do humilde ponto de observação da Terra, é notável que nós saibamos tudo isso sobre o imenso espaço ao nosso redor. Afinal de contas, as missões tripuladas ao espaço se aventuraram até agora apenas até a Lua, um mero passo em frente na perspectiva cósmica (embora um passo gigantesco de acordo conosco!). Sondas robóticas exploraram o Sistema Solar, mas ainda não transpuseram a imensa lacuna entre o Sol e seus "súditos" e o domínio das estrelas. Nossas jornadas físicas tocaram apenas a fatia mais delgada do universo observável.

Felizmente, a incessante chuva de partículas de luz, ou fótons, sobre a Terra oferece-nos um dilúvio de informações sobre o cosmos. À medida que os telescópios se tornaram progressivamente mais sofisticados, equipados com colossais espelhos, esmerilhados e polidos com alta precisão, e com câmeras digitais de alta resolução, eles passaram a ser mais bem capazes de coletar esse dilúvio de dados luminosos para análises subsequentes.

O que um fóton pode nos dizer? Primeiro, ele se move em linha reta com velocidade constante — a velocidade da luz — a não ser que encontre matéria. A luz pode ser emitida ou absorvida por qualquer tipo de substância que esteja eletricamente carregada. Isso pode alterar sua trajetória e desacelerá-la. Por exemplo, um elétron negativamente carregado pode liberar um fóton, que é posteriormente captado por outro elétron. Essa brincadeira é parte da interação eletromagnética, o processo pelo qual as forças elétricas e magnéticas são transmitidas É por isso que a luz é chamada de onda eletromagnética.

Outra propriedade da luz é o seu brilho. O brilho observado de um objeto luminoso, como uma lâmpada de rua ou uma estrela, depende de dois fatores principais. Um deles é a luminosidade, que é a quantidade de energia que o corpo brilhante emite em sua fonte. O outro fator é a distância entre a fonte de luz e o observador. O fator de distância é uma relação definida pelo inverso do quadrado, significando com isso que se você, por exemplo, se colocar duas vezes mais distante da fonte de luz, ela parecerá quatro vezes mais escura. Embora seja necessária uma lâmpada de 100 watts localizada no centro de uma sala de nove metros de lado a lado para iluminá-la, aumente o espaço para um comprimento de 91 metros de lado a lado (o tamanho de um campo de futebol) e será preciso uma lâmpada de 10 mil watts no mesmo local para fornecer um brilho semelhante. Por outro lado, se você estivesse sentado em um estádio que, de outra forma, estaria escuro, e notasse o brilho esmaecido de uma lâmpada que você soubesse que estava emitindo uma energia substancial, você concluiria que estava muito distante dela. Você poderia até mesmo usar o seu conhecimento a respeito de sua luminosidade, ou energia efetiva, e de seu brilho aparente para avaliar a distância que ela se encontra de você.

Os astrônomos usam essa comparação entre luminosidade e brilho observado recorrendo a objetos de produção energética conhecida, chamados velas-padrão. As velas-padrão oferecem uma maneira importante para calibrar grandes distâncias.* Elas são usadas para estabelecer a imensidão do universo e ajudar a determinar a taxa com a qual ele está se expandindo.

Entre as velas-padrão mais antigas e mais comumente utilizadas estão estrelas chamadas variáveis cefeidas. Elas piscam com regularidade em seu brilho como um bulbo bruxuleante em uma árvore de Natal. Em 1908, Henrietta Leavitt, trabalhando no Harvard College Observatory, fez uma descoberta monumental sobre as cefeidas, que mudaria o curso da história da astronomia. Ela mapeou

---

* Aos leitores que poderão se surpreender com o fato de que basta o conhecimento preciso de grandezas ópticas associadas à luminosidade de uma vela-padrão para revelar a distância que nos separa dela, eis uma fórmula muito conhecida que as relaciona: $5 \log d = m - M + 5$, onde m é a magnitude aparente, M a magnitude absoluta e d a distância procurada medida em parsecs. (N.R.)

a taxa de cintilação *versus* a luminosidade de um grupo de cefeidas nas Nuvens de Magalhães (que, atualmente se sabe, são galáxias satélites da Via Láctea) e descobriu uma correlação direta. Quanto maior for a energia emitida pela estrela variável, mais lentamente ela piscará. Era como se lâmpadas de 100 watts piscando tivessem um ciclo de cintilação mais longo do que lâmpadas de 75 watts. Por meio de estudos meticulosos, Leavitt estabeleceu uma nítida conexão entre a extensão do ciclo de cintilação e a luminosidade para cada cefeida que ela observou. A luminosidade calculada da cefeida podia então ser comparada com o seu brilho observado para calibrar a distância que ela se encontrava da Terra. Quanto mais esmaecida uma cefeida de luminosidade conhecida aparecesse, mais distante ela estaria. Usando essa técnica, comprovou-se que as cefeidas eram fiéis padrões de medida para medir distâncias astronômicas.

Para acrescentar outro instrumento ao nosso *kit* de brinquedos científicos, consideremos outra característica da luz. Ela não apenas é rápida e brilhante, mas também tem cores. Esses matizes variados relacionam-se com uma propriedade chamada frequência, ou número de ciclos por segundo. As ondas eletromagnéticas, à medida que viajam pelo espaço, oscilam em diferentes frequências. Estas podem variar significativamente — toda uma paleta de possibilidades chamada de espectro eletromagnético. A mais familiar das formas de radiação eletromagnética, a luz visível, tem uma variedade de frequências que vão de aproximadamente 400 trilhões de herz (ciclos por segundo) a 750 trilhões de herz. Nossos olhos percebem essas frequências como um arco-íris de cores que variam do vermelho na extremidade de baixa frequência ao violeta na extremidade de alta frequência.

No entanto, há muito mais luzes do que aquelas que os olhos podem ver. De frequência ainda mais baixa do que o vermelho, temos a radiação infravermelha, que pode ser captada por meio de certos tipos de óculos e de câmeras que permitem a visão noturna. De frequência ainda mais baixa do que essa estão as micro-ondas e as ondas de rádio, usadas em tecnologias da comunicação.

Prosseguindo para frequências maiores do que o violeta, encontramos primeiro o ultravioleta, que nos é familiar por ser a causa invisível do bronzeado e das queimaduras solares. Oscilando com uma frequência ainda mais alta estão os raios X, usados em muitos tipos de técnicas médicas de formação de imagem. Coroando o espectro eletromagnético estão os raios gama de frequência ultraelevada.

Se você olha para um objeto que brilha, como uma lâmpada, ele pode parecer dotado de uma só cor ou, simplesmente, ser branco. No entanto, se você coloca na frente dele um prisma ou uma rede de difração (dois tipos de dispositivos ópticos que quebram a luz em suas frequências componentes), é provável que você veja linhas de vários matizes, cada uma delas com um brilho característico. Para alguns tipos de objetos, apenas certas cores podem ser representadas — verde e amarela, por exemplo, mas não a azul.

Os astrônomos contam com as linhas espectrais para discernir muitas informações sobre a composição das estrelas e de outros objetos radiantes. Ao analisar a luz que vem de objetos astronômicos, os pesquisadores são capazes de discernir sua porcentagem de hidrogênio, hélio e outros gases. Cada elemento tem seu próprio padrão espectral característico, que prontamente o identifica. Com as descobertas de planetas em outros sistemas, uma nova missão astronômica consiste em mapear a composição de outros mundos, bem como de estrelas.

Os espectros luminosos têm outro uso importante além do de identificar a composição química. Por meio do efeito Doppler, eles também servem como indicadores de velocidade confiáveis. O efeito Doppler é o encurtamento dos comprimentos de onda medidos de fontes de luz que se movem em direção ao observador e o alongamento dos comprimentos de onda de fontes de luz que se afastam do observador. O comprimento de onda é a distância entre dois picos consecutivos. Os comprimentos de onda têm uma relação inversa com a frequência — quanto mais curto for o comprimento de onda, mais alta será a frequência. Quando a fonte de luz está se aproximando de nós, suas ondas são "espremidas" e seus comprimentos de onda encurtam. Sua frequência se desloca para valores mais altos — em direção à extremidade azul do espectro. Os cientistas chamam isso de deslocamento Doppler para o azul. Inversamente a isso, quando uma fonte de luz está se afastando, suas ondas se alongam, seus comprimentos de onda aumentam e sua frequência se desloca em direção à extremidade inferior, mais vermelha, do espectro — e daí temos um deslocamento Doppler para o vermelho. Medindo qual foi o deslocamento para o azul ou para o vermelho, os observadores podem determinar a velocidade da fonte de luz em direção a eles ou afastando-se deles, respectivamente.

Uma analogia com as ondas sonoras ajuda a ilustrar esse princípio. Suponha que uma viatura policial está correndo em direção a uma cena de crime. Sua sirene soa emitindo um som mais agudo do que emitiria se a viatura estivesse parada. Depois que o criminoso é capturado e que o carro se acelera, sua sirene emite um som mais grave. Se você tivesse um equipamento ultrassensível capaz de detectar as posições das linhas espectrais e o dirigisse para os faróis do carro, você também seria capaz de detectar um deslocamento para o azul quando o carro estivesse se aproximando e um deslocamento para o vermelho conforme ele deixasse a cena. Como a velocidade da luz é muito, muito maior que a do som, o efeito seria muito, muito mais sutil — razão pela qual nossos olhos não perceberiam esse deslocamento.

Se, por outro lado, o criminoso acelerasse em seu próprio veículo roubado, a polícia poderia usar um dispositivo portátil de radar Doppler para medir a rapidez com que ele estaria se afastando. Esse dispositivo produz sinais que são refletidos por carros e outros objetos em movimento, coleta as ondas refletidas e mede a diferença entre a frequência dessas ondas e a das ondas originais. Essa comparação revela a velocidade dos fugitivos e, em alguns casos, pode ser usada como evidência contra eles.

Os astrônomos usam métodos semelhantes para avaliar as velocidades das estrelas e de outros corpos em relação à Terra. Uma limitação do método Doppler está no fato de que ele determina velocidades de corpos que se aproximam de nós ou que se afastam de nós, mas não ao longo de outras direções. Portanto, se uma estrela estivesse viajando somente ao longo de uma trajetória perpendicular à linha de visão dos astrônomos, estes não poderiam detectar sua velocidade usando apenas a técnica Doppler.

Em 1915, o astrônomo Vesto Slipher publicou um catálogo de dados sobre o deslocamento Doppler de objetos então chamados de nebulosas, inclusive de Andrômeda e de vários outros objetos de forma espiralada ou elíptica. Ele reuniu esses dados ao longo dos três anos anteriores, começando com uma observação espectroscópica de Andrômeda realizada em 1912. Nessa época, a ciência ainda não havia estabelecido a existência de outras galáxias além da Via Láctea. A comunidade astronômica ainda não tinha certeza nessa época se essas nebulosas constituíam nuvens gasosas interestelares dentro da Via Láctea ou se elas mesmas eram outros "universos-ilhas". Discussões inflamadas se erguiam a respeito de suas distâncias, tamanhos e significado. Porém, logo o astrônomo norte-americano Edwin Hubble revelaria a resposta.

Hubble e o Universo em Expansão

Hubble foi um homem de muitas contradições. Nascido em 1889 em uma família de classe média baixa, na zona rural de Marshfield, no Missouri, o "Topo dos Montes Ozarks", ele se tornou um anglófilo ardente depois que uma Bolsa Rhodes ofereceu-lhe uma estadia em Oxford. Tornou-se um fumador inveterado de cachimbo, hábito que o acompanhou por toda a vida, e aficionado usuário de jaquetas de *tweed*, além de ostentar um sotaque inglês elegante que a alguns colegas soava como pomposo. No entanto, não havia nada de pretensioso no que dizia respeito às suas pesquisas. Cada detalhe que ele publicava era sólido e cuidadoso, e recebia o apoio de dados astronômicos meticulosamente coletados.

Em 1919, o proeminente astrônomo norte-americano George Ellery Hale convidou Hubble para dirigir o recém-construído Telescópio Hooker no Observatório de Monte Wilson. Com seu espelho de 100 polegadas [2,54 metros], ele era na época o maior telescópio do mundo. Aninhado nas Montanhas San Gabriel do sul da Califórnia, o local era notável pela límpida visão do céu noturno que proporcionava em uma época que precedera a modernidade mais recente, quando a vizinha Los Angeles passou a transpirar seu clarão elétrico noturno. Hubble, habilmente, apontou o instrumento óptico para as cefeidas de Andrômeda, usando essas estrelas variáveis como velas-padrão para medir suas distâncias da Terra. Com esses padrões de medida cósmicos, ele demonstrou que Andrômeda estava muito além da fronteira externa da Via Láctea. Baseando-se no diâmetro aparente de Andrômeda, ele estimou seu tamanho real e concluiu que ela era uma galáxia perfeitamente merecedora desse nome. Como a Via Láctea, ela estava repleta de estrelas. Logo ela seria rebatizada de Galáxia de Andrômeda, em vez de sua antiga designação, como Nebulosa de Andrômeda. Usando o método das cefeidas, Hubble mapeou as distâncias que nos separavam de outras chamadas nebulosas e demonstrou que muitas delas eram igualmente galáxias.

Quando Hubble publicou suas descobertas em 1924, nossa concepção do tamanho e do conteúdo do universo seria transformada para sempre. A partir desse ponto em diante nós soubemos que a Via Láctea é uma mera gotícula no mar da realidade e que o nosso Sistema Solar é apenas uma minúscula partícula nessa gotícula. O significado humano no esquema de tudo encolheu como um bloco de gelo em um tanque com água fervendo. A humildade seria o nosso quinhão, graças ao trabalho épico de um astrônomo orgulhoso.

Depois de revelar que o universo se estende para muito, muito além das fronteiras da Via Láctea, Hubble tomou então os resultados que obteve com as cefeidas, plotou-os em cima dos dados sobre o deslocamento Doppler de Slipher e notou um padrão surpreendente. Com exceção de vizinhos galácticos relativamente próximos, como Andrômeda, todas as galáxias no espaço tinham suas luzes deslocadas para o vermelho, sendo que a quantidade de deslocamento para o vermelho aumentava com a distância. Ele plotou as velocidades dessas galáxias *versus* a distância e traçou uma linha inclinada ligando os pontos. Hubble anunciou sua descoberta em 1929, e sua conclusão foi indiscutível — quanto mais distante estivesse uma galáxia, mais depressa ela parecia fugir de nós. Uma vez que seria ridículo supor que a nossa galáxia fosse uma espécie de pária, ele supôs que, com exceção dos nossos vizinhos mais próximos, todas as galáxias no espaço estão recuando (afastando-se) umas das outras. Hoje, nós damos a esse recuo o nome de expansão de Hubble, e à relação entre a velocidade e a distância o nome de Lei de Hubble. A taxa de recessão das galáxias em qualquer momento determinado é chamada de constante de Hubble — designação um tanto errônea, uma vez que ela pode mudar de era cósmica para era cósmica.

A Incubação do Ovo Cósmico

Mesmo antes de Hubble ter formulado sua lei da recessão das galáxias, vários teóricos haviam antecipado a ideia de que o universo está se expandindo. Eles tiraram suas conjecturas da magistral Teoria da Relatividade Geral de Einstein, publicada em 1915. A relatividade geral é uma maneira de se compreender a gravidade, por efeito da qual a matéria e a energia presentes em uma região qualquer do espaço distorcem a geometria dessa região, fazendo com que ela sofra torções, ondule e se dobre de várias maneiras possíveis. Quanto mais convoluta for a distribuição de massa, mais distorcido se tornará o tecido desse setor. Consequentemente, quaisquer objetos que viajem através dessa região serão desviados pelos "inchaços" espaciais que eles encontrem. Como o notável teórico John Wheeler (escrevendo com seus ex-alunos Charles Misner e Kip Thorne) sucintamente descreveu: "O espaço diz à matéria como se mover. A matéria diz ao espaço como se curvar".[2]

Para visualizar a teoria de Einstein, imagine o espaço vazio como um colchão macio. Espalhe pequenas pedras sobre esse colchão e ele afundará localmente em torno das posições ocupadas pelas pedras. Em seguida, deixe cair uma grande pedra e ela produzirá uma depressão significativa. Uma pedra muito grande no formato de um seixo poderia até mesmo rasgar o tecido do colchão. Sempre que houver depressões produzidas pela pressão de objetos pesados, outros objetos que venham a se mover ao longo do topo viajarão por trajetórias retorcidas. Uma bolinha de gude inicialmente impulsionada ao longo de uma parte plana do colchão passará a descrever uma trajetória curva ao atingir qualquer área afundada. É por isso que o menor caminho possível em uma região distorcida seria curvo e não reto.

De maneira semelhante, a relatividade geral ordena que objetos movendo-se pelo espaço e tentando seguir o menor caminho possível seguirão trajetórias curvas de acordo com a distribuição de matéria e energia. Se você já se perguntou por que os planetas percorrem trajetórias elípticas ao redor do Sol, agora você já sabe: essas trajetórias são as linhas mais "retas" que eles podem seguir no poço gravitacional criado pela massa do Sol.

Em 1922, o matemático russo Alexander Friedmann solucionou as equações da relatividade geral de Einstein para o universo como um todo. Ele escolheu as três geometrias possíveis para um universo isotrópico e homogêneo: plano, hiperesférico e hiperboloide. Universos planos correspondem a uma geometria euclidiana padrão na qual linhas paralelas nunca se encontram e continuam sendo linhas retas para sempre. Eles representam o equivalente tridimensional de um plano. Uma hiperesfera generaliza uma esfera em uma dimensão superior. Assim como uma esfera tem uma superfície exterior bidimensional, como a superfície da Terra, uma hiperesfera tem um exterior tridimensional, que se curva e se conecta consigo mesmo. De maneira semelhante, um hiperboloide, ou a forma de uma sela, é a superfície tridimensional do equivalente de dimensão superior de uma hipérbole. Por causa de suas formas, diz-se que hiperesferas são "fechadas" e que hiperboloides são "abertos".

Leis geométricas oferecem claras distinções entre as três diferentes possibilidades. Universos planos adotariam a regra familiar segundo a qual linhas retas paralelas manteriam, para sempre, a mesma distância separando-as, nunca se aproximando nem se afastando uma da outra. Se o universo fosse modelado como uma hiperesfera, ao contrário, linhas paralelas sempre se encontrariam, como as linhas de longitude na Terra convergindo no Polo Norte e no Polo Sul. Finalmente, se o universo tivesse uma geometria de hiperboloide, linhas paralelas divergiriam como as dobras de um leque articulado. Uma maneira abreviada de classificar essas geometrias consiste em dizer que uma geometria plana tem curvatura zero; uma geometria hiperesférica fechada tem curvatura positiva; e uma geometria de hiperboloide, aberta, tem curvatura negativa.

Friedmann plugou todas as três geometrias nas equações da relatividade geral de Einstein. As soluções que ele descobriu indicaram que em cada caso o espaço se expandiria para fora a partir de um ponto. Ele notou efetivamente uma diferença importante: enquanto as geometrias plana e aberta se expandiriam para sempre, a geometria fechada cresceria durante certo tempo, pararia de expandir, reverteria seu curso e passaria a se contrair de volta até um ponto. O terceiro caso seria semelhante a uma versão de dimensão superior de um balão que aumentaria de volume ao ser preenchido de ar e em seguida encolheria à medida que o ar fosse liberado.

Esses três cenários mantêm uma relação direta com um parâmetro chamado de ômega. Ômega é a razão entre a densidade de matéria do universo e um valor crítico que pode ser facilmente calculado. Ômega pode ser menor do que 1, maior do que 1 ou igual a 1. O caso aberto, com ômega menor do que 1, corresponde a um cosmos subdenso — um cosmos com matéria em quantidade insuficiente para reverter o curso de expansão e voltar a se contrair. A situação fechada, com ômega maior do que 1, corresponde ao caso de um cosmos superdenso. Sob o peso de sua própria gravidade, sua expansão acabaria por cessar, e começaria o colapso, levando a um fim de jogo esmagador que veio a ser conhecido como Big Crunch (a "Grande Implosão"). Finalmente, a possibilidade plana, com ômega igual 1, levaria a uma expansão para sempre, embora se aproxime eternamente da iminência do colapso — como um corredor cada vez mais exausto que mesmo assim ainda consegue prosseguir em seu extenuante esforço. Na linguagem evocativa de hoje, os cenários dos estágios finais aberto e plano foram considerados como Big Whimper (o "Grande Lamento").

No entanto, visualizar a origem ou a morte realistas do verdadeiro universo físico era a coisa mais distante da mente de Friedmann. Ele estava interessado nesses cenários como modelos matemáticos em vez de representações da natureza. Não obstante, seu trabalho comprovou-se extraordinariamente importante. Seus modelos se tornaram retratos-padrão dos tipos mais uniformes de evolução cósmica derivados da relatividade geral sem uma constante cosmológica. Infelizmente, ele morreu em 1925, aos 37 anos de idade, antes que suas ideias se tornassem amplamente conhecidas.

Um defensor muito mais proeminente de um universo em expansão foi Georges Lemaître, matemático e padre belga. Trabalhando independentemente, sem qualquer conhecimento das conclusões de Friedmann, Lemaître, em 1927, solucionou de maneira semelhante as equações da relatividade geral de Einstein e demonstrou como o espaço poderia crescer em tamanho. Depois que Hubble anunciou seus resultados, Lemaître refinou a teoria de um universo em expansão e a usou para desenvolver uma história científica da criação. Ele imaginou que o cosmos começou como um "átomo primordial" — um estado supercomprimido contendo toda a matéria — que ele também chamou de "ovo cósmico". Esse eclodir súbito e violento do "ovo" em uma grande explosão liberou o material que viria a se tornar galáxias, e produziu tudo o que vemos hoje. A recessão das galáxias, concluiu Lemaître, foi o duradouro legado da explosão original.

Antes da descoberta de Hubble da expansão cósmica, Einstein não estava sob o impacto de cenários do universo em expansão. Em vez disso, ele acreditava em um universo estável. Embora tivesse desenvolvido uma teoria dinâmica da gravidade, ele esperava que os efeitos globais de toda a matéria no universo o impedissem, de algum modo, de crescer ou de encolher. Ele ficou desconcertado quando se comprovou que não era esse o caso, e prontamente acrescentou às suas equações um termo *ad hoc*, denominado constante cosmológica, que estabilizaria o espaço e o impediria de se expandir ou de se contrair. A constante cosmológica seria como um freio de emergência aplicado ao universo para impedi-lo de rolar para a instabilidade porque seus mecanismos internos, descritos pela relatividade geral, não conseguiram fazê-lo.

Depois que Hubble anunciou sua descoberta, Einstein, rapidamente, voltou atrás. Ele percebeu que seu modelo original, sem uma constante cosmológica, era mais conveniente a um universo em crescimento. Para reproduzir o galope das galáxias fugindo em disparada para além das fronteiras, não havia necessidade de refrear as equações com um termo que lhes impusesse uma estabilidade extra. Ele viria a chamar essa adição da constante cosmológica de a maior asneira que já havia cometido.

Em 1931, Einstein visitou Monte Wilson, encontrou-se com Hubble e o congratulou pelo seu feito. Foi um encontro esplêndido entre as duas figuras que moldaram a cosmologia moderna, transformando-a em uma ciência exata. Nenhum deles queria que a verdade estivesse do lado de um cosmos dinâmico, mas o poder dos seus métodos manteve claras e evidentes as suas conclusões para que todo mundo reconhecesse sua natureza inquestionável. Estivemos em uma grande corrida desde o princípio dos tempos e nem sequer sabíamos que ela existia até que Hubble revelasse a verdade — que combinava tão bem com a brilhante teoria de Einstein.

2

Como o Universo Nasceu?

Revelando a Aurora do Tempo

Esses resultados das observações são, em alguns sentidos, tão perturbadores
que há uma hesitação natural em aceitá-los em seu verdadeiro significado. Porém,
eles não vieram a nós como um relâmpago vindo do azul, uma vez que os teóricos,
durante os últimos quinze anos, estiveram parcialmente à espera de que um estudo
dos objetos mais remotos do universo pudesse produzir um desenvolvimento
realmente sensacional.

— ARTHUR EDDINGTON, *THE EXPANDING UNIVERSE* (1933)

O universo cresceu imensamente desde o momento do Big Bang. Como calcularam J. Richard Gott, astrofísico de Princeton, e seus colaboradores, o universo observável — a parte dele que nós podemos potencialmente detectar — tem atualmente cerca de 93 bilhões de anos-luz de diâmetro. Para realizar esse cálculo, eles também determinaram o volume ocupado por essa região no fim da "era da recombinação", o momento em que, cerca de 380 mil anos após o Big Bang, átomos eletricamente neutros se formaram e a radiação ficou livre para se mover através do espaço. Como veremos, o universo era então mais de mil vezes menor em diâmetro, e mais de um bilhão de vezes menor em volume, chegando a apenas 85 milhões de anos-luz de lado a lado. Imaginar um crescimento tão espantoso provoca vertigem.

A noção de que o próprio espaço está se expandindo representa uma das transformações mais radicais no pensamento científico. Desde o tempo dos antigos gregos até o começo do século XX, o espaço era considerado um pano de fundo fixo contra o qual o drama cósmico era encenado. Por exemplo, a física newtoniana sugeria que embora as estrelas pudessem mover-se através do espaço, suas características de grande escala permaneceriam as mesmas — um conceito conhecido como espaço absoluto. Contradizendo esse conceito, porém, as descobertas decorrentes das observações de Hubble, que fizeram par com os trabalhos teóricos de Einstein, Friedmann e Lemaître, apontavam para um cosmos dinâmico que crescera a partir de um ponto. Um debate se desenvolveria entre aqueles que aceitavam a ideia de um princípio cósmico e aqueles que se agarravam à velha ideia de que tudo permanece mais ou menos o mesmo ao longo do tempo. Para que a comunidade científica viesse a se unir por trás da ideia de que o universo emergiu, bilhões de anos atrás, de um estado embrionário superdenso seriam necessárias mais provas.

Evidências do Big Bang, como ele veio a ser conhecido, exigiriam mais trabalhos teóricos relacionados à maneira como a matéria e a energia se desenvolveram em um cosmos quente e nascente. Isso levaria a uma previsão segundo a qual o espaço, atualmente, é preenchido pela chamada "radiação relíquia", ou radiação residual, proveniente do universo primitivo esfriado ao longo de éons até temperaturas frias, de apenas alguns graus acima do zero absoluto. Essa radiação cósmica de fundo seria mapeada durante as últimas décadas do século XX e início do século XXI, oferecendo uma prova inquestionável de um estágio primitivo ardente do universo e um conjunto de informações sobre sua característica.

A noção de como tudo o que vemos hoje emergiu de substâncias mais simples remonta à década de 1930, uma era de grandes descobertas na física nuclear. Os cientistas começaram a compreender que todos os elementos do universo eram construídos com ingredientes semelhantes — prótons e nêutrons em seus núcleos, e nuvens de elétrons circundando esses núcleos. Graças aos trabalhos pioneiros de Hans Bethe e de outros, baseados em uma sugestão anterior de Eddington, a ciência aprendeu como elementos mais pesados podiam ser construídos a partir de elementos mais leves em processos termonucleares. A transformação de um elemento em outro converteu um sonho de alquimista em realidade experimental. Essas transmutações podiam ocorrer sob condições de calor extremo e pressão intensa, como nos núcleos das estrelas, e explicavam a fonte da energia estelar. Durante a Segunda Guerra Mundial, os esforços de muitos cientistas nucleares foram desviados para as aplicações militares da energia atômica. Depois disso, a atenção se voltou, mais uma vez, para questões fundamentais, inclusive o papel da física nuclear em proporcionar o combustível que aciona os processos astronômicos.

Há dois tipos principais de transformações nucleares que liberam energia: a fusão e a fissão. A fusão é a união de elementos e isótopos (variações de elementos com diferentes números de nêutrons) mais leves, resultando em elementos mais pesados. Por exemplo, sob certas condições, dois núcleos de hidrogênio comum podem se fundir em um único núcleo, que caracteriza o deutério, um isótopo também conhecido como hidrogênio pesado. Embora os núcleos de hidrogênio comum nada mais sejam que prótons isolados, os núcleos de deutério são pares próton-nêutron. No processo de sua ligação conjunta, um dos prótons transforma-se em um nêutron, liberando um pósitron (como um elétron, mas carregado positivamente) e um neutrino (uma partícula neutra muito leve). Os pósitrons são uma forma de antimatéria, semelhante à matéria, mas de carga oposta. Quase imediatamente, eles se chocam com elétrons, aniquilam-se mutuamente e liberam dois fótons. O deutério pode se fundir com prótons para produzir uma forma leve de hélio chamada de hélio-3, que, por sua vez, pode se fundir com mais prótons para criar o hélio comum. O resultado final do ciclo é a transformação do hidrogênio em hélio, a liberação de neutrinos e a produção de energia. Essa é a principal fonte de energia da luz solar.

A fissão ocorre quando alguns dos elementos e isótopos mais pesados, como o urânio-235, que tem 92 prótons e 143 nêutrons, dividem-se em elementos mais leves. Como a fusão, ela também produz energia, como é testemunhado por moradores e indústrias que recebem sua energia elétrica de usinas nucleares comerciais. O decaimento de isótopos radioativos é também a principal fonte de calor do núcleo da Terra.

Com a fusão formando elementos mais pesados a partir de elementos mais leves, e com a fissão quebrando os mais pesados, ambos os tipos de processos nucleares tendem para a criação de núcleos de tamanho moderado. O terreno médio é representado pelo ferro, o tipo de núcleo mais estável existente na natureza. A transformação do hidrogênio em hélio, e em seguida — por meio de outro processo de fusão — no elemento seguinte, o lítio, e assim por diante, até o ferro, libera energia. No entanto, transmutar elementos de número atômico inferior ao do ferro em elementos de número atômico superior, tais como o cobalto, o níquel, o cobre e o zinco, exige a adição de energia. Até mesmo com uma temperatura de 16 milhões de graus Celsius o núcleo do Sol não é quente o suficiente para realizar o truque. Onde, então, são forjados os elementos mais pesados?

George Gamow, um cientista nuclear russo pioneiro, nascido em Odessa, pensava que sabia a resposta. Tendo cursado a universidade em São Petersburgo (que na época se chamava Leningrado), onde estudou tendo Friedmann como orientador, estava familiarizado com os modelos cosmológicos. Também passou um tempo em Copenhague e Cambridge com físicos desbravadores como Niels Bohr e Ernest Rutherford, e desenvolveu um importante modelo de um tipo de decaimento nuclear, antes de fugir da União Soviética e escapar para o Ocidente. Portanto, teve acesso ao perfeito pano de fundo para ponderar sobre os domínios do minúsculo e do extremamente grande. Em 1934, tornou-se professor de Física da Universidade George Washington, onde continuou seus estudos sobre os processos nucleares. Depois da Segunda Guerra Mundial, seus interesses mudaram para a cosmologia e ele começou a levar em consideração conexões entre a formação dos elementos e o universo primitivo. Trabalhando com o aluno de doutorado Ralph Alpher, ele propôs uma notável teoria sobre como tudo no universo passou a existir. A solução, eles afirmaram, foi a de que todos os elementos foram forjados no caldeirão de uma gênese cósmica extraordinariamente quente e densa.

Publicado em 1948, o artigo[1] de Alpher e Gamow teve a distinção inusitada de incluir um terceiro autor, que não havia contribuído, em absoluto, para o estudo. Gamow, que tinha um maravilhoso senso de humor, colocou o nome do físico Hans Bethe entre o de Alpher e o seu para criar uma sequência que soava como as três primeiras letras do alfabeto grego: alfa, beta e gama. Um significado suplementar está no fato de que ele tinha a esperança de explicar como os elementos químicos surgiram sucessivamente, como a ordenação de um alfabeto.

Gamow propôs o nome "ylem" para aquilo que Lemaître havia apelidado de "átomo primordial". Juntamente com Alpher e o físico Robert Herman, Gamow supôs que o *ylem* era extraordinariamente quente e denso, e se compunha de prótons, nêutrons e outras partículas que se moviam livremente. Por causa da temperatura extremamente elevada, as partículas se encontravam em um estado agitado, como frenéticos metaleiros agitando a cabeça. Aleatoriamente, prótons e nêutrons se uniam em pares para formar núcleos de deutério. Bombardeados com nêutrons adicionais, alguns desses pares transmutavam-se em hélio-3, em seguida em hélio ordinário, em lítio e assim por diante. Muito depressa, de acordo com a teoria da equipe, todos os elementos naturais se formaram. Durante o tempo todo, o universo estava se expandindo. A termodinâmica nos ensina que quando as coisas se expandem, elas esfriam. Em alguns minutos, o universo estava frio o suficiente para que todos os elementos formados não mais se desintegrassem — "congelados" na estabilidade pela falta de energia térmica. Esses componentes primordiais, de acordo com Gamow e seus colaboradores, formaram as sementes de todas as estruturas do universo.

Hoje, praticamente mais ninguém se refere à ideia de um universo nascente, compacto e abrasador como "ylem", "átomo primordial" ou "ovo cósmico". O nome que pegou foi "Big Bang". Curiosamente, essa expressão foi usada pela primeira vez em um tom zombeteiro. Em um programa que foi ao ar em 1949 para a Rádio BBC, o astrônomo de Cambridge Fred Hoyle rejeitou a ideia de que todo o material do universo tivesse emergido do nada em uma única "Grande Explosão" (Big Bang). Ele considerava o conceito como não científico porque violava a lei da conservação, que há muito vigorava na física, segundo a qual quantidades massivas de massa e energia não podem simplesmente aparecer do nada. Discutindo repetidas vezes o assunto, Hoyle permaneceria um dos principais críticos da teoria do Big Bang durante toda a sua vida.

A alternativa de Hoyle, desenvolvida juntamente com os astrônomos Thomas Gold e Herman Bondi, foi denominada hipótese do "Estado Estacionário" e baseava-se no princípio da "criação contínua". Postulava que, conforme as galáxias se afastavam umas das outras no universo, matéria nova era lentamente criada para preencher as lacunas. Por fim, essa nova matéria acabava por formar novas galáxias, deixando a aparência global do cosmos essencialmente a mesma. Assim, embora as galáxias estejam recuando, o universo nunca foi muito pequeno.

Pelo que se diz, os três astrônomos discutiram pela primeira vez a noção de um universo sem fim em 1946, depois de assistirem a um filme de terror inglês denominado *Dead of Night* [*Na Solidão da Noite*], que tinha uma cena de pesadelo que se repetia. Gold indagou se seria possível fazer um filme com um enredo em *loop* e que fizesse sentido em qualquer momento em que você entrasse no cinema para começar a assisti-lo. Se você começasse a assistir ao filme uma hora depois, você ainda assim estaria começando a assisti-lo normalmente, ficaria uma hora a mais no cinema e não perderia nada da experiência porque não haveria nenhum verdadeiro início ou fim. Poderia o universo, perguntaram os astrônomos, ser exatamente assim — não tendo um verdadeiro começo nem um fim?

Para mostrar como o Estado Estacionário era uma abordagem superior, Hoyle surrupiou parte do estrondo da teoria do Big Bang para apontar uma das principais falhas em sua história da criação dos elementos em uma bola de fogo primordial. Ele mostrou que havia degraus que faltavam na escada; não havia isótopos estáveis com pesos atômicos de 5 ou 8. O peso atômico é uma medida do número de prótons mais o número de nêutrons — chamados conjuntamente de núcleons. Sem combinações estáveis de 5 ou 8 núcleons, não haveria nenhuma oportunidade para que elementos superiores se formassem antes que o universo esfriasse. Seria como tentar subir correndo a escada do quarto para o sexto andar de um edifício quando a plataforma do quinto andar ainda estivesse completamente bloqueada e não houvesse tempo para se criar um caminho alternativo. A formação dos elementos estaria empacada nos níveis inferiores. O cosmos seria deixado com hidrogênio, hélio e um vestígio de lítio, e nada mais.

Gamow tentou desenvolver uma explicação para como a criação dos elementos poderia saltar a lacuna, mas não foi bem-sucedido. Nesse aspecto, como se comprovou depois, Hoyle estava certo. Como ele demonstrou em um artigo[2] escrito em 1957 em coautoria com os astrônomos Margaret e Geoffrey Burbidge e William Fowler, a produção de elementos superiores ocorre efetivamente nos núcleos abrasadores e ultradensos das estrelas gigantes. Eles são liberados no espaço quando essas estrelas gigantes explodem catastroficamente naquilo que é chamado de explosões de supernovas. O ferro, o carbono e todos os outros elementos químicos existentes em nosso corpo — e em tudo o que existe ao nosso redor, com exceção do hidrogênio e de uma parte do hélio — estavam algum dia dentro das fornalhas estelares. Uma vez que o ferro é um ingrediente essencial da hemoglobina, há, literalmente falando, material das estrelas em nosso sangue.

Entretanto, o Big Bang de fato criou grande parte do hélio existente no universo — previsão que combina perfeitamente com sua abundância conhecida. Essa confirmação foi um dos principais sucessos da teoria. Por isso, quando balões de hélio estouram, nós poderíamos afetuosamente nos lembrar do Big Bang, mas quando fogos de artifício explodem (ou quando ocorrem quaisquer outros processos químicos), deveríamos dar crédito a quem o merece e erguer um brinde à supernova que criou toda a gama dos elementos químicos.

Explosão Vinda do Passado

Ao longo de toda a década de 1950 e início da década de 1960, inflamaram-se as discussões entre os partidários do Big Bang e os do Estado Estacionário. Embora a explicação da produção dos elementos fosse uma importante vitória para Hoyle e seus colegas, ela não dependia de um modelo cosmológico em particular, nem exigia a exclusão de outro modelo. Outra previsão de importância-chave que Gamow, Alpher e Herman fizeram usando a teoria do Big Bang desvaneceu na obscuridade até que foi finalmente comprovada em meados da década de 1960. Estimando o valor da temperatura da radiação liberada após a formação de átomos no universo primitivo, eles utilizaram a expansão do cosmos para calcular a taxa de resfriamento. Com base nessa informação, eles previram que o universo deveria estar prenchido por uma radiação relíquia, esfriada até apenas muito poucos frígidos graus acima do zero absoluto (a estimativa que obtiveram a respeito de qual seria essa temperatura não era muito exata, pois a idade do universo era então desconhecida).

Em 1964, sem que soubessem dessa previsão, dois radioastrônomos, Arno Penzias e Robert Wilson, estavam fazendo medições com uma gigantesca antena Horn (em forma de corneta) nos Laboratórios Bell em Holmdel, Nova Jersey, quando fizeram uma descoberta extraordinária. Construída originalmente para comunicação por radio, a antena Horn foi convertida para uso astronômico depois que o satélite para comunicações Telstar foi lançado. Penzias e Wilson estavam procurando com a antena sinais vindos de galáxias quando notaram um assobio persistente que parecia constante independentemente da direção para onde a antena era apontada. Depois de descartarem candidatos óbvios para a interferência, como as interferências radiofônicas provenientes da vizinha cidade de Nova York, eles checaram a antena para verificar se excrementos de pombos — aos quais se referiram como "material dielétrico branco" — poderiam estar causando o problema. Como era difícil manter os pássaros afastados, a antena estava cheia desse material. No entanto, depois de limparem a antena, o zumbido não desapareceu.

A maneira como a radiação eletromagnética se faz conhecida — das ondas de rádio, passando pela luz visível, até os raios gama — depende da temperatura de sua fonte. Os raios mais brilhantes do sol quente nos banham com luz amarela (juntamente com quantidades menores das outras cores, ultravioleta, infravermelho, e assim por diante). Coisas muito, muito mais frias emitem ondas de radio e micro-ondas. Penzias e Wilson mapearam os sinais que detectaram, plotaram a distribuição — que estava centralizada na faixa das micro-ondas — e estimaram uma temperatura de aproximadamente 3 graus Kelvin (acima do zero absoluto) — ou menos 270 graus Celsius. O que na Terra poderia ser tão frio? A resposta se encontra bilhões de anos antes que a Terra fosse sequer criada — nos frios remanescentes de um forno cósmico outrora ardente.

Penzias e Wilson se pareciam com ouvintes de rádio que haviam tropeçado na suprema estação de velhos sucessos com a mais larga faixa possível de radiotransmissões. Eles sintonizaram nas letras B-A-N-G do código de chamada — transmitindo sinais de bilhões de anos de idade, durante o tempo todo, para todos os pontos do cosmos. Foi o derradeiro impacto de uma explosão ocorrida no mais antigo passado.

Robert Dicke, de Princeton, foi um cosmólogo no sentido mais essencial da palavra. Ele era perito em desenvolver teorias engenhosas e em descobrir maneiras imaginativas de testá-las. Antes que Penzias e Wilson anunciassem suas descobertas, ele havia acabado de pensar em um esquema para testar a hipótese do Big Bang medindo sua radiação relíquia. Logo que Penzias lhe informou sobre o chiado, ele sabia que se tratava de uma grande descoberta. Dicke averiguara que Penzias e Wilson haviam descoberto a assinatura do Big Bang gravada na estática de fundo da faixa das micro-ondas. Dicke, juntamente com os astrofísicos de Princeton P. J. E. (Jim) Peebles, Peter G. Roll e David T. (Dave) Wilkinson, publicaram um artigo de importância-chave anunciando esse resultado,[3] seguido, no mesmo periódico, por um artigo escrito por Penzias e Wilson, detalhando a descoberta que fizeram.[4]

O cenário de Dicke corresponde exatamente a muitas das previsões que Gamow, Alpher e Herman fizeram anos antes. Dicke postulou que, em um estágio particular da história do universo, cerca de 380 mil anos depois do Big Bang, e muito antes que as primeiras estrelas se formassem, núcleos atômicos e elétrons se reuniram em átomos eletricamente neutros. Isso representou um momento decisivo cósmico — o qual, como já comentamos, veio a ser conhecido como a era da recombinação. Embora antes desse período o espaço estivesse repleto de partículas carregadas, prótons e elétrons, que rebatiam incessantemente fótons entre si, como bolas de vôlei, posteriormente a luz ficou muito mais livre para se mover. O universo se transformou de opaco em transparente.

Podemos imaginar os fótons, durante essa transição, atuando um pouco como garçons em um banquete repleto de pessoas solteiras (representando partículas desemparelhadas). Durante a hora do coquetel, com as pessoas perambulando pelo salão à procura de alguém com quem conversar, os garçons poderiam achar difícil afastar-se muito das posições em que se encontrassem. A cada passo que eles dessem, poderiam se chocar com um participante do banquete e ter de lhe oferecer algum petisco de entrada. Imagine agora uma era de recombinação, na qual, abastecida e estimulada por uma conversação efervescente e por petiscos deliciosos (ou, pelo menos, por efervescentes bebidas), cada pessoa solteira encontrasse seu par perfeito. Depois que todas as pessoas presentes ao banquete se emparelhassem e se sentassem junto às mesas para conversarem, o piso ficasse muito mais livre para os garçons se moverem.

A radiação liberada durante a era da recombinação era imensamente quente — cerca de 3 mil graus Kelvin (perto de 2.727 graus Celsius) —, mas esfriou até aproximadamente 3 graus Kelvin ao longo de um intervalo de mais de 13 bilhões de anos entre essa época e o presente. E assim como outrora ele preenchia todo o espaço, ele continua a preenchê-lo, embora o espaço tenha sofrido imensa expansão.

De acordo com o cálculo recente efetuado por Gott e seus colaboradores, sobre o qual já comentamos anteriormente, na parte final da era da recombinação, a região que é agora o universo observável tinha aproximadamente 85 milhões de anos-luz de diâmetro, cerca de 1.090 vezes menor do que é hoje.[5] Isso corresponde a um volume do universo observável cerca de 1,3 bilhão de vezes menor do que atualmente. Em vista do enorme crescimento do espaço desde essa época, e do conhecido efeito segundo o qual a expansão produz resfriamento, não é de admirar que a radiação tenha resfriado até uma temperatura tão fria.

Penzias e Wilson descobriram que a radiação relíquia apresentava uma distribuição regular e uniforme. Qualquer que fosse a direção para onde sua antena apontasse, constatavam que essa radiação tinha aproximadamente a mesma temperatura, dentro dos limites de precisão com que, na época, se poderia contar para os instrumentos de medida. Mas foi o bastante para se comprovar que essa uniformidade global era uma característica de todo o universo, e não apenas de objetos particulares dentro dele, como as galáxias. A descoberta da radiação cósmica de fundo (RCF) na faixa de micro-ondas inclinou a balança do grande debate cosmológico — o que levou a parte majoritária da comunidade científica a abraçar a teoria do Big Bang e a abandonar o interesse pela hipótese do Estado Estacionário como uma alternativa digna de crédito. Embora Hoyle e seus colaboradores continuassem a apresentar argumentos contra o Big Bang, eles se tornaram uma minoria cada vez mais isolada. Em 1978, Penzias e Wilson ganharam o Prêmio Nobel de Física em homenagem à sua extraordinária façanha.

À medida que as décadas após a descoberta de Penzias e Wilson foram se sucedendo, os cosmólogos passaram a levantar questões mais profundas: "Será que a distribuição (e não apenas a temperatura) da RCF também seria homogênea? Onde estariam os minúsculos desvios na temperatura que, conforme se esperava, teriam sido produzidos durante uma fase do universo em que ocorreram 'solavancos' e 'inchaços' durante o processo de expansão do universo?"

Essas questões surgiram porque a natureza nunca é absolutamente uniforme. Você pode ver isso comparando um filme em que os personagens são gerados por meio de computação gráfica com outro em que os atores são seres humanos. Se atores gerados por computador aparecem em um filme, eles muitas vezes parecem perfeitos demais para serem reais. Os *close-ups* não revelam as variações sutis na tonalidade da pele que os atores reais teriam. De maneira semelhante, a RCF não parecia ter, em seu "rosto", quaisquer "manchas" ou "defeitos". Seria de esperar que essas imperfeições ocorressem por causa da maneira como a RCF foi produzida. Durante a era da recombinação, a radiação seria emanada de componentes materiais que poderiam estar mais diluídos em algumas regiões e mais densos em outras. Na verdade, argumentaram os pesquisadores, foi preciso que o universo primordial apresentasse tais imperfeições para formar as sementes das estruturas astronômicas que vemos hoje, tais como estrelas, galáxias e aglomerados de galáxias. As variações na densidade no universo primitivo teriam ocasionado diferenças de temperatura na radiação, as quais acabaram por se resfriar até se converter na RCF. Resumindo, os astrônomos esperavam que a não uniformidade necessária para formar o céu salpicado de estrelas traria à tona, de maneira semelhante, o perfil de sua radiação relíquia.

A ligação entre as variações da densidade da matéria primordial e as flutuações de temperatura na radiação de fundo tem a ver com vários diferentes fatores em competição. Em primeiro lugar, a radiação compactada em um espaço mais restrito é mais quente do que se estivesse espalhada por um espaço mais amplo. O interior de um forno é mais quente se a sua porta estiver fechada e se o ar aquecido estiver aprisionado em seu interior do que se se permitir que o ar interior escape. Lugares onde as partículas de matéria estiverem mais aglomeradas e onde, da mesma maneira, os fótons se agruparem em feixes começarão, portanto, com uma temperatura mais elevada.

Outro fator, denominado efeito Sachs-Wolfe, foi proposto pelos astrofísicos norte-americanos Rainer Sachs e Arthur Wolfe em 1967 e têm a ver com partículas de luz escapando de "poços" gravitacionais, escavados por "torrões" maciços de matéria. Por "poços" entendemos regiões nas quais partículas precisam de energia para escalar e sair. Quanto mais fundo for o poço, maior será a quantidade de energia que uma partícula precisará despender para se libertar dele. Em regiões de matéria mais densa, as influências gravitacionais são mais concentradas e, desse modo, escavam poços mais profundos. Essas regiões se assemelham às pegadas de elefantes na areia úmida. Assim como uma formiga precisa queimar mais calorias para escalar e sair de uma pegada como essa do que, digamos, para subir pela pequena depressão deixada pela pegada de uma pomba, um fóton precisa despender muito mais esforço para escapar da gravidade exercida por regiões mais maciças do que por aquelas que são relativamente escassas. O resultado disso é que fótons emanados de áreas onde há um espesso agrupamento de matéria terão energia mais baixa — um efeito de resfriamento.

Combinando esses fatores, os pesquisadores predisseram variações de aproximadamente uma parte em 100 mil nas temperaturas de diferentes partes do céu (espalhadas em ângulos de cerca de 10 graus). A antena Horn usada por Penzias e Wilson não era suficientemente sensível para captar essas minúsculas discrepâncias. Isso, porém, não significava que essas flutuações não estivessem lá. Havia necessidade de instrumentos de rádio que respondessem ao crescente anseio dos astrônomos de sondar essas regiões do espectro anteriormente descartadas como mera estática.

No fim da década de 1970, foram realizados progressos quando George Smoot, Marc V. Gorenstein e Richard A. Muller, pesquisadores do Laboratório Nacional de Lawrence Berkeley, coletaram dados com um dispositivo mais sensível denominado DMR (Differential Microwave Radiometer, Radiômetro Diferencial de Micro-ondas). Instalado a bordo de uma aeronave Ames U-2 da NASA, modificada para comportar uma abertura no topo, o DMR, fazendo voos na alta região da atmosfera, coleta dados sobre micro-ondas provenientes de todo o céu no Hemisfério Norte. Uma missão semelhante coletou dados no céu do Hemisfério Sul. Quando os pesquisadores plotaram os resultados dos dados a respeito da RCF, descobriram nítidas evidências de minúsculas diferenças de temperatura refletindo os movimentos da Terra e do Sistema Solar com velocidades superiores a 320 quilômetros por segundo através do espaço. Por causa do efeito Doppler, os fótons que nos atingiam vindos da direção para onde a Terra se movimentava estavam ligeiramente mais deslocados para o azul (seus comprimentos de onda estavam "espremidos") e aqueles que nos atingiam vindos de fontes situadas atrás de nós estavam ligeiramente deslocados para o vermelho (seus comprimentos de onda estavam "esticados"), o que tornava os primeiros um pouquinho "mais quentes" que os segundos. Mas a expressão "mais quente" é relativa, uma vez que se constatou que a média era de 2,728 graus Kelvin (acima do zero absoluto). Os pesquisadores determinaram que a diferença de temperatura era de apenas 3,5 milésimos de grau acima ou abaixo dessa média. Esses resultados, juntamente com os dados sobre a RCF na faixa das micro-ondas coletados por outras equipes ao longo da década de 1970 usando instrumentos instalados em balões e no solo, demonstraram conclusivamente que essa radiação cósmica apresentava uma anisotropia dipolar. "Dipolar" significa que ela "tem dois extremos", e "anisotropia" significa "uma diferença que depende da direção". O que Smoot e os outros descobriram foi uma diminuta diferença de temperatura entre as direções frontal e traseira relativas ao movimento da Terra, como quando você corre com uma quente luz solar batendo em seu rosto e uma brisa fria soprando em suas costas.

Embora esse fosse um começo promissor, a anisotropia dipolar nada revelou sobre a estrutura da RCF. Revelou apenas que estamos nos movendo através dela. Se você pressionar um garfo através da gelatina contida em um recipiente cuja superfície é perfeitamente lisa, você também criará anisotropias — quatro marcas de dentes atrás do garfo —, mas essas marcas não representam irregularidades na maneira como essa sobremesa gelatinosa originalmente se formou.

Várias equipes de astrônomos, incluindo o grupo de Smoot no LBL, começaram a planejar um experimento mais grandioso para mapear discrepâncias ainda mais diminutas na RCF, as quais revelariam como a matéria estava aglomerada durante a época da sua origem. Eles compreenderam que a atmosfera terrestre distorceria os sinais claros necessários à sua detecção. Por isso, uma missão de satélite seria muito mais promissora do que qualquer programa envolvendo antenas para um levantamento detalhado da RCF. A fim de explorar o espaço, a astronomia precisava penetrar no espaço externo e colocar em órbita seus instrumentos. Quando o século XX aproximava-se do seu crepúsculo, emergiu uma reluzente era de telescópios espaciais.

Cartões Postais Vindos da Aurora do Tempo

Em 18 de novembro de 1989, a NASA lançou o satélite COBE (Cosmic Background Explorer, Explorador do Fundo Cósmico), a primeira sonda espacial colocada em órbita e dedicada a pesquisas de cosmologia — no caso, especificamente encarregada de mapear em detalhes a RCF. Como o programa do ônibus espacial havia sofrido uma parada por causa do desastre com o *Challenger*, o COBE foi alojado em um foguete Delta reformado de 35,36 metros de altura — um tipo de veículo de lançamento que era usado frequentemente para transportar satélites de navegação GPS e outros instrumentos até suas órbitas —, decolando da Base Aérea de Vandenberg, perto de Los Angeles.

O COBE continha três experimentos astronômicos distintos com missões especializadas: os DMRs (Differential Microwave Radiometers, Radiômetros Diferenciais de Micro-ondas), experimento chefiado por Smoot como principal pesquisador e astrofísico, com Chuck Bennett, do Goddard, como principal pesquisador adjunto; o FIRAS (Far Infrared Absolute Spectrophotometer, Espectrofotômetro Absoluto do Infravermelho Extremo, chefiado por John Mather do Centro de Voo Espacial Goddard, da NASA; e, em seguida, o DIRBE (Diffuse Infrared Background Experiment, Experimento do Fundo Infravermelho Difuso), chefiado por Mike Hauser, também do Goddard. O experimento com os DMRs consistiu no uso de radiômetros semelhantes àquele que Smoot e seus colegas fizeram voar a bordo de uma aeronave, sintonizados em três diferentes frequências de micro-ondas, e que, conforme se pensava, seriam promissoras para a detecção da RCF, pois as interferências de outras fontes, como as galáxias, seriam mínimas. Seu objetivo era procurar minúsculas diferenças de temperatura na radiação cósmica entre várias partes do céu, as quais mostrariam que o universo primitivo já apresentava estruturas incipientes. Os radiômetros ficavam na parte externa do satélite — envolvidos apenas por uma blindagem térmica protetora — onde antenas captavam sinais de micro-ondas diretamente do espaço e os enviava aos radiômetros. As informações recolhidas eram então retransmitidas para a Terra para serem interpretadas.

Dentro do núcleo do satélite, encerrados em um vaso de Dewar cheio de hélio líquido superfluido e ultrafrio, ficavam os dois outros experimentos. O FIRAS realizou medições precisas da distribuição de frequências da radiação cósmica de fundo (RCF), e o DIRBE examinou a radiação infravermelha proveniente de várias fontes. Por causa de sua sensibilidade, eles precisavam ser mantidos a uma temperatura ainda mais fria que a do espaço exterior. Esta exigência restrita definia o tique-taque do relógio. Os experimentos encerrados no vaso de Dewar só podiam coletar medidas válidas enquanto o hélio líquido durasse; ele evaporou em menos de um ano. O experimento DMR não estava limitado por essa exigência e por isso conseguiu reunir dados durante quatro anos.

Os pesquisadores do COBE não poderiam ter desejado que os resultados por eles obtidos fossem mais espetaculares. Os teóricos previram que a radiação relíquia, ou residual, teria um padrão semelhante ao de um objeto com perfeita capacidade de absorção (chamado de corpo negro) resfriado até 2,73 graus Kelvin. De fato, como os resultados do FIRAS mostraram, a curva espectral real se ajustava como um terno habilmente confeccionado sob medida. Havia exatamente a quantidade correta de brilho associado a cada frequência para se obter uma perfeita correspondência com o que se esperaria de um abrasador Big Bang que foi se esfriando ao longo de bilhões de anos.

É muito difícil prever as condições meteorológicas com muitas semanas de antecedência, ou antecipar quando e onde o próximo grande terremoto ocorrerá. Esses são prognósticos relacionados com coisas relativamente próximas a nós e familiares. Os cientistas do COBE mostraram como é possível narrar o que aconteceu há bilhões de anos em regiões do espaço situadas a bilhões de anos-luz de distância de nós. Detalhes da história cósmica revelaram-se como escritos registrados em um pergaminho antigo e que foram decifrados. Essa façanha não correspondeu a nada menos que uma revolução na nossa compreensão científica do universo.

Embora o experimento FIRAS confirmasse com uma precisão sem precedentes que o universo começou com uma explosão de dimensões inimagináveis, o experimento DMR revelou detalhes vitais sobre como o cosmos tomou forma em seus primórdios. Diminutas ondulações na temperatura descobertas pelo experimento DMR revelaram as sementes da estrutura que vemos hoje. Esses pontos mais quentes e mais frios ofereceram provas positivas de aglomerações na época em que a luz foi emitida pela primeira vez durante a era da recombinação. Como a imagem de ultrassom de um feto, o quadro variado mostrava evidências de como o universo acabaria efetivamente por se desenvolver.

As ondulações descobertas pelo COBE indicaram que, na era da recombinação, a densidade do cosmos incipiente variava ligeiramente de ponto a ponto. Ao longo dos éons, as zonas mais densas, por causa da sua força gravitacional mais intensa, reunia mais e mais matéria. Como a massa de farinha que se estende sobre mais massa de farinha no processo de misturá-las para fazer pão, o processo cosmológico acumulou, ao longo do tempo, mais e mais pesadas quantidades de material, deixando as áreas esparsas apenas com as migalhas. No final, os aglomerados mais massivos de matéria acabavam por entrar em ignição no processo da fusão nuclear e se tornavam os ardentes precursores dos objetos brilhantes que vemos hoje.

Os espetaculares resultados obtidos pelo COBE transformaram a cosmologia em uma ciência mais precisa, que se embasava, em uma medida muito maior, na análise estatística. Os astrofísicos perceberam que mapeamentos ainda mais detalhados da RCF poderiam refinar ainda mais aspectos reveladores de como o universo evoluiu. Uma equipe que incluía veteranos do COBE como Dave Wilkinson começou a planejar um novo satélite para estudar a RCF, o qual, depois de sua morte por câncer em 2002, viria a ser batizado, em sua homenagem, de WMAP (Wilkinson Microwave Anisotropy Probe, Sonda Wilkinson de Anisotropia de Micro-ondas).

Nesse meio-tempo, menos de cinco meses depois que o COBE foi içado para o céu, outro lançamento extraordinário de um instrumento instalado em base espacial forneceu uma perspectiva óptica há muito procurada, e capaz de proporcionar clareza cristalina. O mundo estava pronto para dirigir os "olhos" para o universo, os quais viriam complementar as "orelhas" fornecidas por antenas do COBE. Por volta dessa época, o programa do ônibus espacial estava novamente em atividade e pronto para fazer história.

Em 24 de abril de 1990, o ônibus espacial *Discovery* — levando a bordo uma tripulação de cinco pessoas, que incluíam o comandante, Loren Shriver, e o piloto, Charlie Bolden — colocou em órbita o Telescópio Espacial Hubble, 568 quilômetros acima da Terra. Dando continuidade ao legado do grande astrônomo assim homenageado, o Hubble foi o primeiro telescópio a operar totalmente livre de interferência atmosférica e a apresentar uma visão desimpedida de corpos astronômicos. Junto com o COBE e com numerosos instrumentos astronômicos instalados em base espacial, e que se seguiram a ele, a missão de 1,5 bilhão de dólares era um sinal do compromisso da NASA (e do mundo científico) para perscrutar cada vez mais longe no espaço e recuando cada vez mais no tempo na busca pelo conhecimento cósmico.

As primeiras imagens obtidas pelo Hubble não eram tão nítidas quanto se esperava. Para um considerável embaraço de todos, uma falha na forma do espelho primário de 94 polegadas (2 metros e 38 centímetros) do telescópio provocava uma distorção na maneira como o aparelho coletava a luz e ofuscava sua visão.

Felizmente, outra missão de ônibus espacial, lançado em 1993, forneceu ao telescópio a óptica corretiva que lhe faltava, tornando sua visão fenomenal.

Em seus mais de vinte anos de serviço, o Hubble tornou-se o garoto-propaganda da astronomia contemporânea. Suas imagens de sonho de nebulosas delgadas, intensamente coloridas e outras maravilhas astronômicas adornam incontáveis capas de livros, calendários, protetores de telas, paredes de dormitórios e qualquer lugar que precise ser animado com panoramas espetaculares do espaço cósmico. No entanto, sua missão científica transcende em muito o seu papel público de produzir fotos deslumbrantes e servindo como símbolo para a NASA. Ele tem oferecido as melhores provas do conteúdo, da estrutura e da dinâmica do universo —, em outras palavras, do que está lá fora, do que poderia estar faltando, de como tudo é organizado, e de para onde as coisas estão indo. A cada semana, o telescópio transmite aproximadamente 120 gigabytes de dados para a Terra, o equivalente a muitos milhares de livros. A análise das informações coletadas constitui um componente crítico da astronomia moderna e revolucionou o campo.

Paralelamente à riqueza de informações obtidas pelo Hubble nas partes ópticas e próximas do infravermelho, vários outros telescópios e sondas espaciais têm explorado outras faixas espectrais. Estes incluem o CGRO (Compton Gamma-Ray Observatory, Observatório Compton de Raios Gama), lançado pela NASA em 1991; o CXRO (Chandra X-Ray Observatory, Observatório Chandra de Raios X), lançado pela NASA em 1999; o SST (Spitzer Space Telescope, Telescópio Espacial Spitzer), para a exploração do infravermelho, lançado pela NASA em 2003; e o XMM Newton X-Ray Observatory (Observatório Newton de Raios X [equipado com] XXM (X-Ray Multi-Mirror — Multiespelho de Raios X), e o HIT (Herschel Infrared Telescope, Telescópio Herschel [para a exploração] do Infravermelho), cada um deles lançado pela ESA (European Space Agency, Agência Espacial Europeia) em 2009.

Enquanto isso, graças ao advento das câmeras digitais e da óptica adaptativa de alta precisão — sistemas destinados a minimizar os efeitos da distorção pela atmosfera — telescópios instalados em base terrestre adquiriram uma visão muito mais aguçada. Um triunfo da telescopia de base terrestre do século XXI é o SDSS (Sloan Digital Sky Survey, Levantamento Digital Sloan do Céu): um mapeamento tridimensional de mais de um terço do céu que começou em 2000 e continuou até a atualidade ao longo de três fases de operação. Usando um telescópio dedicado de 8 pés (2,44 metros) de diâmetro do Observatório de Apache Point, no Novo México, o projeto localizou centenas de milhões de galáxias e outros objetos astronômicos, cerca de 2 milhões dos quais foram analisados por meio dos seus espectros luminosos. Ele ofereceu mais informações sobre como as galáxias e outros objetos astronômicos estão distribuídos do que nunca antes na história. Essas informações têm sido usadas em conjunto com levantamentos sobre a RFC para ajudar os cientistas a compreender como as estruturas de grande escala evoluíram no universo.

Feliz Aniversário, Espaço, pelos seus 13,75 Bilhões de Anos!

Um dos desenvolvimentos recentes mais importantes na cosmologia foi o lançamento da WMAP em 2001, que se empenhou em mapear a RFC, obtendo detalhes ainda mais refinados que o COBE. A WMAP foi lançada ao espaço em 30 de junho, do Cabo Canaveral, na Flórida, a bordo de um foguete Delta II, e colocada em uma órbita especial chamada L2 (Lagrange ponto 2). O L2 é um dos cinco lugares no sistema gravitacional Terra-Sol que permite a objetos como satélites permanecer a uma distância constante desses dois corpos. Isso acontece porque as forças gravitacionais combinadas exercidas pela Terra e pelo Sol nesses pontos igualam a quantidade de força centrípeta (que possibilita o movimento circular) necessária para esses satélites girarem conjuntamente com esses corpos. Localizado cerca de quatro vezes mais longe da Terra do que a Lua, a vantagem do L2 consiste em ser um ponto de observação previsível, desimpedido, para coletar a radiação cósmica de fundo na faixa das micro-ondas. A WMAP foi finalmente aposentada em setembro de 2010, oferecendo aos cientistas quase uma década de dados extraordinários.

O fato de a sonda ser rebatizada como WMAP em homenagem a Wilkinson acabou por se revelar conveniente, dada a sua eficiência como uma ferramenta de alta precisão para a cosmologia, exatamente da maneira como ele havia desejado. Como Mather, Page e Peebles comentaram em um tributo a ele realizado em 2003, após sua morte:

> O projeto da WMAP segue a filosofia de Dave: mantê-lo simples, mas impedir o aparecimento de erros sistemáticos graças a abundantes checagens. Ele

ficou encantado com os resultados; a comunidade está testemunhando mais um grande avanço nos testes de precisão do modelo cosmológico relativista.[6]

Periodicamente, os cientistas da NASA liberaram relatórios detalhando os dados que a WMAP havia coletado. Cada um deles — o relatório de três anos divulgado em março de 2006, o relatório de cinco anos divulgado em março de 2008, e o relatório de sete anos divulgado em março de 2010 — ofereceu revelações surpreendentes sobre a natureza do cosmos. Cada um deles forneceu limites mais precisos para a geometria e conteúdo do universo e revelou informações progressivamente cada vez mais detalhadas sobre o seu desenvolvimento primordial.

Um debate de longa data na cosmologia tem por tema a determinação da idade precisa do universo. Antes da WMAP, as melhores suposições compunham uma "escada cambaleante" de estimativas de distância, que resultavam em toda uma gama de valores para o que a chamada constante de Hubble: a taxa segundo a qual o espaço está se expandindo. Astrônomos rastreavam a expansão atual remontando-a até o momento do Big Bang e calculavam há quanto tempo isso deve ter ocorrido. Se o espaço tem uma geometria plana (em vez de ter a geometria de uma hiperesfera ou de um hiperboloide), é preenchida principalmente de matéria e carece de uma constante cosmológica, então a idade cósmica é igual a dois terços divididos pela constante de Hubble. Como as estimativas para a constante de Hubble variavam amplamente e a forma do espaço não era clara, estimativas para a idade do universo antes da WMAP variavam de 10 bilhões de anos (e até mesmo menos) até 18 bilhões de anos. Os menores valores eram menores do que as idades calculadas de algumas das mais antigas estrelas conhecidas. Isso oferecia um paradoxo: "Como poderia o universo ser mais jovem do que as estrelas que ele continha?"

Felizmente, a riqueza de dados coletados pela WMAP esclareceu a situação. Sua "imagem de bebê" do universo oferece um retrato detalhado das diminutas flutuações na temperatura de ponto a ponto do céu, indicando sua composição durante a era da recombinação — especificamente sua decomposição em matéria visível, matéria escura e energia escura. A forma dessas ondulações revelou que o universo tem uma geometria plana (como fora previsto pelo modelo do universo inflacionário, uma das principais maneiras de se compreender como o universo muito primitivo havia se desenvolvido). Combinando esse punhado de informações, os astrônomos definiram a idade do universo em 13,75 bilhões de anos (com uma margem de erro de 100 milhões de anos para mais ou para menos). Pela primeira vez na história, podemos falar a respeito da aurora cósmica do tempo com conhecimento e convicção. A não ser que o tempo já existisse antes do Big Bang! Falaremos sobre isso mais adiante.

3

Até Onde se Estendem as Fronteiras do Universo?

A Descoberta da Aceleração do Universo

Vivemos em uma época incomum, talvez a primeira idade de ouro da cosmologia empírica. Com o avanço da tecnologia, começamos a fazer medições filosoficamente significativas. Essas medições já nos trouxeram surpresas. O universo não apenas está se acelerando, mas aparentemente seu fundamento consiste em substâncias misteriosas.

— SAUL PERLMUTTER, "SUPERNOVAE, DARK ENERGY, AND THE ACCELERATING UNIVERSE", *PHYSICS TODAY* (2003)

Na história da física moderna, cada geração tem confrontado o seu próprio enigma. A década de 1900 introduziu a propriedade paradoxal da luz, de se comportar como uma partícula e como uma onda, que resultou no desenvolvimento da mecânica quântica. A década de 1930 atraiu a atenção da comunidade científica para o desconcertante domínio dos núcleos atômicos. A questão de como os elementos são montados, a um passo por vez, levou aos campos da astrofísica nuclear e da cosmologia do Big Bang. A década de 1960 anunciou um mundo extravagante de variadas partículas múltiplas com propriedades novas e bizarras — que levavam ao reconhecimento de que os prótons, os nêutrons e muitos outros tipos de partículas são feitos de quarks. Hoje estamos enfrentando um outro desses desafios: a descoberta, realizada em 1998, da aceleração do universo. A maneira como a ciência responderá a essa descoberta poderá produzir uma mudança de paradigma sísmica tão impactante como foi a mecânica quântica.

Antes de 1998, os cosmólogos comparavam o Big Bang a um projétil atirado para o alto — destinado a desacelerar sob a influência da gravidade. Se você lança um foguete de brinquedo para o ar com uma pequena quantidade de combustível (como aquele que os fogos de artifício usam), você esperaria que, ao ser disparado, ele se arremessasse para cima com rapidez e ficasse cada vez mais lento à medida que subisse. Finalmente, "perderia a força" e cairia no chão. Isso aconteceria porque seu impulso inicial não seria suficiente para permitir que ele conquistasse a gravidade. Imaginem agora alimentá-lo com um combustível propelente mais poderoso, que dê a ele uma força de disparo muito mais poderosa, semelhante à que é aplicada aos foguetes reais. Hipoteticamente, se ele começou com uma velocidade suficientemente alta, embora ela acabasse por se abrandar à medida que o foguete subisse cada vez mais alto, ela poderia fazê-lo entrar em órbita. O movimento orbital é uma espécie de equilíbrio entre a queda no chão e o avanço para o espaço exterior. Abasteça o foguete ainda mais antes da decolagem e, embora ele ainda desacelere à medida que ascenda, teoricamente ele seria capaz de prosseguir seu caminho e avançar para o espaço profundo.

Embora essas três possibilidades tenham finais diferentes, o que elas têm em comum é a desaceleração causada pela gravidade. A gravidade puxa as coisas em direção à Terra (ou em direção a outros corpos maciços), fazendo com que qualquer coisa que suba desacelere — a não ser que ela tenha uma fonte de combustível extra que lhe permita acelerar-se. Seria muito surpreendente se, por exemplo, uma bola de beisebol acelerasse cada vez mais depois de ter sido lançada.

Agora, vamos pensar sobre o comportamento do universo. O Big Bang desencadeou uma expansão do espaço que continua até hoje. Testemunhamos esse crescimento porque todas as galáxias no espaço, exceto aquelas relativamente próximas de nós, estão se afastando. Por causa da maneira como a gravidade atua, tendendo tipicamente a aglutinar as coisas e a desacelerá-las, os astrônomos supunham, quase até o fim do século XX, que o universo está se desacelerando. A questão era se essa desaceleração seria ou não suficiente para impedir que o universo se expandisse para sempre — situação semelhante à do foguete no nosso exemplo: "Será que ele desaceleraria o suficiente para voltar a cair no chão?"

Calibrando o Destino Cósmico

A Teoria da Relatividade Geral de Einstein se apresenta em duas versões — com ou sem um fator chamado de "constante cosmológica". Lembre-se de que em sua teoria original, construída mais de uma década antes da descoberta de que o universo está se expandindo, faltava um tal fator extra. Einstein havia relutantemente introduzido o termo, que atua como uma espécie de "antigravidade", em uma vã tentativa de estabilizar um modelo de universo que ele havia desenvolvido e de evitar que ele se expandisse ou colapsasse. Então, depois de saber que o espaço está realmente se expandindo, ele retirou a constante das equações. Embora a relatividade geral seja mais simples sem uma constante cosmológica, descobertas recentes sobre a energia escura, que provoca um movimento de repulsão no universo, sugerem que Einstein poderia estar certo em incluí-lo — se bem que por uma razão muito diferente.

Aplicada ao universo como um todo, a relatividade geral descreve como o espaço se expande para fora a partir de um ponto. Se não houver um termo que corresponda à constante cosmológica, essa expansão ficará mais lenta ao longo do tempo por causa da gravitação mútua de toda a matéria. As soluções encontradas por Friedmann, em 1922, mapeiam os três destinos possíveis para um universo isotrópico e homogêneo. Dependendo do fato de o parâmetro ômega (a densidade dividida por um certo valor crítico) ser maior, menor ou igual a 1, o universo será, respectivamente, fechado, aberto ou plano. No caso do universo fechado, embora ele continue a se expandir durante um longo tempo, seu crescimento continua a desacelerar muito por causa da gravidade, até que, finalmente, ele irá parar, e reverter seu movimento — levando à contração cósmica. Isto é semelhante a um foguete subindo e depois caindo de volta ao chão. No caso aberto, a gravidade nunca é forte o suficiente para interromper a expansão, e ela continuará para sempre, ainda que cada vez mais lentamente. Isto é semelhante a um foguete que tem combustível inicial suficiente para se projetar no espaço profundo. Finalmente, o caso plano envolve a quantidade exata e suficiente por volume para que a expansão cósmica oscile no limite entre as duas outras possibilidades, como um foguete lançado em órbita. Efetivamente, isso significa que o universo se expande indefinidamente, mas com um ritmo mais lento do que no caso aberto. Note que todas as três opções, semelhante ao exemplo do foguete, envolvem a desaceleração — a diferença é que ela se processa em ritmos variados.

Uma vez que na relatividade geral a densidade de matéria e de energia está conectada com a geometria de uma região, há duas maneiras de se determinar qual desses três destinos o nosso universo sofreria. O primeiro método de prognosticar o destino cósmico envolve a soma de toda a matéria e a radiação existentes no espaço e o cálculo de suas respectivas densidades. Isso é um pouco enganador, pois nos primórdios do universo a radiação dominava sobre a matéria — o que significa que ela desempenhava um papel mais importante — até que, durante uma era de importância crucial, dezenas de milhares de anos após o Big Bang, o universo se espalhou o suficiente para que a matéria assumisse a liderança. Um universo que é dominado pela matéria se expande com um ritmo um tanto mais rápido do que um universo que é dominado pela radiação. Fazendo cálculos ainda mais complicados, a computação da densidade da matéria requer que se considere não apenas a matéria visível, mas também a matéria escura, que não pode ser observada diretamente. Uma vez que todos os componentes da matéria estão incluídos, comparando-se a densidade real com um valor crítico obtém-se o eventual tipo de morte que o universo terá: "morte catastrófica por excesso de matéria" e "morte prolongada porque a matéria não é suficiente". Em outras palavras, a densidade do universo revela seu destino, nos dizendo se ele irá expirar com uma implosão ou com um lamento.

Um método muito mais direto de calibrar o destino cósmico consiste em comparar a velocidade de recessão típica (sua velocidade de afastamento mútuo) de galáxias cuja luz nos chega de bilhões de anos atrás com a velocidade de recessão atual. As velocidades de recessão das galáxias nos dizem com que rapidez o universo está se expandindo. Por conseguinte, a diferença nas velocidades de recessão das galáxias ao longo do tempo calibra a aceleração do cosmos — sua taxa de desaceleração ou de aceleração — e, desse modo, nos diz o que vai acontecer com o espaço se tal comportamento continuar. Esses cálculos só se tornaram possíveis com o advento de instrumentos capazes de sondar as profundezas do espaço observável (em princípio, os lugares mais distantes que podemos observar).

Telescópios poderosos como o Telescópio Espacial Hubble são capazes de coletar a luz vinda de galáxias tão distantes que levaram bilhões de anos para chegar até aqui. Essa luz coletada oferece evidências vindas de um passado remoto e que nos revelam com que rapidez as galáxias estavam se afastando em uma era já mais próxima dos primórdios da história do universo.

Na década de 1990, duas talentosas equipes de detetives cósmicos se propuseram a obter a taxa da aceleração cósmica, que, com base em tudo o que se conhecia na época, supunha-se que era uma taxa de *desaceleração*. Um dos grupos, chamado de Supernova Cosmology Project, estava instalado no Laboratório Nacional de Lawrence Berkeley, na Califórnia, e era chefiado por Saul Perlmutter. O outro grupo, o High-Z Supernova Search, instalou-se no Mount Stromlo Observatory, na Austrália, e era dirigido pelo líder da equipe, Brian Schmidt. Adam Riess, do Instituto de Ciências do Telescópio Espacial, em Maryland, foi o autor principal das principais publicações da equipe do High-Z Supernova Search.

Todas as evidências na cosmologia até essa altura indicam que a expansão do universo deve estar desacelerando. As equipes queriam apenas saber o quão gradualmente a desaceleração estava ocorrendo. Elas correram para serem as primeiras a descobrir com que taxa o crescimento cósmico estava diminuindo e, desse modo, a ajudar a determinar qual deles, o Big Crunch (Grande Implosão, ou Grande Esmagamento) ou o Big Whimper (Grande Lamento), seria o resultado mais provável. O destino de todas as coisas estava em jogo.

Trabalhando de maneira independente, cada equipe procurou por explosões de supernovas do Tipo Ia em galáxias distantes. Quando uma estrela de grande massa sofre uma explosão de supernova, seu núcleo implode violentamente. Uma efusão colossal de energia e matéria é liberada da estrela, enquanto seu interior encolhe até um estado inacreditavelmente denso. As explosões do Tipo Ia, o tipo mais comum de explosão estelar, têm um perfil de energia muito padronizado. Assim como acontece com certas cadeias de restaurantes de *fast-food*, você sabe exatamente o que está recebendo para comer, não importa onde esteja localizado o restaurante particular em que você encomendou sua refeição. Portanto, como no caso das estrelas variáveis cefeidas, sua regularidade as torna velas-padrão ideais para medir as distâncias que nos separam de galáxias remotas. Ao comparar as medidas de suas energias com aquilo que os astrônomos chamam de seu brilho intrínseco — quanta energia elas efetivamente liberam em sua fonte — cada equipe conseguiu calcular as distâncias até as supernovas que eles identificaram e as galáxias que as abrigam.

Na década de 1990, especulava-se a razão pela qual as supernovas do Tipo Ia são tão regulares em sua produção de energia, especulações essas que seriam confirmadas em 2010 — conforme relatou uma equipe liderada por Marat Gilfanov, do Instituto Max Planck de Astrofísica, em Garching, na Alemanha. Tal explosão ocorre quando duas estrelas anãs brancas extintas se fundem catastroficamente. Enquanto uma anã branca normalmente representa o tipo mais tranquilo de destino estelar, se duas delas se combinarem, podem produzir uma combinação explosiva.

O destino final das estrelas depende de suas massas. Para terminar como uma anã branca, uma estrela, normalmente, tem seu início com um número de massa pelo menos quatro vezes maior que a massa do Sol. À medida que a estrela envelhece, ela atinge um estágio em que consumiu grande parte do seu combustível de hidrogênio e já não pode mais fundi-lo em hélio. Sem a pressão ocasionada pela combustão do hidrogênio e dirigida para fora da estrela, esta, saturada de hélio, encolhe. Essa redução de volume aumenta a temperatura e a pressão internas da estrela, permitindo que a combustão do hélio ocorra. À medida que os núcleos de hélio se fundem produzindo carbono, por meio de um ciclo de nucleossíntese, as enormes quantidades de radiação produzidas nesse processo forçam o invólucro externo a se expandir para longe da estrela. Esta transforma-se em uma gigante vermelha — uma concha de hélio quente envolvendo um denso núcleo de carbono. Finalmente, as camadas exteriores de hélio se desprendem com violência, manifestando uma formação gasosa colorida denominada nebulosa planetária.

Uma vez que o material externo se dissipa no espaço, o interior da estrela se contrai em um objeto pequeno e quente conhecido como anã branca. Uma anã branca típica seria apenas ligeiramente maior que a Terra, e, no entanto, 200 mil vezes mais densa do que ela, e com gravidade superficial mais de 100 mil vezes mais intensa que a da Terra. Seu interior compreende uma estrutura parecida com a do diamante, pois é feita de átomos de carbono e oxigênio extremamente compactados.

As anãs brancas não podem manter para sempre suas temperaturas iniciais características de mais de 100 mil graus Celsius. Esfriando gradualmente ao longo de bilhões de anos, elas acabam por se tornar escuras. Em sua grande maioria, as estrelas de nossa galáxia — inclusive o Sol — terminarão suas vidas dessa maneira relativamente tranquila.

Um final muito mais dramático poderia acontecer se a anã branca tivesse uma companheira binária — outro objeto do seu tipo e com o qual ela se mantém acoplada em uma dança gravitacional. Muitas estrelas pertencem a sistemas binários e a outros sistemas de estrelas múltiplas. Em consequência do decaimento de sua órbita, um par de anãs brancas poderia espiralar-se uma de encontro à outra até se fundirem em um objeto unificado. É um casamento muito instável, pois a massa extra não pode ser suportada pela pressão interna das estrelas anãs combinadas — causando uma implosão súbita e a consequente liberação de uma explosão colossal de energia, uma irrupção de supernova do Tipo Ia. Alguns acoplamentos astrais simplesmente não estão destinados a dar certo!

Nos projetos de cosmologia que Perlmutter, Schmidt e Riess conduziram na década de 1990, cada vez que um dos grupos de pesquisa identificava uma supernova do Tipo Ia, membros da equipe plotavam seus gráficos de produção de energia no método da vela padrão para determinar a distância que elas estavam de nós. Em seguida, eles aplicavam a técnica Doppler (que calibrava suas velocidades por meio de deslocamentos nas linhas espectrais) para descobrir com que rapidez a galáxia que abrigava essa supernova estava se afastando de nós. Plotando os dados da velocidade Doppler em correspondência com as informações sobre as distâncias que nos separam das supernovas, as equipes conseguiram determinar como as taxas de recessão das galáxias estão mudando ao longo do tempo.

Imagine a surpresa dos pesquisadores quando eles descobriram que o crescimento do Universo não estava desacelerando; ao contrário, estava acelerando. Seus dados revelaram um universo em disparada, apertando o pedal do acelerador quando se supunha que ele estivesse pisando nos freios. A comunidade astronômica ficou perplexa. O que poderia estar acelerando o universo?

Riess descreveu assim o momento surpreendente em que percebeu que a expansão do universo estava acelerando: "O resultado, se estiver correto, significa que a suposição de minha análise estava errada. A expansão do universo não está desacelerando. Ela está acelerando! Como isso pode acontecer?"[1]

O astrofísico Michael Turner, da Universidade de Chicago, rapidamente reconheceu que nenhuma das substâncias conhecidas no universo poderia explicar o impulso extra que o crescimento do espaço estava recebendo. Sendo um especialista nas indagações de longa data a respeito do que seria a matéria escura (material invisível detectado apenas por causa do seu efeito gravitacional), ele observou que a causa da aceleração poderia ser um tipo muito diferente de componente escuro. Em vez de provocar a atração e a aglutinação de objetos, essa força provocava sua repulsão mútua. Ele apelidou o agente invisível que produzia essa força de repulsão de "energia escura" e o definiu como "o mais profundo mistério em toda a ciência".[2]

Em reconhecimento pela importância monumental de sua descoberta, Perlmutter, Schmidt e Riess receberam o Prêmio Nobel em Física de 2011. Foi o primeiro Prêmio Nobel que a cosmologia recebeu desde 2006, quando Mather e Smoot foram reconhecidos pelas descobertas que fizeram com o COBE sobre a radiação cósmica de fundo na faixa das micro-ondas.

Sai da Frente, Copérnico!

Será que a energia escura é a única opção para se explicar a aceleração cósmica? Antes de concluir que qualquer fenômeno é um fato estabelecido, a ciência precisa considerar as possíveis alternativas. E se aquilo que nós pensamos ser uma substância desconhecida fosse, em vez disso, uma ilusão provocada pelo fato de estarmos situados em uma região especial do espaço? Será que outras regiões do universo teriam propriedades diferentes das nossas, propriedades que imitariam os efeitos da energia escura? Tal alternativa exigiria o abandono do Princípio de Copérnico, a antiquíssima ideia de que a parte do cosmos que ocupamos é típica, e não especial.

Em 2008, um artigo instigante, "Living in a Void: Testing the Copernican Principle with Distant Supernovae" [Vivendo em um Espaço Vazio: Testando o Princípio de Copérnico com Supernovas Distantes], sugeriu que a parte do universo em que nos encontramos poderia não ser típica, em absoluto, mas seria dominada por um vazio incomum, chamado simplesmente de *a void* (um vazio) pelos autores. Estes, os astrofísicos de Oxford Timothy Clifton, Pedro Ferreira e Kate Land, argumentaram que, deixando-se de lado o Princípio de Copérnico aplicado à escala cosmológica, a suposição de que habitamos uma região especial poderia oferecer uma solução natural para o problema da aceleração sem requerer a intervenção da energia escura. Eles basearam seus argumentos em trabalhos anteriores realizados por outros pesquisadores, inclusive uma equipe norueguesa liderada por Øyvind Grøn, os quais mostraram que, se a nossa região do universo tem uma densidade menor que a habitual, o espectro de fundo cósmico, como foi registrado pela WMAP, imitaria o de um universo em aceleração e não haveria necessidade de postular a existência da energia escura.

Se o fato de se viver perto do centro de um vazio gigantesco pudesse imitar a energia escura, como poderíamos saber qual alternativa é a correta? Os astrofísicos de Oxford propuseram maneiras de testar essa hipótese usando um refinamento da técnica da vela-padrão para as supernovas. Embora a substituição da energia escura por um grande vazio eliminasse um enigma cosmológico, esse vazio precisaria ter exatamente as propriedades corretas para que a substituição funcionasse. Por essa razão, o artigo foi recebido com reações mistas.

Como lembrou Kate Land, "muita gente ficaria feliz se conseguisse se livrar da energia escura. Mas o vazio exige quase o equivalente a ele em sintonia fina e, portanto (e com razão) as pessoas não ficaram totalmente otimistas. Mas, o que o artigo fez foi oferecer, de uma vez por todas, um teste para separar as teorias. Acabou sendo necessário reconhecer a necessidade de se fazer um levantamento mais abrangente de supernovas para decidirmos".[3]

Suponha que o Princípio de Copérnico seja derrubado. E depois? Os membros da equipe ponderaram o que aconteceria com a cosmologia caso fôssemos forçados a repensar todas as nossas suposições sobre o cosmos como um todo. Como eles escreveram:

Tal situação teria consequências profundas para a interpretação de todas as observações cosmológicas e, em última análise, acabaria por significar que não poderíamos inferir as propriedades do universo de maneira geral a partir do que observamos localmente.[4]

No entanto, os pesquisadores observaram que há maneiras de ser típicas diferentes da localização. Por exemplo, o cosmólogo Alexander Vilinkin tem defendido um "Princípio da Mediocridade", o qual afirma que a sociedade terrestre está muito mais perto da norma do que outras possíveis civilizações no espaço o estariam. Talvez haja alguma razão pela qual estar perto do centro de uma bolha cósmica é um provável estado de coisas para galáxias que alojem estrelas destinadas a abrigar planetas habitáveis. Assim como os habitantes da Terra muitas vezes residem nas áreas metropolitanas ou nas proximidades dessas áreas, talvez aconteça de os moradores do universo viverem tipicamente perto dos centros de regiões relativamente vazias.

"Neste caso", concluíram os pesquisadores de Oxford, "o fato de nos encontrarmos no centro de um vazio gigantesco violaria o Princípio de Copérnico, segundo o qual nós não ocupamos uma região especial, mas não violaria o Princípio da Mediocridade, o qual afirma que somos um conjunto "típico" de observadores".[5]

A maioria dos cientistas não estaria disposta a desistir do Princípio de Copérnico a não ser que uma enxurrada de evidências em contrário arrastasse para longe suas suposições aceitas desde há muito tempo. Ele comprovou ser extraordinariamente importante para a nossa compreensão do universo. Se outras partes do espaço poderiam ser radicalmente diferentes da nossa, então os cosmólogos precisariam lidar com os modelos de realidade complexos e não homogêneos — o que seria uma tarefa assustadora.

Riess aceitou o desafio de verificar se a astronomia poderia descartar a hipótese filosoficamente preocupante de que vivemos em um enorme vazio. Ele montou uma equipe batizando-a de SHOES (Supernova H_0 for the Equation of State, Supernova H_0 para a Equação de Estado) para que ela definisse certos parâmetros cosmológicos com precisão muito grande, oferecendo assim um teste do tipo "papel de tornassol", ou seja, um teste decisivo para comparar a hipótese da energia escura com hipóteses competidoras como a ideia da bolha gigante. O termo "H_0" representa o valor atual da constante de Hubble, a taxa de expansão do universo. Essa taxa indica a rapidez com que o espaço está se expandindo em um determinado ponto — e é tipicamente determinada pela rapidez com que uma galáxia situada nessa posição está se afastando de nós — dividida pela distância que nos separa desse local. A "equação de estado" em questão se refere à relação entre a pressão e a densidade — nesse caso, pressão e densidade da energia escura. Desse modo, dois dos objetivos importantes do projeto consistiram em consolidar o valor da constante de Hubble e estabelecer a equação de estado mais provável para a energia escura, capaz de revelar alguma coisa sobre suas propriedades. Ao encontrar essas quantidades, elas poderiam ser comparadas a previsões para a hipótese do vazio gigantesco.

Seguindo os passos de Edwin Hubble, a equipe usou uma nova e versátil câmera digital colocada sobre o telescópio que leva o seu nome. Em maio de 2009, o ônibus espacial *Atlantis* decolou para a última missão de manutenção da NASA no Telescópio Espacial Hubble. A tripulação do ônibus espacial instalou a WFC3 (Wide Field Camera 3, Câmera Planetária de Campo Largo 3), um instrumento de alta resolução que podia detectar a luz nas faixas da luz visível, do infravermelho próximo e do ultravioleta próximo — o que intensificou em grande medida a capacidade do telescópio para fornecer imagens de clareza cristalina de galáxias e outros objetos. A equipe de Riess utilizou a WFC3 para identificar seiscentas variáveis cefeidas em galáxias próximas e que abrigam supernovas do Tipo Ia com o objetivo de combinar as informações provenientes desses diferentes tipos de velas-padrão para estabelecer uma escada mais precisa capaz de escalonar as distâncias cósmicas.

Degrau por degrau, a escada das distâncias cósmicas foi construída ao longo das décadas por meio de observações cada vez mais precisas usando métodos de velas-padrão e várias outras técnicas. Isso ajuda os astrônomos a se sentirem mais confiantes para estabelecer a distância que nos separa de objetos espaciais recém-identificados. Usando tais distâncias, juntamente com técnicas de medição de velocidade como a que recorre ao efeito Doppler, os astrônomos conseguiram determinar valores da constante de Hubble, a taxa de aceleração e outros parâmetros cosmológicos. Riess esperava que suas medições definissem com precisão suficiente a escada das distâncias cósmicas para confirmar ou não a realidade da energia escura.

Como Riess explicou, "estamos usando a nova câmera no Hubble como um radar de policial para flagrar o universo fugindo com excesso de velocidade".[6]

Em janeiro de 2011, Riess e sua equipe anunciaram novos valores impressionantemente precisos para a constante de Hubble e a equação de estado da energia escura. Os valores por eles obtidos eram consistentes com o quadro básico da energia escura e descartaram toda uma gama de modelos não homogêneos os quais supunham que estamos localizados no centro de um vazio gigantesco. Copérnico poderia descansar em paz; o lugar que ocupamos no espaço nada tem de especial.

"Parece que é mesmo a energia escura que está pisando no pedal do acelerador", comentou Riess.

Embora tenha confirmado que a energia escura está lá fora, a equipe de Riess não conseguiu explicar exatamente o que ela é. Parece que os astrônomos terão de atormentar a misteriosa substância com muito mais perguntas antes que ela revele sua verdadeira identidade.

A Teoria Antes Conhecida como a Asneira de Einstein

Em um quadro do programa clássico de televisão *What's My Line?,** uma celebridade desafiava os participantes vendados a adivinhar quem era ela ou ele. Os participantes faziam suas perguntas cuidadosamente para descartar possibilidades até que o número de opções ficasse reduzido ao máximo possível. Após a descoberta da aceleração cósmica, causada por uma esquiva energia escura, os físicos consideraram cuidadosamente o que perguntar à misteriosa candidata. Uma das principais perguntas que eles decidiram fazer é a de se a intensidade da energia escura permanecia constante indefinidamente ou se ela mudava ao longo do tempo.

Se a energia escura sempre mantivesse a mesma intensidade, uma versão da Teoria da Relatividade Geral que Einstein havia descartado — a variante que incluía uma constante cosmológica — parecia oferecer uma maneira direta de modelá-la. Depois da revelação que Hubble fez em 1929, de que o universo estava se expandindo, Einstein disse que a introdução da constante cosmológica foi a "maior asneira" que ele havia cometido. No entanto, a descoberta, cerca de sete décadas mais tarde, de que o espaço estava acelerando sua expansão ofereceu aos cosmólogos um incentivo para restabelecer o fator descartado. Incluir uma pequena constante cosmológica positiva, simbolizada pela letra grega lambda,

---

* A versão brasileira dessa série, que foi ao ar entre 1950 e 1967, recebeu o nome de *Adivinhe o Que Ele Faz.* (N.T.)

revelou ser a maneira mais simples de descrever um universo em aceleração. O termo repulsivo subitamente tornou-se atrativo!

Uma maneira de descrever os efeitos da energia escura tem a ver com a sua pressão. Como os teóricos mostraram, o termo da constante cosmológica é equivalente a uma pressão negativa — o efeito contrário ao de empurrar, da pressão positiva. Enquanto a pressão positiva comprime as coisas para dentro, a pressão negativa as puxa para fora. Por isso, diz-se que a energia escura tem pressão negativa.

Imagine que um balão está vazando e você quer estabilizá-lo. Se você o empurrasse com pressão positiva, ele esvaziaria ainda mais depressa. Isso não traria estabilidade. No entanto, se as suas mãos, magicamente, exercessem pressão negativa, você tocaria no balão e ele deixaria de esvaziar. A pressão negativa de suas mãos equilibraria o vazamento e estabilizaria o balão. No entanto, se você tocasse um balão que já estivesse sendo inflado, ele inflaria ainda mais depressa. Você iria acelerar sua taxa de crescimento.

Para testar se a energia escura é constante, como em uma constante cosmológica, numerosas equipes de pesquisa estão tentando mapear a recessão das galáxias de uma maneira mais detalhada. Em 2010, o astrônomo holandês Ludovic Van Waerbeke anunciou resultados a partir do levantamento até então mais abrangente de velocidades das galáxias. Ao medir com precisão os movimentos de quase meio milhão de galáxias, seu grupo encontrou fortes evidências de que a energia escura permeia o universo. No entanto, seus resultados não foram precisos o suficiente para distinguir entre as formas constantes e as variáveis.

A outro estudo recente, o CANDELS (Cosmic Assembly Near-IR Deep Extragalactic Legacy Survey, Levantamento do Legado Extragaláctico Profundo do Infravermelho Próximo para a Montagem [de um mapa dos primórdios da história] Cósmica), foi concedido ao Telescópio Espacial Hubble um tempo sem precedentes, correspondente a 902 órbitas, para estudar supernovas do Tipo Ia em 250 mil galáxias remotas. Ao usar a ACS (Advanced Camera for Surveys, Câmera Aperfeiçoada para Levantamentos) do Hubble, juntamente com a WFC3, para obter imagens de galáxias representando a primeira terça parte do tempo cósmico da evolução galáctica, eles esperavam consolidar o nosso quadro de como a taxa de expansão do universo mudou ao longo do tempo. Chefiado por Sandra Faber, da Universidade da Califórnia em Santa Cruz, e incluindo Riess, o grupo espera que seus dados ajudem a responder se a energia escura alguma vez chegou a apresentar flutuações no empurrão com que acelera a expansão do universo. Como um dos membros da equipe, Alex Filippenko, da Universidade da Califórnia em Berkeley, observou: "Se descobrirmos que a natureza da energia escura não está mudando com o tempo, então a evidência a favor da constante cosmológica de Einstein será ainda maior".[7]

O tempo de estudo de três anos da missão CANDELS começou em 2011. A equipe já liberou uma montanha de dados, que permitiram oferecer um vislumbre dos dias de infância do universo. Logo poderemos saber se uma constante cosmológica invariável é ou não a melhor maneira de representar a energia escura.

Graças aos resultados da sonda WMAP, que apoiaram ainda com mais vigor a imagem da aceleração do universo, os astrônomos começaram a incluir uma constante cosmológica, juntamente com a matéria comum e com a matéria escura fria (de movimento lento), como parte do que eles chamam de "modelo de concordância" Lambda-CDM (Cold Dark Matter, Matéria Escura Fria). A ideia é que o universo passou por estágios nos quais diferentes fatores desempenharam papéis importantes — teoria baseada em uma concordância de medições usando várias técnicas e instrumentos.

Embora a energia escura, como a WMAP mostrou, abranja atualmente quase três quartos da composição do universo, ela só desempenhou um papel de importância seminal nos últimos 6 bilhões de anos. Nos primeiros 8 bilhões de anos, aproximadamente, de história cósmica, o universo era compacto o suficiente para que a densidade de matéria (principalmente na forma escura) desempenhasse um papel mais importante, que, felizmente, permitiu a formação de enormes estruturas. Por exemplo, devemos a existência da Terra às consequências dessa fase anterior construtiva. Depois que o cosmos se espalhou o suficiente, a contribuição da energia escura passou a vigorar como a de um ator principal, minimizando o papel da matéria. A energia de aceleração do universo começou a pleno vapor, empurrando as galáxias de modo a afastá-las umas das outras em um ritmo cada vez mais intenso. Será que a energia escura continuará acelerando o universo até que o tecido do espaço seja dizimado? Nosso destino cósmico depende da resposta a essa pergunta vital.

Mesmo que o universo continue a se expandir para sempre, há um limite para a distância até onde a nossa capacidade de observação é potencialmente capaz de atingir: estima-se que a extensão de um extremo a outro abranja cerca de 124 bilhões de anos-luz. Em seu artigo de 2005, J. Richard Gott e seus colaboradores ofereceram um prognóstico para o tamanho máximo possível da parte do universo que poderia ser observada.[8] Em sua estimativa, qualquer coisa que se mova para mais de 62 bilhões anos-luz de distância de nós, em qualquer direção, jamais poderia ser observada, nem mesmo no futuro distante. Por quê? Podemos pensar nisso como uma espécie de corrida entre a luz que chega à Terra vinda das galáxias e as galáxias afastando-se de nós cada vez mais depressa. O tamanho do universo observável é determinado pela distância que estão, *agora*, as galáxias que emitiram a luz que está chegando até nós. Como a luz ainda está fluindo em direção à Terra vinda das galáxias, se esperássemos milhões de anos, seríamos capazes de ver a luz emitida por galáxias que estão agora ainda mais longe. À medida que as galáxias distantes fogem de nós com uma velocidade cada vez maior, elas acabarão por chegar a um ponto em que a sua luz nunca poderá nos atingir — nem agora nem nunca. O limite entre a luz das galáxias que poderia acabar chegando até nós e aquela que nunca poderá chegar até nós é o tamanho final de quanto do universo poderíamos observar. Como nossas explorações cosmológicas se estendem cada vez mais longe no espaço, é frustrante pensar que algum dia elas poderão se chocar com uma barreira de ferro.

4

Por Que o Universo Parece Tão Uniforme?

A Era Inflacionária

Quando o homem alegórico apareceu chamando...
Ele nos mostrou uma bola plana, mas inflável.

— THEODORE SPENCER, *THE INFLATABLE GLOBE* (1948)

Embora a aceleração cósmica seja desconcertante e inesperada, pelo menos um aspecto dela soa familiar. Os físicos já suspeitavam que muito tempo atrás, bem no começo de sua história, o universo havia experimentado um intervalo extraordinariamente breve de crescimento ultrarrápido chamado era inflacionária. Diferentemente da aceleração cósmica, que se tornou gradualmente mais significativa ao longo dos éons, a inflação ocorreu em um lapso de tempo tão fugaz quanto um piscar de relâmpago. Os resultados foram súbitos e explosivos.

A inflação tomou, por assim dizer, um pedaço de espaço muito menor do que um próton e o inflou até o tamanho aproximado de uma bola de beisebol. Uma bola de beisebol! Esse volume do tamanho de uma bola de beisebol, cerca de 7,6 centímetros de diâmetro (com uns 2,5 centímetros a menos ou a mais), foi o precursor do universo observável de hoje. É realmente estonteante considerar que tudo o que os astrônomos poderiam observar hoje — espalhado em cerca de 93 bilhões de anos-luz de diâmetro — podia estar potencialmente presente em um volume que cabia com facilidade no oco de uma luva de beisebol! Ao longo de bilhões de anos, a expansão de Hubble comum — muito mais lenta que a inflação — aumentaria a circunferência do universo observável até o valor que possui atualmente. Um crescimento assim colossal — de um tamanho menor que o de um próton até um tamanho comparável ao de uma bola de beisebol e, finalmente, até uma esfera celeste de bilhões de trilhões de quilômetros de diâmetro — certamente justifica o "Big" do "Big Bang".

Apesar de não podermos espreitar para além de sua região observável, presumimos que todo o universo inteiro tenha crescido, e não apenas a sua parte que podemos conhecer. Uma coisa que precisamos ter em mente é que, se o universo é infinitamente grande agora, ele também foi infinitamente grande na época da inflação. O infinito multiplicado ou dividido por qualquer fator finito ainda é infinito. Porém, coisas infinitamente grandes podem se tornar mais comprimidas. Imagine uma cidade infinita com um número infinito de casas, uma por família. Se o conselho da cidade aprovasse uma lei que condenasse metade das casas e pedisse aos residentes para que passassem a morar com seus vizinhos, a cidade, embora continuasse infinita, se tornaria mais lotada. De maneira semelhante, o universo antes da época da inflação era muito, muito mais denso do que é hoje.

Os físicos acreditam que todas as coisas, em algum momento, estavam tão próximas umas das outras porque isso explica o fato de o universo observável parecer tão semelhante, independentemente da direção para onde nós olhamos. O tecido do espaço é notavelmente liso, uniforme. Medições recentes de sua geometria, realizadas por meio da sonda WMAP e de outros meios, indicaram que ele poderia ser plano como uma panqueca. Sua forma não poderia ser mais simples.

No entanto, no menu de soluções para as equações da relatividade geral de Einstein, panquecas planas são itens raros. Por que é que a relatividade geral, quando aplicada ao universo, serve apenas ao seu tipo mais básico de geometria? Esta questão, levantada primeiramente em 1969 por Robert Dicke, cosmólogo de Princeton, é conhecida como o problema da planura.

Na terminologia padrão, os cosmólogos usam o fator ômega para descrever a densidade relativa da matéria e da energia no universo em comparação com uma quantidade crítica. O universo será plano apenas se ômega for precisamente igual a 1. Se ômega for um pouquinho superior a 1, o universo será fechado, e se ele for um pouquinho menor, o universo será aberto. Dada essa condição estrita, a teoria parece nos dizer que a geometria plana seria a mais difícil de ser obtida. Afinal de contas, se alguém jogasse dardos em uma placa com um alvo incrivelmente minúsculo no centro, seria raro que ele o acertasse com exatidão.

Poderia o universo ser apenas *quase* plano em vez completamente plano? Na verdade, os cientistas às vezes perdem diferenças minúsculas por causa de incertezas na medição. Porém, a relatividade geral não facilita a possibilidade de uma quase planura. Em 1973, Stephen Hawking e C. B. Collins provaram que no padrão de expansão do Big Bang, qualquer pequeno desvio da planura deverá aumentar ao longo do tempo. Assim, mesmo que ômega, há bilhões de anos, fosse extraordinariamente próximo de 1, hoje ele seria enorme ou minúsculo — traduzindo-se em um universo atual perceptivelmente fechado e superdenso, ou aberto e subdenso, ao contrário do que aquele que nós realmente estamos observando.

Os astrônomos gostam de acreditar que o universo começou sem condições especiais. Como uma região virgem e agreste cheia de colinas e vales naturais, regiões densamente arborizadas e planícies áridas, o espaço começou como uma confusão de diferentes terrenos e condições. Não há nenhuma razão para supor que o seu perfil inicial fosse plano e homogêneo. Em vez disso, se a sua forma nascente e a sua distribuição de energia seguissem apenas as leis do acaso, ele teria começado de maneira tão caótica quanto um campo de pedras irregulares. O que, então, alisou a paisagem aleatória em um panorama tão nivelado e uniforme (em sua escala mais ampla) quanto uma vasta praia de areia? A teoria original do Big Bang não oferece um rolo compressor cósmico para que se pudesse obter tal nivelamento.

Outra questão com que a teoria do Big Bang-padrão não consegue lidar é o chamado dilema do horizonte, que tem a ver com a quase uniformidade da temperatura da radiação cósmica de fundo (RCF) na faixa das micro-ondas. Nos últimos anos, graças à WMAP e a dados obtidos por outros levantamentos, os cosmólogos estão enfatizando a importância das anisotropias da RCF, uma vez que elas têm oferecido um tesouro de informações sobre a maneira como se formou a estrutura do universo. No entanto, não devemos nos esquecer de que essas anisotropias representam minúsculas diferenças de temperatura de ponto a ponto no céu. Uma característica muito mais proeminente da RCF é a uniformidade que ela manifesta em grande escala e em todas as direções. Ela é como um modelo gerado por computador com uma "pele" sem falhas, até onde o olho consegue enxergar; apenas um *nerd* na tecnologia da computação conseguiria ampliar o suficiente para reconhecer manchas sutis na pixilação.

A imagem da expansão espacial estável do Big Bang convencional não é capaz de explicar essa quase uniformidade da temperatura. Se você rastrear, até onde você quiser, as posições de pontos amplamente separados no céu, o modelo do crescimento constante indicará que eles nunca estiveram perto o suficiente uns dos outros para terem permanecido em comunicação causal entre si (capaz de trocar sinais de luz). Durante a era da recombinação, quando a luz que formaria a RCF foi emitida, esses pontos já estavam muito distantes uns dos outros — afastados por cerca de 20 milhões de anos-luz — e já haviam normalizado suas temperaturas. No entanto, quando examinamos a RCF, constatamos que suas temperaturas são quase iguais. Como explicar essa espantosa quase coincidência?

É como uma professora que está aplicando um teste difícil em um enorme salão de palestras e está nervosa porque há estudantes que tentarão colar. Quando o exame começa, ela diz aos alunos para se sentarem três assentos separados um do outro, longe demais para que eles consigam se comunicar sussurrando ou passando anotações (o uso de telefones celulares é proibido). Mesmo assim, à medida que o teste continua, ela vai ficando cada vez mais nervosa, e afasta os estudantes quatro lugares longe um do outro; depois cinco lugares, e assim por diante. No fim do exame, cada aluno está separado de seu vizinho por uma centena de lugares. No entanto, por incrível que pareça, todos os alunos entregam trabalhos quase idênticos — com listas semelhantes de respostas corretas e incorretas. Como eles coordenaram suas respostas? A professora poderia acusá-los de terem colado se estivessem mais perto uns dos outros, mas nunca estiveram dentro do alcance de um braço ou de um ouvido. De maneira semelhante, vários pontos do horizonte celeste, de acordo com o modelo original do Big Bang, nunca estiveram perto o suficiente para trocarem fótons e coordenarem suas temperaturas. Então, como indaga o dilema do horizonte, como eles conseguiram colar?

Para os alunos, talvez eles pudessem colar porque já estiveram muito mais próximos. Talvez, antes do exame, eles se reuniram com cópias de parte das respostas que haviam encontrado em um cesto de lixo. Do mesmo modo, poderiam partes amplamente separadas do universo, de alguma forma, ter estado muito mais próximas — aglutinadas em uma proximidade suficiente estreita para trocar fótons e coordenar suas temperaturas — antes de se afastarem muito rapidamente umas das outras?

Uma Explosão de Energia Criativa

Para resolver o problema do universo plano, o dilema do horizonte, e de vários outros enigmas cosmológicos, inclusive a ausência de monopolos (ímãs com uma única polaridade, tendo apenas o polo norte ou o sul) no universo, vários cientistas da Rússia e dos Estados Unidos, entre eles, Alexei Starobinsky, do Instituto Landau de Física Teórica, em Moscou, e Alan Guth, hoje no MIT, propuseram a ideia de uma era primitiva de expansão exponencial que empurrou todas as irregularidades para muito além do horizonte do que somos capazes de observar hoje. Guth chamou esse período de era inflacionária. O crescimento durante tal período seria muito mais rápido do que a estável expansão de Hubble, que estendeu a cada minúsculo fragmento de espaço ao longo de uma região muito, muito maior. Assim, o que vemos no céu já foi um minúsculo remendo causalmente conectado no tecido de uma roupa cósmica muito mais extensa e multifacetada.

Uma expansão surpreendentemente rápida exigiria um mecanismo especial. Guth propôs uma ideia relacionada com o superesfriamento. O superesfriamento ocorre quando um líquido é esfriado até uma temperatura abaixo do seu ponto de congelamento sem se solidificar. Ele se encontra em um estado metaestável, e isso significa que a presença de um gatilho (uma semente de cristal, por exemplo) poderia pôr em movimento o processo de cristalização — como um avião subindo em disparada para dentro de uma nuvem cheia de umidade superesfriada induz a formação de um revestimento de gelo. Se você já deixou uma garrafa de água fechada do lado de fora de sua casa em um dia muito frio, talvez já tenha visto esse efeito. Dentro da garrafa, ainda existe água em estado líquido, mas o simples ato de você pegar a garrafa a abala o suficiente para transformar essa água totalmente em gelo com uma rapidez quase instantânea. (É um experimento simples que, se você mora em um país setentrional, pode tentar no inverno.)

De acordo com o modelo inflacionário de Guth, o universo começou em um estado de alta simetria, chamado de falso vácuo. Por simetria, estamos nos referindo a uma espécie de igualdade, em que as intensidades e os alcances das forças são comparáveis e as massas das partículas são as mesmas (todas desprovidas de massa). Essa simetria poderia ter representado a grande unificação das forças naturais (além da gravidade) antes que elas se quebrassem nas interações forte, fraca e eletromagnética. A interação forte fornece a cola que cimenta os quarks juntos dentro dos núcleons (prótons e nêutrons), os quais se unem, por sua vez, em núcleos atômicos. A interação fraca fornece o impulso para certos tipos de processos radioativos, tais como quando os nêutrons decaem em prótons, elétrons e antineutrinos. A interação eletromagnética é a força entre partículas carregadas. Embora essas forças tenham hoje intensidades e propriedades muito diferentes, os físicos acreditam que durante um instante extraordinariamente breve após o Big Bang elas tinham qualidades semelhantes. Daí a busca pela unificação que ofereceria justificativa teórica para as ideias inflacionárias de Guth.

Muitos progressos rumo à unificação foram feitos na década de 1960, quando os físicos Steven Weinberg, Abdus Salam e Sheldon Glashow, em sua teoria da unificação eletrofraca, mostraram como um campo associado ao chamado bóson de Higgs poderia quebrar espontaneamente sua simetria, emprestando massa para as partículas nas trocas envolvidas na interação fraca e fazendo com que a força associada a essa interação se separe, em alcance e intensidade, do eletromagnetismo, que é veiculado pelo fóton desprovido de massa. A unificação eletrofraca tornou-se um modelo para uma possível grande unificação, que também incluiria a força forte.

O mecanismo de Higgs, assim batizado em homenagem ao trabalho fundamental do físico britânico Peter Higgs, prevê que os bósons de Higgs possuíam originalmente uma perfeira simetria de gauge (ou calibre). Um calibre, em física, é uma espécie de ponteiro que pode girar segundo vários ângulos, como a flecha na roda da fortuna em um parque de diversões. No início do universo primitivo, quando as temperaturas eram as mais altas, esse calibre estava livre para apontar em qualquer direção. Todas essas possibilidades tinham energias iguais. No entanto, à medida que o universo esfriava, tornou-se energeticamente favorável que um valor aleatório do ângulo de calibre fosse escolhido, e ele se fixou nessa posição.

Por razões teóricas, uma vez que um único bóson de Higgs congelou-se em uma configuração particular, todos os outros bósons de Higgs, ao longo de todo o universo, seguiram o exemplo e se encaixaram no mesmo estado.

Pense nos aviões que a NASA usa para simular a falta de gravidade. Eles voam em trajetos longos, acentuadamente inclinados e abruptos, para dar aos passageiros alguns segundos de gravidade zero (estado de ausência de peso). Por um momento, não há para cima ou para baixo ou para os lados; tudo, de seres humanos a equipamentos a gotas de água, flutua sem uma direção preferencial. Então, de repente, o avião muda de direção, e tudo passa a ter um conjunto de novas regras para obedecer. Para cima é para cima e para baixo é para baixo, e nada está isento.

Da mesma maneira, o bóson de Higgs perderia a sua simetria durante o resfriamento do universo, adquirindo uma preferência. Conforme ele caísse para um estado menos energético, ele emprestaria massa para a maioria das outras partículas do universo, como as que são intercambiadas na interação fraca, deixando apenas certos tipos, como o fóton, desprovidos de massa. Enquanto isso, um remanescente do Higgs seria deixado para trás como um campo escalar massivo.

Um campo escalar é aquele que pode ser descrito por um valor único para cada ponto no espaço, que é independente do sistema de coordenadas que está sendo usado. Ele não depende do local nem da direção (e do sentido) dos eixos coordenados. Podemos pensar no gráfico de temperaturas de um meteorologista como exemplo. Se um governo local decretasse de súbito que o norte deveria passar a ser conhecido como oeste, e que todas as direções deveriam, de modo semelhante, girar de 90 graus no sentido horário, um meteorologista não teria de mudar as temperaturas em seu gráfico. Isso porque a temperatura é uma grandeza escalar, isto é, que tem apenas magnitude, não tem direção nem sentido.

Por meio do mecanismo da quebra de simetria espontânea e da produção de um campo escalar, Guth viu a oportunidade de descrever uma mudança de fase para o universo primordial, análoga ao superesfriamento. Plugue um campo escalar nas equações da relatividade geral de Einstein e a solução modelará um universo que está crescendo em escala exponencial. O campo poderia ser o de Higgs ou qualquer outro campo escalar. Os cosmólogos chamam essa solução de espaço-tempo de de Sitter, em homenagem ao matemático holandês Willem de Sitter, que a deduziu. (Espaço-tempo significa espaço e tempo combinados em uma única entidade quadridimensional. É a argila com a qual os modelos de universo da relatividade geral são moldados.) O efeito de um campo escalar sobre o espaço-tempo é semelhante à explosão do volume do universo desencadeada por uma constante cosmológica.

Guth imaginou que o processo de quebra de simetria ocorreria por meio de uma espécie de superesfriamento do universo logo depois do Big Bang, no qual ele se encontraria em um estado metaestável preparado para a transformação. Ele seria como a garrafa de água deixada na varanda fria, com uma temperatura abaixo do ponto de congelamento, mas ainda no estado líquido. À medida que o universo continuava a se resfriar, pedaços de falso vácuo perderiam espontaneamente sua simetria inicial, decaindo em um estado de energia mais baixa, e produziriam um campo escalar. O campo — denominado "inflaton" — desencadearia uma breve mas explosiva época inflacionária. (Utiliza-se o neologismo "inflaton" para não inclinar a teoria em direção a um cenário particular, que poderia ser o campo de Higgs ou outro campo escalar em geral. A inflação é um processo; um inflaton — observe a grafia — é um campo escalar que dirige esse processo.)

Durante um intervalo de tempo de cerca de 10^{-32} segundos — correspondente a um lapso de tempo mais de um quatrilhão de vezes menor que os períodos dos pulsos de laser ultracurtos, um dos eventos mais rápidos já medidos — o espaço aumentou em volume em um fator de mais de 10^{78} (1 seguido por 78 zeros). Imagine se um grão de areia subitamente explodisse e se tornasse maior que a Via Láctea; isso lhe dá uma ideia da explosão colossal que provocou essa súbita expansão durante esse instante fugaz.

O que aconteceu logo depois dessa inimaginável explosão inflacionária iria definir o curso de toda a história cósmica. Em um processo proposto chamado "reaquecimento", enormes quantidades de energia aprisionada inundaram o espaço com um número imensamente grande de partículas. Os teóricos estimaram que cerca de 10^{90} (1 seguido de noventa zeros) partículas surgiram durante o reaquecimento. Essas partículas constituiriam a essência da matéria com a qual as estrelas, planetas e tudo ao nosso redor seriam forjados ao longo do tempo. Assim, de acordo com a teoria de Guth, seria a inflação, e não o Big Bang inicial, que teriam criado a maior parte de tudo o que existe.

Como Guth assinalou, tal era estacionária desempenhou duas tarefas de importância crítica. Ela aplanou consideravelmente a geometria da região inflada, resolvendo o problema do achatamento. Se um redondo grão de areia expandiu-se até o tamanho do Sistema Solar, qualquer região de sua superfície pareceria mais plana do que as planícies do Kansas. A inflação, de maneira semelhante, decifrou o dilema do horizonte ao postular que o espaço que nós observamos foi outrora um enclave minúsculo, causalmente conectado. Essa região bem conectada explodiu em tudo o que nós vemos, explicando sua uniformidade global de temperatura.

O artigo de Guth sobre o assunto[1] foi revolucionário para a sua época, e, no entanto, deixou muitas questões importantes sem resposta. Precisamente, como é que o colapso da grande unificação produziu o campo inflaton? Os físicos de partículas ainda terão de produzir uma grande teoria unificada completa. Por que a inflação, de repente, chegou a um fim? Será que ela poderia acontecer novamente?

Além disso, como Guth reconheceu, havia no artigo uma significativa e incômoda questão. Se o cenário do reaquecimento gerou a matéria e a energia do universo conhecido, tal matéria deveria ter se espalhado com muita uniformidade, com exceção daquela que se concentrou em pequenos aglomerados que acabaram servindo de sementes para as galáxias. Isto é, o estado do cosmos logo depois deve ter sido como um pudim com seus ingredientes bem misturados e em cuja massa pequenas passas estavam espalhadas. Infelizmente, a transição de fase que Guth propôs não produziria essa uniformidade global. Em vez disso, à medida que as bolhas de vácuo verdadeiro (o estado de fundo do universo após a inflação) emergiam em meio ao mar de falso vácuo, sua energia ficava presa nas paredes das bolhas. Em essência, o pudim cósmico ficou preso nas paredes da tigela em vez de se misturar uniformemente. Se as bolhas colidissem com frequência, isso poderia ajudar a misturar a energia de maneira mais uniforme. No entanto, cálculos mostraram que tais colisões seriam raras. Sem nenhum mecanismo evidente para explicar como essa energia aprisionada passaria a se agitar por todo o espaço, a teoria de Guth possuía aquilo que foi chamado de problema da "saída graciosa". Não parecia haver nenhuma maneira de explicar como a distribuição confusa de bolhas, com a energia confinada às suas paredes, se transformaria em uma mistura mais homogênea.

Para resolver esse problema, o físico russo Andrei Linde propôs uma variação do modelo, que foi chamada de "nova inflação". Trabalhando de modo independente na Universidade da Pensilvânia, Paul Steinhardt e Andreas Albrecht apresentaram uma abordagem semelhante por volta da mesma época. A nova inflação contorna o problema da saída graciosa por meio do uso de um campo de inflação que girava ao longo de um potencial mais gradual. Um potencial representa o nível de energia associado a um determinado local. Como uma pista de esqui, ele pode ter uma queda acentuada, desaparecer gradualmente, nivelar-se ou subir. Pode até mesmo ter vales — regiões delimitadas em ambos os lados por colinas. Estes são comumente conhecidos como poços de potencial.

Quando um campo desce por um declive, sua energia potencial se converte em outras formas de energia, como acontece com um esquiador cuja velocidade aumenta à medida que ele desce. Se o campo atinge um poço, o que acontece a seguir depende de a aleatoriedade quântica entrar ou não em jogo.

A física clássica trata do poço de potencial de maneira muito diferente da física quântica. Enquanto, na física clássica, um campo com energia insuficiente não pode escapar das paredes limitadoras de um poço, a física quântica permite o tunelamento para uma região do outro lado. No entanto, por causa da natureza probabilística da mecânica quântica, a taxa em que ocorre tal emergência não pode ser conhecida com certeza. Como no decaimento radioativo, um "lance de dados" quântico determina quanto tempo levaria para um campo escapar de um poço de potencial e se libertar dele.

Como o modelo original de Guth conta com a possibilidade do tunelamento quântico para sair da inflação, isso levaria a muitas bolhas pipocando aleatoriamente em vários locais. A duração da era de inflação é definida pelo tempo que leva para as regiões tunelarem do falso vácuo (uma energia mais elevada), atravessando uma barreira de potencial, e então para a frente, para o verdadeiro vácuo (uma energia mais baixa). Embora isso garanta que uma era inflacionária suficientemente longa seja eficaz, também ajuda a promover um fim de jogo aleatório.

A nova inflação, por outro lado, retrata um potencial que possibilita um meio clássico de fuga. Em vez de um poço com uma barreira, seu potencial se assemelha a um declive que começa relativamente plano, mas acaba por se tornar mais e mais acentuado até que mergulha no piso. No início, o campo, lentamente, flutuava ao longo das extensões superiores do potencial, alimentando uma era inflacionária suficientemente longa. No entanto, uma vez que o campo caiu para um mínimo, a inflação cessou, o reaquecimento voltou a transpirar, o espaço passou a ser inundado com a matéria e a energia que vemos hoje, e a expansão comum de Hubble começou. Uma vez que todo o universo evoluiria de maneira semelhante, sua energia seria distribuída uniformemente por toda parte, suavizando as principais heterogeneidades. Isso evitaria o dilema da saída graciosa.

No entanto, uma dificuldade que a nova inflação apresentava era o chamado "problema da sintonia fina". Seu potencial precisaria ser modelado com a exatidão perfeita capaz de produzir a dose correta de expansão exponencial necessária para uniformizar o universo. Teóricos de partículas foram pressionados a desenvolver um modelo que tivesse um potencial suficientemente plano. A necessidade de se obter condições iniciais exatamente corretas parecia contradizer uma das principais motivações da inflação: explicar como qualquer possível estado original do universo acabava na situação especial (plana e quase isotrópica) que vemos hoje.

Para resgatar o modelo da nova inflação, Linde apresentou outro modelo, chamado de inflação caótica. A inflação caótica elimina a necessidade de sintonia fina, imaginando uma espécie de sobrevivência do mais apto em meio às flutuações quânticas aleatórias na espuma do vácuo primordial. Essas flutuações emergiam por causa do Princípio da Incerteza de Heisenberg — um dos princípios mais importantes da mecânica quântica. Ele prescreve uma relação inversa entre as incertezas da energia e do tempo: quanto mais conhecemos a respeito de um, menos conhecemos a respeito do outro. Para intervalos de tempo suficientemente breves, esse princípio determina que a energia não pode ser conhecida com precisão e, portanto, precisa flutuar. Linde imaginou que essas flutuações esporádicas batalhariam em uma corrida para produzir os "universos-bolhas" de crescimento mais rápido.

Vamos voltar ao início dos tempos, antes que ocorresse a inflação, para ver como tal competição poderia ter ocorrido. No cosmos nascente, a incerteza quântica permitiria que campos escalares aumentassem de intensidade a partir do mar do espaço. Se por acaso um campo em uma determinada região tivesse energia suficiente, poderia desencadear uma inflação explosiva.

Linde provou que a inflação seria possível sob várias condições. Em vez de exigir uma transição de fase, como no modelo original de Guth, ou um potencial plano, como na nova inflação, Linde demonstrou como condições mais gerais poderiam ter precipitado o crescimento exponencial. Com tais critérios simples para serem satisfeitos, a inflação caótica significaria um grande número de competidores na arena primordial. Portanto, em meio ao jardim zoológico de partículas primordiais, deve ter havido pelo menos algumas ferozes o suficiente para desencadear um tumulto inflacionário. Como na lei da selva, uma luta pela sobrevivência significava que o domínio do mais poderoso deixou os outros de lado e passou a dominar. Esse "espaço alfa" de crescimento mais rápido minimizou as regiões mais fracas e se tornou o coração do universo como o conhecemos. Em suma, ao facilitar a entrada na corrida da inflação, Linde garantiu que haveria competidores aptos e que um deles venceria (e acabaria com os dilemas do modelo do Big Bang original).

Desde a época das propostas de Guth, Linde, Steinhardt e Albrecht, o extraordinário poder da inflação para uniformizar o universo levou numerosos outros teóricos a modelar toda uma coleção de variações aparentemente interminável. Cada uma depende de uma teoria de campo especial, baseada em suposições derivadas da física de partículas. Nem todas elas preveem um crescimento exponencial; algumas imaginam eras de expansão um pouco menos rápidas, mas igualmente eficazes. Por causa da profunda conexão entre o que se passa no domínio subatômico e o comportamento expansivo do espaço, o tema da cosmologia das partículas irrompeu de maneira quase tão explosiva quanto o próprio universo incipiente.

A Construção da Colmeia Astronômica

Descrever as características globais do universo é tarefa que requer um equilíbrio delicado. Por um lado, o espaço, na maior das escalas, parece tão suave quanto a seda. Olhando para qualquer direção no céu e aplicando as técnicas de promediação mais grosseiras, os astrônomos reconhecem mais ou menos o mesmo número e a mesma distribuição de galáxias. Por outro lado, sempre que os astrônomos aumentam um pouco mais o *zoom*, eles observam amplas evidências de estruturas: aglomerados de galáxias, superaglomerados, vazios (regiões mais vazias), filamentos (arranjos como cordas), e assim por diante. As próprias galáxias têm uma gama característica de tamanhos, e há muito espaço quase vazio entre elas. Assim como a superfície do oceano, conforme é vista de um navio ou de um avião, o universo é, ao mesmo tempo, cheio de irregularidades e suave, dependendo da escala com a qual você olha para ele.

Essa aparente dicotomia é confirmada na radiação cósmica de fundo (RCF) na faixa das micro-ondas. Embora as primeiras medições da RCF constataram sua notável similitude, independentemente da direção para onde as antenas (como a antena Horn usada por Penzias e Wilson) fossem apontadas, mais tarde, levantamentos mais detalhados, como as do COBE e da WMAP, revelaram sua estrutura mais profunda, mais sutil, refletindo a aglomeração de matéria no momento dessa liberação de radiação.

Uma das virtudes supremas da teoria inflacionária é a de prever como a estrutura emergiu da uniformidade. Como um bônus inesperado, a inflação não apenas homogeneizou o universo na maior escala observável, mas também explicou as heterogeneidades que existem. A inflação ajuda a explicar por que arranjos materiais no universo tendem a apresentar uma gama característica de tamanhos. Os cosmólogos fizeram com que as dimensões das estruturas astronômicas remontassem até o tamanho da escala quântica, que foi tremendamente intensificado pela superpoderosa lente de aumento da inflação.

A era da expansão ultrarrápida limpou completamente com seu apagador a lousa do universo, suprimindo todas as irregularidades presentes até então. Em seu lugar, ficaram as flutuações quânticas produzidas pelo puro acaso durante o próprio período inflacionário.

À medida que o espaço se expandia cada vez mais, essas flutuações se ampliavam com intensidade cada vez maior. Enquanto isso, novas flutuações surgiram, e também se expandiram muito. Os resultados foram variações que cobriram uma ampla gama de escalas. Quando a era inflacionária cessou, o tamanho dessas rugas congelou-se e estabeleceu as proporções relativas da estrutura astronômica para o espaço vazio. Esses amontoados de energia serviram como centros de crescimento para os processos gravitacionais que produziram aglomerados de matéria que acabaram levando às estrelas, galáxias e formações ainda maiores.

Curiosamente, se a era inflacionária representava a expansão *precisamente* exponencial, sua mistura confusa de flutuações seria a mesma em todas as escalas. Isto é, se você examinar um pedaço de espaço, ampliá-lo e mapeá-lo novamente, verá que seu padrão básico de ondulações será idêntico. Tal situação é chamada de invariante com relação à escala, e é emblemática daqueles arranjos matemáticos complexos denominados fractais. É como tirar uma foto de uma árvore e observar o seu padrão de ramificações, e, em seguida, ampliar mais detalhadamente e notar que uma estrutura semelhante se repete em cada uma das ramificações que ocorrem nas escalas menores. Para fractais exatas, que apresentam completa invariância com relação à escala, independentemente do quanto você a amplie, sua forma global será sempre semelhante.

Análises precisas da RCF, realizadas a partir de dados coletados pela WMAP, têm servido como testes efetivamente decisivos para modelos inflacionários. Para cada conjunto de dados liberados sobre a radiação de micro-ondas que constitui o ruído de fundo cósmico, os pesquisadores têm utilizado poderosas ferramentas matemáticas para representar como as ondulações primordiais são estruturadas. Uma ferramenta fundamental para isso é um processo chamado de transformada de Fourier, que converte padrões espaciais de ondas decompondo-as de acordo com os tamanhos de seus componentes. Em outras palavras, ele mapeia quais proporções de flutuações são grandes, quais são pequenas e quais são médias.

Podemos compreender o processo da transformada de Fourier por meio de uma analogia com um grande estádio cheio de torcedores de várias equipes olímpicas. Imagine se os torcedores das equipes de cada país fossem convidados, antes dos jogos, a se levantar sucessivamente, erguer uma bandeira olímpica com a sua mão direita, e balançá-la para a frente e para trás. Para cada grupo de torcedores, geralmente os mais jovens levantam-se primeiro, e os mais velhos levantam-se mais lentamente (mas não com menos entusiasmo). Muitas vezes, esses grupos são de crianças sentadas (ou em pé) ao lado de seus pais. Uma câmera grande angular registra a grande diversidade de torcedores e bandeiras.

Cem anos mais tarde, um historiador descobre uma foto de torcedores no estádio e pretende analisar o que está acontecendo. A imagem parece um amontoado confuso de bandeiras, algumas mais altas e outras mais baixas. No entanto, uma transformada de Fourier cuidadosamente aplicada quebra a estrutura das "ondas" das bandeiras. Ela mostra que as flutuações têm componentes grandes, médios e pequenos. Os componentes grandes têm aproximadamente a largura de cerca de cem pessoas, com uma margem de erro de cerca de uma dúzia para menos ou para mais. Os médios caem na faixa dos grupos menores de poucas pessoas. Finalmente, os elementos menores variam dentro de uma faixa de apenas 30 centímetros ou 60 centímetros. O historiador plota em gráfico esses dados da transformada de Fourier e usa essa decomposição em componentes para calcular a escala dos grupos de torcedores de cada time, o tamanho de cada família e a faixa dos movimentos de mãos individuais, respectivamente. Os cosmólogos realizam uma análise semelhante das flutuações da radiação cósmica de fundo para determinar como o comprimento da onda (a distância entre picos consecutivos) depende da escala.

Os relatórios bienais da WMAP têm se concentrado, nesses períodos consecutivos, em coletar dados a respeito da distribuição específica das anisotropias da RCF. Uma análise cuidadosa revelou que a radiação relíquia é quase, mas não completamente, invariante com relação à escala. Essa proximidade da invariância com relação à escala é uma notícia extraordinária para os que defendem a inflação, pois se ajusta quase perfeitamente a uma das previsões essenciais da teoria. A única parte difícil foi fazer pequenas alterações no modelo suficientes apenas para que coincidissem com os dados obtidos pela WMAP e, em seguida, justificar tal variação por meio da teoria das partículas. Muitos cosmólogos já incluíram a inflação de maneira otimista, como parte do modelo-padrão de como o universo formou sua estrutura. Outros estão mantendo em suspenso o seu julgamento, à espera de que todas as outras alternativas sejam descartadas.

O Desafio da Eternidade

Por causa da capacidade da teoria inflacionária para resolver os problemas da natureza plana do universo e do horizonte (assim como vários outros dilemas técnicos) e para explicar a origem da estrutura, ela foi adotada pela maioria dos cosmólogos como a explicação padrão do que aconteceu durante os primeiríssimos instantes do universo, logo após o Big Bang. A maioria das observações astronômicas foi consistente com, pelo menos, algumas das versões do cenário inflacionário. No entanto, nos últimos anos, alguns dos desenvolvedores originais da inflação observaram alguns dos dilemas filosóficos que a inflação introduz por causa da "desova" de novos universos-bolhas produzidos por flutuações aleatórias. Esse processo, descrito pela primeira vez pelo cosmólogo russo Alexander Vilenkin com base no modelo da inflação caótica de Linde, é chamado de inflação eterna.

A inflação eterna recebeu esse nome porque o processo de criação cósmica continuaria para sempre. Vilenkin calculou que a explosão do espaço aumentaria ainda mais o tamanho das regiões qualificadas para inflar. Desse modo, o espaço seria como um balão inflado por um mágico para produzir mais e mais segmentos borbulhantes, até que ele se convertesse em um conjunto de protuberâncias que lembram uma aranha. Apenas no caso do cosmos, o borbulhar de novas extensões nunca cessaria. Nosso multiverso constituiria o grau máximo em espalhamento — um conjunto cada vez maior de novos universos desdobrando-se em leque como os desenvolvimentos suburbanos de uma metrópole em crescimento.

A cantora *folk* Malvina Reynolds certa vez descreveu a expansão suburbana como "caixinhas [que]... parecem todas iguais".[2] A inflação eterna implica que vivemos em um multiplexo de espaços continuamente efervescentes produzidos por meio de mecanismos semelhantes. Se o universo que habitamos está marcado pela mesmice, pela "produção em série", produzindo incessantemente novas versões, nosso sentido de unicidade — já exaurido pelo enorme tamanho do espaço que podemos ver — encolheria até praticamente nada restar.

Guth apontou a falta de sentido de destacar qualquer aspecto do universo em face da inflação eterna. Como ele escreveu: "Em um universo eternamente inflacionário, qualquer coisa que possa acontecer, acontecerá; na verdade, acontecerá um número infinito de vezes. Assim, a questão do que é possível torna-se trivial — tudo é possível, a menos que viole alguma lei absoluta de conservação".[3]

De acordo com Guth, seria impossível calcular a probabilidade de qualquer aspecto do multiverso, porque haveria quantidades infinitas de qualquer coisa. Você poderia tentar enumerar alguma característica, como a porcentagem de universos com mais de 20% de matéria escura, mas, uma vez que haveria um número infinito desses universos, sua estimativa dependeria da maneira como você fez a contagem. Infinito dividido por infinito, afinal, é uma fração impossível de ser determinada. Qualquer coisa sobre a qual você pudesse pensar poderia ser encontrada em inúmeros outros espaços — tornando sem sentido a sua porção.

Assim, se você está frustrado pelo fato de o seu candidato favorito ter perdido uma eleição ou pelo fato de o seu time ter perdido por pouco o lance decisivo, anime-se. Se o modelo da inflação eterna estiver correto, há um número incontável de cópias do planeta Terra em vários outros universos nos quais seu candidato vence todos os seus adversários e seu time se torna campeão. Também haveria outras realidades nas quais seu jogador favorito se torna simultaneamente líder mundial e superastro do esporte internacional (talvez até mesmo produzindo uma canção de sucesso e conquistando um Prêmio Nobel, e isso ao mesmo tempo). Por outro lado, você provavelmente não gostaria de saber sobre todas as versões da Terra nas quais seus candidatos, times e até mesmo seu esporte favorito nem sequer existissem. Você consegue imaginar um mundo sem polo aquático, *bungee-jumping* ou *curling*?

Embora a inflação eterna certamente soe bizarra, ela oferece uma intrigante e possível resolução para o enigma da energia escura. Se universos com características variadas competem uns com os outros em uma espécie de luta pela sobrevivência do mais apto, talvez o universo mais bem-sucedido seja aquele que tem a constante cosmológica que observamos hoje. O calibre para avaliar o sucesso seria a capacidade para produzir observadores inteligentes, tais como os seres humanos. A nossa existência seria o teste decisivo para garantir a viabilidade — um conceito que discutiremos no próximo capítulo e que é chamado de Princípio Antrópico.

5

O Que é a Energia Escura?

Será Que Ela Está Dilacerando o Universo?

O efeito que leva o seu nome [Casimir] refere-se a uma nova interpretação do vácuo, a qual continua a ser tão produtiva que se ele ainda estivesse conosco hoje, teria recebido o Prêmio Nobel...

— FRANS SARIS, INTRODUÇÃO AO LIVRO *HAPHAZARD REALITY*
POR HENDRIK CASIMIR (2010)

Adescoberta da aceleração cósmica colocou novamente em voga a "maior asneira" de Einstein, o termo para a constante cosmológica que ele acrescentou e posteriormente removeu da relatividade geral. A noção de energia escura como uma constante cosmológica é atraente em sua simplicidade. A modificação que é preciso introduzir na relatividade geral de modo a incluir esse termo requer um mero refinamento das suas equações. Uma vez que esse termo seja incluído, a aceleração da expansão cósmica segue-se dele matematicamente. Hoje os cosmólogos se referem à constante cosmológica como parte de um modelo que mantém conformidade com os dados astronômicos conhecidos.

No entanto, por que a constante cosmológica tem o valor preciso que tem — pequeno, mas diferente de zero? Por que não é maior ou, alternativamente, apenas zero? O universo que conhecemos só existe com a forma que tem porque esse termo é exatamente o que é. Então, como isso aconteceu?

A curiosidade científica nos obriga a investigar mais e a indagar sobre o que o termo efetivamente significa. Assim como instrumentos modernos, por exemplo o satélite WMAP, mostraram, a energia escura representa mais de 72% de tudo o que existe no universo. Seu efeito acelerador sobre as galáxias é um dos maiores mistérios da ciência. Diante de um papel assim tão proeminente, dizer apenas que ela é causada por uma constante, e não investigar mais, não seria suficiente para satisfazer o nosso anseio por uma explicação completa da natureza. A curiosidade exige uma solução mais concreta para o enigma da energia escura.

Por mais estranho que isso pareça, o próprio nada poderia fornecer a resposta. Uma maneira de conceber a constante cosmológica é pensar nela como a energia do vácuo, também conhecida como energia do ponto zero. Na Teoria da Relatividade Geral de Einstein, a energia afeta a geometria, fazendo com que ela se deforme, contraia ou se expanda. A energia do vácuo poderia servir como um agente de estiramento.

Como poderia o puro nada repelir galáxias? Esse truque é possível porque o espaço nunca é verdadeiramente vazio. O que os físicos chamam de vácuo representa o estado mais baixo de energia, sem a presença de quaisquer partículas persistentes. No entanto, partículas fugazes pipocam constantemente, aparecendo e desaparecendo, como bolhas em um redemoinho espumoso.

As partículas se materializam a partir do vazio por causa do Princípio da Incerteza de Heisenberg (um princípio fundamental da mecânica quântica discutido anteriormente). Ele nos informa que quanto mais breve for a vida de uma partícula, menos nós sabemos sobre a sua energia. Para uma partícula de vida longa, os cientistas podem determinar sua energia com muita precisão. Por outro lado, para uma partícula de vida curta, sua energia é difusa. O resultado disso é que a energia pode emergir do puro nada desde que desapareça de volta no vazio após um tempo suficientemente curto. Seguindo o famoso preceito de Einstein segundo o qual a energia pode ser convertida em massa, essa energia pode tomar a forma de partículas com massa. Partículas podem emergir do espaço vazio, existir muito brevemente e em seguida voltar para o vazio, contanto que sua criação e sua destruição não violem outras leis de conservação.

Uma dessas leis é a da conservação da carga, a qual afirma que a carga total de um sistema fechado não pode mudar. Ela implica que partículas carregadas precisam brotar do vazio juntamente com seus opostos, como duplas de golfinhos saltando juntos para fora da água. Portanto, se um elétron negativo surge, ele precisa estar emparelhado com a sua contrapartida, um pósitron positivo. Com carga oposta, mas propriedades semelhantes, diz-se que o pósitron é a antipartícula do elétron. O elétron e o pósitron mal experimentam a realidade antes de se aniquilarem mutuamente. Essas entidades fantasmagóricas, pipocando para dentro e para fora da existência em um *flash*, são chamadas de partículas virtuais.

Por causa das partículas virtuais, o vácuo é uma sopa de vigor exuberante, repleta de entidades exóticas que flutuam até a superfície e, em seguida, afundam novamente — algo assim como uma panela de sopa de letrinhas agitada pela fervura, com as letras representando a mais ampla gama de campos e partículas fundamentais. Quaisquer partículas massivas capazes de ser produzidas sem quebrar uma lei de conservação podem pipocar na existência, contanto que seja apenas durante o mais fugidio dos instantes. Pares partícula-antipartícula lampejam para dentro e para fora da realidade ao longo de todas as extensões possíveis de cada região possível do vácuo. A energia de todas essas partículas virtuais se soma, o que significa que a energia do vácuo não é zero.

A razão pela qual os físicos de partículas vieram a associar a energia do vácuo com a constante cosmológica tem a ver com o comportamento da energia do vácuo. Por meio de um fenômeno chamado efeito Casimir, quanto mais você comprime o vácuo quântico, menor será sua densidade de energia. Como a água buscando seu nível mais baixo possível, os sistemas tendem a favorecer mudanças que reduzem sua energia. Diferentemente dos fluidos comuns, com pressão positiva, que resistem ao ser comprimidos, o vácuo quântico "gosta" de ser comprimido. Por conseguinte, diz-se que ele tem pressão negativa. Na relatividade geral, uma pressão negativa é um fenômeno equivalente ao efeito de uma constante cosmológica. Pelo fato de envolver um fenômeno físico, e não apenas um termo abstrato, os físicos a consideram mais descritiva.

À primeira vista, o fato de que a energia do vácuo introduz naturalmente uma constante cosmológica soa incrivelmente auspicioso. Parece que a energia do vácuo, atuando com sua pressão negativa, poderia fornecer exatamente o impulso externo necessário para acelerar o universo. O problema é que os cálculos teóricos mostram que a densidade de energia do vácuo (quantidade por volume) é demasiadamente poderosa — por um fator de 10^{120} (1 seguido por 120 zeros) — em comparação com o valor medido! Ou seja, a teoria oferece uma constante cosmológica de valor imensamente maior do que a quantidade necessária para explicar a aceleração cósmica. Portanto, fica-se com o difícil dilema de explicar por que a constante cosmológica é tão pequena em comparação com as previsões teóricas — mas ainda assim não é igual a zero.

É como ver um vizinho empurrando um objeto que se parece com um cortador de grama acionado manualmente. O cortador está deslizando em um gramado plano com uma velocidade constante durante certo tempo até chegar a uma subida. Então você vê o vizinho apertar um botão, ouve um ligeiro zumbido, e o cortador gradualmente se acelera ao subir o declive. Pensando que um pequeno motor deve estar fornecendo a potência extra, você pergunta ao vizinho o que o está alimentando. Ele responde com sinceridade: um gerador nuclear. Depois de ouvir isso, sua opinião sobre a situação muda completamente. Em vez de especular a respeito de que tipo de motorzinho estaria acionando essa insignificante aceleração, você coça a cabeça perguntando-se como o enorme poder de um gerador nuclear poderia ser canalizado e utilizado para produzir um efeito menor. Acontece o mesmo com a energia do vácuo: teoricamente, ela seria um dínamo excessivamente poderoso para explicar os aumentos relativamente sutis das velocidades das galáxias encontradas pelos astrônomos.

O Concurso de Mister Universo

Para compreender a natureza do vácuo, muitos físicos se voltaram para a teoria das cordas, uma descrição do mundo subatômico que substitui partículas punctiformes por diminutos fios de energia vibratórios. Nas últimas décadas, a teoria das cordas disparou como a principal competidora para uma teoria da unificação das forças da natureza: gravidade, eletromagnetismo e interações forte e fraca.

A teoria das cordas começou como uma teoria de bósons, ou partículas portadoras de forças, a qual representava cordas de energia vibratória que transmitem a força forte. Todas as partículas recaem em duas categorias básicas de acordo com seu *spin*: férmions e bósons, batizadas em homenagem aos grandes físicos que estudaram suas propriedades estatísticas: Enrico Fermi e Satyendranath Bose. O *spin* é uma maneira fundamental de descrever como as partículas agrupam-se, como elas respondem a campos magnéticos e uma série de outros tipos de comportamento. Enquanto os férmions precisam sempre permanecer em diferentes estados quânticos, como autoridades em um teatro com lugares reservados, os bósons podem se aglomerar em estados quânticos tanto quanto quiserem, como frequentadores de concertos que se amontoam de pé no nicho de uma sala onde os músicos se apresentam. Os constituintes da matéria, como os quarks e os elétrons, são férmions; os portadores da força, como os fótons, são bósons. Assim, os portadores da força forte, hoje conhecidos como glúons, são bósons.

A força forte tem a propriedade do confinamento. Isso significa que ela mantém as partículas subatômicas estreitamente ligadas umas às outras, e as cordas pareciam uma maneira muito adequada de representar essas ligações. Originalmente, as cordas não modelavam os férmions — as próprias partículas de matéria. No entanto, os teóricos logo descobriram que a transformação da supersimetria oferecia uma maneira de transformar bósons em férmions; dessa maneira, esses últimos poderiam ser, de modo semelhante, modelados por meio de cordas.

A supersimetria envolve a noção segundo a qual cada partícula com um tipo de *spin* tem um *doppelgänger*, isto é, um sósia, com o tipo de *spin* oposto. Ela oferece uma maneira "mágica" de transformar bósons em férmions e vice-versa. Ela postula que os quarks e os elétrons têm companheiros bosônicos denominados squarks e selétrons; que os fótons têm compadres fermiônicos chamados fotinos; e que, de fato, há um casamento feito no céu para cada partícula solitária. (Squarks, selétrons e fotinos são partículas hipotéticas com tipos de *spin* opostos aos quarks, elétrons e fótons, respectivamente).

Auspiciosamente, como o físico norte-americano John Schwarz e o físico francês Joel Scherk demonstraram, a supersimetria, quando aplicada à teoria das cordas, oferece uma maneira natural de explicar como os grávitons, ou partículas de gravidade, se originaram. Eles mostraram como os grávitons emergiram da matemática da teoria. Por causa da inclusão natural da gravidade, eles enfatizaram como a teoria das cordas deveria ser considerada não apenas como uma teoria da força forte, mas também como uma maneira potencial de unir todas as forças naturais.

Schwarz, o teórico britânico Michael Green, e outros demonstraram como as propriedades das partículas elementares poderiam ser modeladas por meio de vários modos de vibrações das cordas. Como cordas de violoncelo, as supercordas podem ser sintonizadas em várias intensidades de tensão. E, dependendo da tensão, elas produzem um conjunto de diferentes frequências harmônicas correspondentes a diferentes massas e a outras características do mundo das partículas. Desse modo, as supercordas oferecem a flexibilidade necessária para descrever uma ampla gama de traços e interações subatômicas.

Os teóricos das cordas desenvolveram explicações conflitantes para saber como a energia do vácuo se anula — e se aproxima de zero, embora não seja exatamente igual a zero — e leva à aceleração cósmica que vemos. Uma possibilidade é que a supersimetria ajuda a reduzir a energia do vácuo. Se cada bóson na natureza é equilibrado por um férmion, que é sua contrapartida, e vice-versa, suas contribuições para a energia do vácuo poderiam, pelo menos parcialmente, anular umas às outras, como dois políticos bem combinados que enfrentam uma eleição apertada e obtêm uma vitória igualmente apertada. Em alguns casos, esses termos se cancelam mutuamente, tornando a constante cosmológica teórica precisamente igual a zero.

Uma constante cosmológica igual a zero foi perfeita para os velhos tempos (pré-1998), antes da descoberta da aceleração cósmica. No entanto, o fornecimento da quantidade correta de energia escura requer um pouquinho mais. Portanto, a menos que os cancelamentos entre bósons e férmions correspondam à medida exata, esse método resolveria o problema apenas de maneira limitada — deixando erroneamente previsões teóricas para a energia do vácuo ou exatamente igual a zero ou muito maior do que o valor detectado. Além disso, até que os físicos experimentais realmente detectem partículas companheiras supersimétricas — por exemplo, nos entulhos postos de lado na atividade do colisor — a existência da supersimetria é hipotética.

Outra opção é uma espécie de "sobrevivência do mais apto" entre os possíveis estados de vácuo. A teoria das cordas é abençoada — ou amaldiçoada, dependendo do ângulo sob o qual é examinada — com miríades de possibilidades para suas configurações de vácuo. Estima-se que há, pelo menos, 10^{500} (1 seguido por 500 zeros) tipos de estados de vácuo, cada um com sua própria geometria de dimensão superior, conhecida como superfície topológica de Calabi-Yau, associada a seu próprio tipo de torção. Sem dúvida, se a teoria das cordas é verdadeira, o universo físico real é baseado em apenas uma dessas formas. Mas que tipo de mecanismo escolhe o vencedor? É apenas uma loteria aleatória, ou há regras de seleção?

O físico Lee Smolin, atualmente no Instituto Perimeter, em Waterloo, Ontário, Canadá, sugeriu pela primeira vez, em um contexto completamente diferente, a ideia de que a evolução poderia ser aplicada à cosmologia, com vários universos alternativos tendo maior ou menor grau de viabilidade. O teórico Leonard Susskind aplicou esse conceito darwinista à teoria das cordas, sugerindo que cada estado de vácuo de corda possível representa um ponto em uma imensa paisagem de aptidões. Podemos imaginar isso como um terreno variado repleto de montanhas e vales que representam diferentes níveis de aptidão. O universo mais apto encontraria seu caminho para o pico mais alto, deixando lá embaixo seus rivais ofegantes.

A ideia de universos competindo uns com os outros implica que cada um deles é membro de uma estrutura maior, o multiverso. Uma maneira natural de modelar isso é obtida por meio da inflação eterna, a ideia de que o espaço primordial foi um terreno de desova de universos-bolhas. A fonte desses universos incipientes era uma entidade chamada de campo escalar (também chamado de inflaton) que tinha valores de energia aleatórios em diferentes partes do espaço. Lembre-se de que um campo escalar é algo como um mapa de temperaturas, a atribuição de um número a cada ponto — no caso da cosmologia, energia em vez de graus. Em vários lugares, o campo teria o valor correto para desencadear uma expansão ultrarrápida do espaço que levaria a universos-bolhas de diferentes propriedades — cada um deles parte do multiverso. Alguns permaneceriam fracos, enquanto outros inflacionariam e ficariam robustos. Cada um seria marcado com uma etiqueta de aptidão, dependendo dos valores da sua constante cosmológica e de outros parâmetros.

Como um atleta ansioso, o universo atual tenderia para o estado de maior aptidão. O que recompensaria Mister Universo pela sua alta realização de ser o mais apto, em um sentido absoluto? Vaidade, ao que parece. Seu auge de realização está sendo comemorado por multidões de fãs — bilhões só na Terra. Isso porque, se o universo falhar — pelo fato de possuir qualidades mortais para a vida —, não haveria por aí seres vivos conscientes para comemorar o seu sucesso.

Qualquer argumento cosmológico baseado no fato de existir pessoas conta com o chamado Princípio Antrópico. Introduzido pela primeira vez por Brandon Carter em 1973 (seguindo uma sugestão apresentada por Robert Dicke em 1961), essa expressão refere-se à seleção de universos viáveis em meio ao conjunto de todas as possibilidades, seleção essa obtida pela triagem desses universos, escolhendo-se apenas aqueles que tenham condições que levem à existência de observadores. Observamos o universo; portanto, apenas as opções que nos permitem fazer isso poderiam passar no teste decisivo para cosmologias dignas de crédito. Idealmente, esse processo estreitaria as opções, reduzindo-as a apenas uma. Susskind utilizou o raciocínio antrópico para argumentar que a configuração de vácuo mais bem ajustada, no âmbito da teoria das cordas, geraria a pequena constante cosmológica que levaria à evolução das galáxias e ao desenvolvimento de vida inteligente na Terra.

Como um jogador de golfe que procura realizar a expectativa de acertar um buraco com um número mínimo de tacadas, o universo também precisa de uma pontuação baixa para acumular os mais altos elogios. Ao selecionar a configuração de vácuo correta o bastante para minimizar sua constante cosmológica, o universo o faria de modo a atingir um buraco cósmico em uma única tacada. Pelo menos uma raça de observadores inteligentes aplaudiria a escolha do universo de uma constante pequena o suficiente para permitir um longo período no qual a gravidade domina, as estrelas e as galáxias se reúnem, formam-se planetas e a vida evolui.

Nem todos os cientistas acreditam que o Princípio Antrópico seja uma ferramenta digna de crédito. Ele tem muitos detratores, assim como apoiadores. Entre as queixas estão a de que ele não se baseia em qualquer conjunto verificável de equações e a de que ele não estreita suficientemente o número de possibilidades. Afinal de contas, ele teria, potencialmente, de "peneirar" 10^{500} geometrias para obter uma única campeã. Nem mesmo Simon Cowell, o juiz notoriamente crítico das competições de talentos musicais na televisão, é tão seletivo assim.

Smolin e o cosmólogo sul-africano George Ellis argumentaram que ao se aplicar o Princípio Antrópico ao imenso terreno da teoria das cordas, seria muito fácil distorcer os resultados de modo a favorecer qualquer interpretação que se preferisse. Eles também questionam a inclusão, nessa linha de raciocínio, de porções do espaço impossíveis de se detectar. Como eles escrevem:

Há uma grande dose de liberdade nas escolhas que se pode fazer aqui, e essas suposições determinam as expectativas para os experimentos; mas essas não são testáveis, em particular, porque todos os outros universos no suposto conjunto não são observáveis.[1]

Smolin advertiu que o uso do Princípio Antrópico poderia até mesmo desempenhar um papel negativo, enganando os pesquisadores ao levá-los a considerá-la como ciência verdadeira. A ciência genuína, ele apontou, deveria fazer previsões falsificáveis. O fato de que a vida existe em nosso universo não reduz o âmbito de possibilidades o suficiente para oferecer uma prova científica evidente de que a ideia de paisagem antrópica está correta.

Ellis, juntamente com seu aluno de doutorado Ulrich Kirchner e seu colega W. R. Stoeger indicaram que os conceitos de inflação eterna e de multiverso baseiam-se em uma teoria quântica de campos do vácuo que não é totalmente compreendida por causa da questão da constante cosmológica. Eles enfatizaram a necessidade de mais critérios objetivos, testáveis, para julgar essas teorias. Como eles escrevem:

> Nós só poderíamos afirmar de maneira razoável a existência de um multiverso se conseguíssemos demonstrar que sua existência foi uma consequência mais ou menos inevitável de leis físicas e de processos físicos bem estabelecidos... No entanto, o problema é que a física subjacente proposta não foi testada, e, na verdade, talvez não seja possível testá-la... O problema não está apenas nos fatos de que o inflaton não está identificado e seu potencial ainda não foi testado por quaisquer meios observacionais —, mas também no fato de que... estamos supondo que a teoria quântica de campos permanece válida muito além do domínio em que foi testada... apesar de todos os problemas não resolvidos presentes no fundamento da teoria quântica, das divergências da teoria quântica de campos, e do malogro dessa teoria em fornecer uma solução satisfatória para a problema da constante cosmológica.[2]

Os argumentos de Smolin e Ellis são emblemáticos de uma divisão crescente na física teórica entre aqueles dispostos a incorporar fenômenos não observáveis (o multiverso, dimensões superiores invisíveis, cordas indetectavelmente diminutas, e assim por diante) nas teorias a respeito do porquê o universo é da maneira como ele é hoje, e aqueles (como Smolin e Ellis) que advertem que a cosmologia deve basear-se em suposições testáveis. O problema é que não há respostas fáceis para certas questões fundamentais, como a que indaga por que as constantes físicas têm valores particulares. Os físicos foram deixados com a escolha de esperar pacientemente que os dados coletados produzam padrões inconfundíveis que sugerem novas teorias (por exemplo, como as simetrias observadas associadas às partículas levaram à noção de quarks) ou aceitar argumentos baseados no aguçamento do conjunto de todas as possibilidades por meio de regras de seleção como o Princípio Antrópico.

Camaleões Cósmicos

Outro proeminente crítico do raciocínio antrópico é Paul Steinhardt, cosmólogo de Princeton. Há muito tempo, ele tem defendido modelos do universo com previsões potencialmente testáveis. Como ele descreveu sua filosofia:

> Tenho um ponto de vista muito estreito e pragmático sobre as coisas. Só quero saber se ele é mais poderosamente preditivo que um competidor, ou se não é tão preditivo quanto ele. Se for, isso é bom; se não for, isso é ruim. É simples assim. E eu não tenho um ponto de vista metafísico sobre isso.[3]

A abordagem de Steinhardt do problema da energia escura tem sido acentuadamente pragmática. Juntamente com Robert Caldwell, agora em Dartmouth, ele desenvolveu uma alternativa para a explicação da constante cosmológica, a qual representaria uma substância real, chamada de quintessência, em vez da energia do vácuo etérico. A quintessência deriva seu nome da expressão de Aristóteles para o quinto elemento, que suplementaria os quatro elementos clássicos: Terra, Fogo, Ar e Água. Enquanto os quatro primeiros elementos constituíram coisas tangíveis, o quinto foi atribuído ao celestial. No esquema de Steinhardt, bárions, léptons, fótons e matéria escura seriam as primeiras quatro substâncias que norteariam a dinâmica do universo, e a quintessência seria a quinta.

Excepcionalmente, a quintessência seria uma substância com pressão negativa. Mas, ao contrário da constante cosmológica — uma quantidade fixa — ela poderia ter uma distribuição desigual no espaço e evoluir ao longo do tempo. Tal mutabilidade a tornaria uma perspectiva mais atraente para explicar por que a energia escura permaneceu em "compasso de espera" bilhões de anos atrás, durante a época fundamental da formação das estruturas, mas agora está impulsionando ativamente a expansão espacial.

As qualidades particulares de tal matéria seriam caracterizadas pela sua equação de estado. Uma equação de estado descreve a relação entre a pressão e a densidade de uma substância. Ela pode ser expressa por meio de um fator denominado w, que representa a razão entre a pressão e a densidade. Enquanto a matéria e a radiação comuns têm valores de w que são maiores que zero ou iguais a zero, o que representa pressão positiva ou nula, a quintessência teria um valor negativo, significando que sua pressão seria negativa. O fator w da quintessência poderia concebivelmente variar ao longo do tempo e do espaço, modelando sua natureza flexível.

Como Steinhardt descreveu tal substância hipotética, "a quintessência engloba uma ampla classe de possibilidades. É uma forma de energia dinâmica, em evolução no tempo e dependente do espaço, e com pressão negativa suficiente para impulsionar a expansão acelerada".[4]

Se a quintessência está em toda parte, por que não a detectamos na Terra? Talvez sua descoberta seja apenas uma questão de tempo. Ou talvez ela tenha menos influência aqui na Terra do que no espaço profundo. Poderia alguma característica da quintessência torná-la particularmente esquiva perto de nossa casa?

Em 2003, os cosmólogos Justin Khoury (que tinha sido aluno de doutorado de Steinhardt) e Amanda Weltman, ambos da Universidade de Columbia na época, postularam a existência de um tipo de quintessência a que deram o nome de "partícula camaleão". Assim batizada porque suas propriedades sofreriam mudanças em diferentes ambientes, a partícula camaleão teria massa elevada em regiões povoadas do universo, como nas proximidades da Terra, e massa reduzida em regiões relativamente vazias de matéria, como o espaço intergaláctico. Sua importância em nossa região do cosmos muito povoada de matéria seria uma garantia de que ela iria interagir pouco com outras formas de matéria, e em curta distância. Por isso, seria uma partícula difícil de detectar e não teria afetado testes anteriores, por exemplo, os que estudaram como a gravidade se comporta no Sistema Solar. Por outro lado, no espaço mais profundo, ela seria leve o suficiente para poder interagir livremente com outras partículas e exercer sua influência em uma longa distância. Isso tornaria sua presença conhecida como uma "quinta força" que induz a aceleração. Em suma, ela teria as credenciais necessárias para ser camuflada perto de casa e altamente influente longe daqui.

Khoury descreveu como ele e Weltman desenvolveram o modelo camaleão:

Nossa motivação original veio realmente da teoria das cordas, a qual prevê muitos diferentes tipos de partículas escalares que interagem com a matéria comum com a mesma intensidade que a da gravidade. O conhecimento-padrão que circulava na época era o de que, se qualquer um desses escalares fosse leve, a força de longo alcance que eles mediariam já teria sido identificada nos testes de gravidade do Sistema Solar. Seguindo essa linha de lógica, as partículas escalares precisariam ter uma grande massa e, portanto, não poderiam atuar como energia escura dinâmica.

Amanda e eu começamos a pensar em uma brecha nesse argumento, isto é, a possibilidade de que os escalares só teriam uma massa grande em regiões suficientemente densas, como a nossa galáxia. Isso imediatamente nos levou à ideia mais ampla de que as propriedades da energia escura poderiam variar com o ambiente, e, portanto, poderiam ser localmente testáveis.

O maior desafio foi o de nos certificarmos de que os camaleões poderiam se esquivar de todos os testes de gravidade existentes desde os laboratoriais até os realizados no âmbito do Sistema Solar. Lembro de que fiquei realmente estressado diante da possibilidade de que poderíamos ter perdido um teste que anularia toda a ideia![5]

Como Khoury assinalou, a testabilidade é uma grande vantagem para o modelo camaleão se o compararmos com os modelos de energia do vácuo que envolvem uma constante cosmológica. "A energia do vácuo só se manifesta nas maiores escalas observáveis", observou ele, "enquanto que as teorias camaleão fazem previsões testáveis em escalas muito menores, inclusive em escala de laboratório".[6]

Em 2009, o físico Aaron Chou e sua equipe do Fermilab conduziram o primeiro teste experimental para detectarem partículas camaleão. Os pesquisadores dispararam um laser em uma câmara de vácuo especial com paredes de aço chamada GammeV, tendo por mira uma seção com um campo magnético intenso. Teoricamente, a energia vinda do laser poderia potencialmente produzir partículas camaleão. Estas decairiam rapidamente de volta em fótons, deixando uma assinatura de luz característica que poderia ser detectada e analisada. Embora o experimento tenha falhado em descobrir partículas camaleão, ele descartou as de massa abaixo de certo limiar. Desse modo, ele impôs restrições à teoria — o que foi útil para o desenvolvimento de novos testes.

A Ameaça Fantasma

O próprio destino do universo — se a aceleração irá ou não dilacerá-lo — pode depender de qual destas alternativas é a verdadeira: ou a energia escura é representada por uma quintessência em mudança contínua (como as partículas camaleão) ou por uma constante cosmológica estável. No primeiro caso, o universo teria a esperança de um alívio, pois haveria a possibilidade de a energia escura, com o tempo, se tornar mais fraca. Variando de era para era, a quantidade de quintessência poderia potencialmente diminuir no futuro. E, por fim, a gravidade poderia tornar-se, mais uma vez, o fator dominante, levando à desaceleração cósmica. A queda na taxa de expansão pouparia o universo de ser dilacerado.

Neste último caso, por outro lado, o termo da constante cosmológica impulsionaria o universo levando-o a expandir-se cada vez mais rápido, em uma espécie de Big Stretch (Grande Estiramento). Ao longo dos éons, todas as galáxias, com exceção das nossas vizinhas, se afastariam, levando ao isolamento supremo. Um modo alternativo de modelar o mesmo efeito de uma constante cosmológica é uma forma de energia escura com uma equação de estado que tem o fator w precisamente igual a 1 negativo para todos os tempos.

Se a energia escura fosse ainda mais poderosa, como foi mostrado por Caldwell e seus colaboradores, o cosmos acabaria por experimentar o Big Rip (Grande Rasgão): um horrível fim de jogo cósmico em que a energia escura, literalmente, dilaceraria o espaço. Caldwell refere-se a essa versão persistente, poderosamente repulsiva, de energia escura como "energia fantasma". Ela se caracteriza por uma equação de estado em que o fator w é menor que 1 negativo. Em outras palavras, ela exerceria ainda mais pressão negativa do que uma constante cosmológica.

Se quisermos aprender a respeito de nosso destino final, precisamos mapear a energia escura no espaço e constatar se ela varia ao longo do tempo. Os astrônomos desenvolveram recentemente uma poderosa técnica para estabelecer escalas de distância cósmica, chamada BAO (Baryonic Acoustic Oscillations, Oscilações Acústicas Bariônicas). Ela oferece uma régua-padrão para medir intervalos espaciais até distâncias muito grandes. Ao fazer isso, ela complementa os métodos de vela-

-padrão, tais como o dos perfis de energia de supernovas do Tipo Ia, adicionando a verificação confiável independente. Ao combinar as réguas-padrão fornecidas pelas BAOs com os velocímetros galácticos oferecidos pelos deslocamentos para o vermelho do efeito Doppler, os pesquisadores podem mapear a aceleração do universo em detalhes extraordinários e procurar possíveis variações na energia escura.

O método BAO baseia-se no rastreamento de ondulações na densidade da matéria bariônica (matéria constituída de três quarks por partícula, a qual, por exemplo, pode ser um próton ou um nêutron), as quais viajam para o exterior desde a era da recombinação. Essas ondulações foram produzidas bem no início do universo pela pressão das perturbações da densidade primordial empurrando bárions em uma espécie de onda sonora. (Usamos a expressão "onda sonora" para representar oscilações de matéria que se movem através do espaço, e não algo audível.) Ao longo de toda a história do cosmos, essas ondas continuaram se espalhando e podem ser observadas por meio de uma cuidadosa análise tridimensional da maneira como as galáxias se distribuem pelo espaço.

Vamos rastrear as BAOs remontando-as até o cosmos nascente. Elas começam como uma flutuação no plasma que cria o universo nessa fase primordial. Esse enrugamento representa um ponto quente com pressão e temperatura um pouco maiores do que as de suas vizinhanças. A pressão tende a empurrar bárions e outras partículas para longe, originando uma onda sonora que muda a distribuição de matéria e de energia. Essa frente de onda é o que compõe as BAOs. Na recombinação, a energia é liberada e a matéria se torna átomos neutros. Ao longo dos éons, esses átomos gravitam e servem como sementes para estrelas, galáxias e outras estruturas. Entretanto, à medida que o espaço continua a se expandir, as BAOs manifestam-se como ondulações cada vez maiores que colidem com as galáxias e afetam a maneira como elas estão situadas no espaço. Na verdade, nós não podemos ver as galáxias respondendo à ação das BAOs — é um processo lento e sutil, análogo ao processo gradual que esculpiu o Grand Canyon pelo Rio Colorado. No entanto, a cosmologia moderna desenvolveu um *kit* de ferramentas estatísticas sofisticadas para analisar como as galáxias estão distribuídas e identificar os fatores que são remanescentes das BAOs.

Quando os cosmólogos procuram maiores detalhes sobre como as galáxias são distribuídas eles se voltam para o SDSS (Sloan Digital Sky Survey, Levantamento

Digital Sloan do Céu) — o primeiro mapeamento tridimensional do universo. Em 2009, uma equipe internacional de astrofísicos encabeçada por Will Percival, do Instituto de Cosmologia e Gravitação, da Universidade de Portsmouth, juntamente com Beth Reid, de Princeton, e Daniel Eisenstein, da Universidade do Arizona, publicou uma análise estatística detalhada dos dados coletados em sua segunda rodada, chamada SDSS-II, voltando-se especificamente para a observação sobre como as BAOs se espalharam ao longo do tempo.

Como Percival relatou, o uso de oscilações acústicas bariônicas como régua-padrão tem vantagens sobre o método, usado há mais tempo, de contar com as supernovas do tipo Ia. Ele descreveu assim os benefícios das BAOs:

> Elas são mais robustas como uma ferramenta para se medir a geometria do universo. Isto resulta do fato de que se compreende bem a física usada para prever os sinais das BAOs.[7]

Como os anéis de uma antiquíssima sequoia, as BAOs oferecem um inconfundível registro do quanto a árvore cresceu em cada era. Cada período do passado cosmológico é caracterizado pelo deslocamento para o vermelho da luz das galáxias dessa idade. A equipe do Sloan conseguiu remontar até um tempo em que os comprimentos de onda das linhas espectrais galácticas estavam deslocadas em mais de 50% de seus valores normais (que seriam obtidos se não houvesse o movimento galáctico), indicando que se havia recuado até uma época de mais de 5 bilhões de anos. Plotando-se a taxa de expansão ao longo do tempo, os pesquisadores conseguiram determinar a aceleração cósmica para cada região e cada era, mapeando efetivamente a energia escura. (O levantamento, desde essa ocasião, começou sua terceira rodada, a SDSS-III, que foi encerrada em junho de 2014.)

Aqueles que esperam evitar a dizimação final do universo ficaram desapontados com os resultados obtidos. Em vez de desenvolver grandes porções de quintessência, que poderiam diminuir com o tempo, os pesquisadores demonstraram que a energia escura está bem representada por uma constante cosmológica inabalável. Em cada era no passado, como é indicado por fatias do céu cada vez mais distanciadas de nós, o valor para a constante cosmológica manteve-se estável. Por isso, não há razão para esperar que a aceleração cósmica vá diminuir. Pelo contrário, a taxa de expansão parece destinada a acelerar indefinidamente — levando por fim, talvez, a uma completa fragmentação do espaço.

Por outro lado, teóricos podem se animar com o fato de que o modelo de concordância, que inclui um termo para a constante cosmológica, parece estar em excelente forma. Como a análise das BAOs é totalmente independente dos levantamentos de supernovas, a astronomia produziu uma quantidade de evidências ainda maior a respeito da abundância da energia escura no cosmos. Infelizmente, apesar de sabermos que a constante cosmológica oferece uma fonte constante de aceleração — e nós conhecemos o valor preciso dessa aceleração durante certa faixa de eras cósmicas — isso é tudo o que podemos dizer a respeito disso até agora. Sua causa física ainda é desconhecida.

Até que os cientistas identifiquem conclusivamente quem é o culpado pela energia escura, podemos esperar que mais suspeitos sejam apontados. A energia escura holográfica, baseada em uma teoria segundo a qual toda a informação no universo — ou, pelo menos, em nossa região do espaço — está, de algum modo, codificada no seu exterior, representa outra possível causa proeminente. Por "informação" referimo-nos à mais simples descrição quantitativa das propriedades de todas as partículas e forças do universo, algo como o conjunto de dados numéricos que informa a um *player* de música digital como tocar uma canção. Alguns físicos, com maior proeminência John Wheeler, sugeriram que a informação é mais fundamental do que a matéria e a energia. Assim como os *bits* de dados em um arquivo de computador são capazes de reproduzir toda uma coleção de obras musicais, talvez uma corrente de informações digitais pudesse, de alguma forma, servir como calibre para todo o universo. De acordo com o modelo do universo holográfico, o código para os estados físicos de tudo no universo está gravado em sua fronteira mais externa — algo como um CD abrangente que codifica a grande sinfonia cósmica. Uma implicação para a holografia, a de que a realidade tem uma escala de comprimento mínima, poderia oferecer uma maneira natural de nivelamento da quantidade de energia do vácuo no universo, permitindo que ele seja um candidato mais adequado para a energia escura. Assim, a teoria da energia escura holográfica sugere que um aspecto profundo da própria realidade — a maneira como suas características físicas são codificadas — serve como o motor da aceleração cósmica.

6

Nós Vivemos em um Holograma?

Explorando as Fronteiras da Informação

Holografia. Isto é fantástico. É incrível. Você olha por diferentes ângulos para diferentes aspectos da alma. Em um holograma você tem todas as informações. Ela existe em uma molécula do holograma.

— SALVADOR DALÍ, INTERVIEW WITH AMEI WALLACH, *NEWSDAY* (JULHO DE 1974)

O mistério da energia escura tem inspirado físicos a explorar a natureza do espaço em seu nível mais fundamental. Para descobrir o que está forçando o tecido do universo a se expandir cada vez mais depressa, os pesquisadores estão tentando ampliar o máximo que podem os mais ínfimos filamentos com a esperança de que a sua estrutura diminuta irá revelar a resposta. Será que, na menor das suas escalas, a realidade não apresenta costuras? Alternativamente, poderia a realidade consistir em minúsculos remendos costurados juntos de alguma maneira?

Passamos o tempo examinando atentamente a diferença entre o vertiginoso tamanho do universo — possivelmente infinito — e ao quanto desse tamanho o nosso conhecimento poderia possivelmente ter acesso — sabendo-se que ele é uma esfera estimada em cerca de 93 bilhões de anos-luz de diâmetro. Mas será que existe um limite para o quão diminuta uma coisa qualquer pode ser? Como em um monitor de computador, haveria uma menor resolução possível? Teorias recentes sugerem que o universo de fato tem algo semelhante a *pixels* que representam o tamanho mínimo possível.

O menor comprimento fundamental, como veremos, poderia nos oferecer apenas o impulso para a aceleração do cosmos. Essa ideia é chamada de energia escura holográfica.

A energia escura holográfica depende de uma abordagem teórica chamada de o princípio holográfico, proposto por Gerard 't Hooft, em 1993, e aplicado à teoria das cordas por Leonard Susskind. Assim como os hologramas captam imagens tridimensionais sobre uma película ou chapa bidimensional — como o famoso retrato de Alice Cooper em 3D por Salvador Dalí — o princípio holográfico afirma que todas as informações a respeito de um volume tridimensional do espaço estão codificadas em sua fronteira bidimensional. É uma generalização de um resultado surpreendente obtido pelo físico israelita Jacob Bekenstein segundo o qual o máximo conteúdo de informações dos buracos negros depende do tamanho de suas áreas superficiais, e não de seus volumes.

Para Dentro do Turbilhão

Os buracos negros são objetos altamente comprimidos formados quando os núcleos de estrelas massivas implodem catastroficamente. Eles são tão intensos gravitacionalmente que nada pode escapar da força do seu puxão — nem mesmo os sinais de luz. A relatividade geral de Einstein, que modela a gravidade por meio do encurvamento do espaço e do tempo, prevê que os buracos negros são tão densos que provocariam uma deformação imensa no espaço à sua volta, criando um poço gravitacional infinitamente profundo. Qualquer coisa que se aventurasse dentro dele acabaria por se pulverizar no completo esquecimento. (No entanto, não pense nisso como algo voraz e de rápido crescimento, como *The Blob*.*) Pelo contrário, um buraco negro cresce muito lentamente a cada refeição e ingere apenas o que estiver na sua vizinhança imediata, por exemplo, material retirado de uma estrela menor se ele fizer parte de um sistema binário.

---

* No Brasil, *A Bolha Assassina*, filme norte-americano de ficção científica de 1958. (N.T.)

Fugir de um buraco negro só é possível para aqueles que estão fora da fronteira invisível chamada de horizonte de eventos. O horizonte de eventos marca a linha divisória entre os princípios físicos familiares e o bizarro domínio interior. Uma vez dentro dele, o espaço e o tempo tornam-se confusos, permitindo apenas o movimento para a frente em direção ao centro esmagador — um beco sem saída matemático chamado de singularidade —, mas não o movimento de volta para o espaço comum. O fluente rio do tempo transforma-se em um turbilhão furioso, laçando infortunados prisioneiros e atirando-os rumo à singularidade e à não existência central.

Na década de 1960, enquanto estudava o problema do colapso gravitacional, o físico John Wheeler pensou de início que um cenário tão estranho não podia ser verdadeiro. Era incrível pensar que a matéria simplesmente pudesse sumir da face da realidade e mergulhar em um abismo sem fundo. No entanto, depois de rever os seus cálculos, ele percebeu que esse destino seria inevitável. Para descrever esses objetos de maneira sucinta, particularmente sua capacidade para impedir que tudo, inclusive a luz, pudesse escapar, ele cunhou a expressão "buraco negro", que rapidamente se tornou aceita como termo-padrão.

Como Wheeler (juntamente com Kenneth Ford) escreveu em sua autobiografia, os buracos negros nos informam "que o espaço pode ser amassado como um pedaço de papel até se transformar em um ponto infinitesimal, que o tempo pode se extinguir como uma chama que se apaga e que as leis da física que consideramos como "sagradas", como imutáveis, são tudo menos isso".[1]

Para descrever sua natureza obliterante, Wheeler propôs um teorema bem conhecido, "buracos negros não têm cabelos" ou Teorema da Calvície. Como soldados com corte curto de cabelo são praticamente indistinguíveis de seus colegas recrutas, Wheeler observou que os buracos negros exibem poucas indicações sobre suas origens. Além de três fatos de importância-chave — sua massa, sua carga e seu *momentum* angular (tendência para rodar) — eles são revestidos pelo anonimato. Mesmo que materiais complexos, como naves interestelares ocupadas por milhares de robôs de alta tecnologia, mergulhassem dentro dele, todos os aspectos da sua existência anterior seriam completamente aniquilados. O buraco negro poderia simplesmente engolir essas naves e ganharia um pedacinho a mais de massa.

Um aspecto-chave dessa obliteração de informações deixou Wheeler desnorteado. Ele se perguntou como isso afetaria a quantidade de energia desordenada no universo. A segunda lei da termodinâmica determina que, para um sistema fechado, a quantidade de entropia ou desordem nunca pode diminuir. Por exemplo, um amontoado confuso de areia molhada nunca poderia transformar-se espontaneamente em um castelo de areia complexo — sendo, para isso, necessário que se acrescente a energia ordenada por engenheiros humanos (ou por crianças desempenhando esse papel). Embora ninguém possa afirmar com certeza que o universo é um sistema fechado, pode-se razoavelmente esperar que sua quantidade total de desordem também não possa diminuir. No entanto, como Wheeler assinalou, seria possível enganar a segunda lei canalizando o material desordenado para dentro de buracos negros, utilizando-os assim como meios cósmicos de se eliminar o lixo e, graças a isso, aumentando a fração de material ordenado no cosmos. Assim, os buracos negros poderiam virar a termodinâmica de cabeça para baixo ao diminuir a entropia total.

Em 1972, enquanto completava seu doutorado sob a orientação de Wheeler, Bekenstein chegou a uma solução extraordinária para o dilema. Em vez de contornar a termodinâmica, ele decidiu estendê-la. De modo inteligente, ele igualou a entropia de um buraco negro à área do seu horizonte de eventos. Cada vez que um buraco negro engolisse certa dose de substâncias desordenadas, sua área se expandiria como uma cintura em rápida expansão. A soma total da entropia da matéria do cosmos mais a entropia da área do buraco negro nunca diminuiria, preservando, assim, a segunda lei da termodinâmica.

Uma das bases que permitiram o cálculo de Bekenstein foi uma disciplina chamada teoria da informação. Bekenstein mostrou que a área do buraco negro serve como um limite superior para a quantidade máxima de informação que o buraco negro pode armazenar, mas que é inacessível a tudo o que está do lado de fora. Podemos pensar na informação como uma maneira de codificar os estados de todas as partículas e forças. Embora, normalmente, nós consideremos a informação como algo intangível, como tudo o que podemos saber sobre uma cadeira, em física, na verdade o que queremos dizer é o conjunto mínimo de valores necessários para descrever as propriedades de todas as partículas subatômicas dentro do objeto, inclusive as maneiras como elas interagem umas com as outras. É como a maneira pela qual um arquivo MPEG — basicamente uma sequência de dígitos — especifica uma peça musical. Se uma única cadeira é destruída ou se um arquivo especial de música é apagado, as informações que a descrevem são perdidas.

À medida que o buraco negro engole a matéria, as informações a ela associadas tornam-se indisponíveis. Simultaneamente com a diminuição das informações disponíveis (e o aumento das indisponíveis), a área do buraco negro se expande. Desse modo, a acumulação e a destruição de informações dentro do buraco negro manifesta-se como uma área superficial crescente.

Uma descoberta monumental realizada em 1974 pelo físico britânico Stephen Hawking emprestou credibilidade à hipótese da área do buraco negro de Bekenstein. Hawking aplicou brilhantemente a mecânica quântica à análise de buracos negros e mostrou que eles teriam temperaturas e emitiriam radiação. Essa radiação emergiria do buraco negro por causa de um efeito do vácuo nas vizinhanças do seu horizonte de eventos. Os componentes de pares partícula-antipartícula emergindo do mar do nada como um efeito da incerteza quântica poderiam ser separados pelo poço gravitacional do buraco negro antes que pudessem retornar à espuma quântica. Um dos membros do par (por exemplo, a antipartícula) poderia cair no buraco negro, enquanto o outro (a partícula) escaparia. O resultado efetivo seria a liberação, pelo buraco negro, de uma partícula e da energia que a acompanha, processo chamado de radiação Hawking. O gradual gotejamento de partículas ao longo de todos os éons acabaria reduzindo pouco a pouco a massa do buraco negro até que ele desaparecesse completamente. Outra maneira de olhar para essa progressão é reconhecer que pequenas quantidades de massa poderiam escapar de dentro para fora do buraco negro por meio de um processo chamado de tunelamento quântico. Qualquer coisa que irradia tem uma temperatura, e isso significa que os buracos negros também têm temperaturas. Hawking anunciou esse resultado inesperado para uma plateia atônita em uma palestra intitulada "Black Holes Are White Hot" [Buracos Negros são Incandescentes].

Estimulada pelos resultados de Bekenstein e de Hawking, a comunidade dos físicos passou a encarar os buracos negros como emblemas da fusão entre a física quântica e a relatividade geral — o minúsculo e o gigantesco — apontando o caminho em direção a uma teoria completa da gravidade quântica. Com os buracos negros como modelo, os pesquisadores começaram a examinar as propriedades de informação de regiões gerais do espaço e suas fronteiras superficiais. Tais explorações levaram, na década de 1990, à formulação de 't Hooft do princípio holográfico e à subsequente extensão de Susskind do seu conceito à teoria das cordas.

Céu Holográfico

O princípio holográfico supõe que os exteriores das regiões do espaço (buracos negros ou o universo como um todo) incorporam a informação do que está contido em seus interiores. Em outras palavras, tudo o que acontece em qualquer lugar dentro de um volume tridimensional está ligado a dados sobre a superfície desse volume. Levado ao extremo, o princípio holográfico implica que o mundo que nos rodeia é uma ilusão — uma informação sombria traduzida em carne, como a projeção da imagem em 3D da Princesa Leia em *Guerra nas Estrelas*.

Para explorar a espantosa ideia de que o conteúdo da informação está localizado sobre a superfície de uma região espacial em vez de ser determinado por meio do seu volume, vamos imaginar uma classe de escola primária na qual se pede para os alunos coletarem cartões postais, cartas e selos de todo o mundo. Cada estudante envia cartas para outras escolas e reúne todas as respostas que recebe. Então, o professor pede a cada aluno para colocar os cartões postais e as cartas em caixas. As crianças com mais respostas acabam precisando de caixas um pouco maiores. Em seguida, o professor decide pendurar os cartões postais e as cartas nas paredes da sala de aula. A maioria das crianças precisa apenas de um pequeno espaço em uma parede para abrigar todos os seus cartões. No entanto, a criança que recebeu mais respostas acaba precisando de duas paredes completas. A lição é que, se você exibir informações sobre uma superfície em vez de abrigá-las dentro de um volume, a superfície se enche mais rapidamente.

Agora, imaginemos que, em vez de cartões postais em uma parede, temos espaçonaves se aproximando de um massivo buraco negro vindas de todas as direções possíveis, uma de cada vez. Conforme elas vão atingindo sua periferia, os astronautas exibem mensagens nas paredes laterais de suas espaçonaves, como na imagem do dirigível da *Goodyear*. O que veríamos com um telescópio suficientemente poderoso se pudéssemos ler essas mensagens?

Como um buraco negro é um estado altamente comprimido de matéria colapsada, ele não tem uma superfície verdadeira no sentido convencional de um lugar onde um astronauta poderia pousar. No entanto, seu horizonte de eventos assinala claramente o limite esférico entre seu interior e seu exterior. Fora do horizonte de eventos, a velocidade de escape de uma espaçonave que se aproxima seria menor que a velocidade da luz. Com combustível e impulso suficientes, ela poderia reverter o seu curso e retornar à Terra antes que fosse tarde demais. Imagens da nave acabariam chegando à Terra, embora cada vez mais distanciadas no tempo à medida que a nave se aproximasse do horizonte. Isso porque os relógios a bordo da nave pareceriam funcionar mais lentamente em comparação com os relógios na Terra, fenômeno chamado de dilatação do tempo por efeito gravitacional. Somente os observadores terrestres, se pudessem, de alguma maneira, ver a nave, notariam tal lapso de tempo prolongado. Os astronautas a bordo veriam o relógio da nave tiquetaqueando no ritmo habitual.

Quando a nave atingisse o horizonte de eventos, nenhum dispositivo dentro dela registraria qualquer diferença. No entanto, para as pessoas na Terra, a nave pareceria estar congelada. Isso porque, no horizonte de eventos (e no âmbito que ele delimita), os sinais luminosos levariam uma quantidade infinita de tempo para chegar à Terra. Em outras palavras, eles não conseguiriam atingi-la. O aspecto congelado da nave representaria os últimos sinais de luz que conseguiram escapar antes que a nave submergisse no abismo.

Não haveria informações a respeito dos astronautas, uma vez que eles estivessem lá dentro além de sua massa, carga e *momentum* angular (tendência para girar). O buraco negro se tornaria muito ligeiramente mais maciço, captando qualquer peso adicional com que a nave e os astronautas estivessem carregados e (com a aderência estática aos seus uniformes) rodaria talvez com uma taxa ligeiramente diferente.

Agora podemos ver por que as informações do buraco negro estão codificadas sobre as superfícies representadas pelos seus horizontes de eventos. As únicas mensagens que nos alcançariam seriam aquelas vindas do exterior. Também observamos que com cada espaçonave "devorada", a superfície cresceria um pouquinho mais para acomodar as informações adicionais. O conteúdo máximo de informações de um buraco negro é, portanto, proporcional à sua área superficial, e não ao seu volume.

O princípio holográfico, aplicado à cosmologia, sugere generalizar esse resultado para o próprio universo. Imagine reunir todas as informações de dentro do horizonte de todo o universo observável, a região a partir da qual nós poderíamos concebivelmente detectar sinais. Além desse horizonte, o universo é um espaço em branco para nós. Por definição, seria impossível ver mais longe do que o que é observável. Em certo sentido, o espaço para além do horizonte cosmológico é um pouco como o interior de um buraco negro. Uma diferença importante está em que o horizonte cosmológico cresce continuamente ao longo do tempo à medida que a Terra pode, potencialmente, coletar a luz vinda das mais longínquas distâncias do cosmos. (Como já discutimos, no futuro distante esse horizonte acabará por alcançar um limite superior —, mas exatamente agora ele ainda está crescendo.) Em contrapartida, o horizonte de eventos de um buraco negro se expande em área só depois que a matéria for consumida. Pondo de lado essa diferença, se completarmos a analogia entre os buracos negros e o universo observável, então a informação dentro do universo observável está codificada dentro do horizonte cosmológico. Ela cresce proporcionalmente à área superficial desse horizonte.

O Mosaico da Realidade

Vamos ver agora como o princípio holográfico poderia ser usado para explicar a natureza da energia escura. Como já vimos, um problema que surge quando queremos representar a constante cosmológica como energia do vácuo é que o seu valor seria 10^{120} vezes maior do que aquele que os astrônomos observam na aceleração do espaço. Uma maneira de reduzir significativamente esse valor consiste em propor um comprimento de onda mínimo para a oscilação dos campos das partículas. Uma vez que o comprimento de onda de uma oscilação está inversamente relacionado com a sua frequência, que, por sua vez, está ligada com a sua energia, um comprimento de onda mínimo determina um limite superior para sua energia. O princípio holográfico oferece uma razão natural para um comprimento de onda mínimo: se tudo dentro do universo é irradiado para fora, apenas esse tanto de informação poderá se ajustar. Desse modo, a holografia nos ajuda a limitar o valor da constante cosmológica.

Para imaginarmos como esse limite funcionaria, vamos considerar o universo observável como sendo composto de minúsculos *bits* de informação semelhantes aos *pixels* de uma câmera ou de uma tela de computador, só que muito, muito menores. Tomando emprestado um neologismo introduzido por Arthur Koestler em um contexto diferente, chamamos tais fótons de comprimento de onda mínimo (isto é, de energia máxima) de "holons". Holons seriam as mais ínfimas partículas de informação no universo. O menor comprimento conhecido pela física é o chamado comprimento de Planck, que mede cerca de $1,616199 \times 10^{-35}$ metro. Abaixo do comprimento de Planck, os efeitos quânticos tornam os tamanhos muito difusos para conseguirem ser medidos. Para se ter uma ideia do quanto isso é pequeno, cerca de um bilhão de trilhões de trilhões de comprimentos de Planck colocados um após o outro mediriam a espessura de um fio de cabelo. O tamanho de um holon seria consideravelmente maior do que a escala de Planck, mas pequeno o suficiente para limitar a energia do vácuo a um valor consistente com a constante cosmológica medida. Não só a luz é transmitida em minúsculos pacotes — com a energia assim fracionadamente distribuída de acordo com a frequência da luz — como também esses pacotes viriam com um limite de tamanho menor.

Embora o comprimento de onda mínimo dos campos energéticos seja do tamanho dos holons, o comprimento de onda máximo é do tamanho do próprio universo observável. Os comprimentos de onda mínimo e máximo impõem os limites superior e inferior à energia do vácuo — e são chamados, respectivamente, de comprimento de onda de corte (*cutoff*) ultravioleta e comprimento de onda de corte infravermelho. Para entender esses limites, vamos pensar em uma sala de aula onde os alunos coletam cartões postais, cartas e selos. Imagine que o professor decide estabelecer regras básicas estritas sobre o tamanho da caixa na qual cada aluno coleta sua correspondência e sobre a área da parede que cada um deles pode usar mais tarde para exibi-la. Sem dúvida, o tamanho da caixa impõe um limite máximo ao tamanho dos cartões e das cartas; eles não podem ser maiores do que a própria caixa. Por outro lado, também existe um limite inferior imposto pelo tamanho da área disponível na parede. Suponha que um aluno encha sua caixa exclusivamente com pequenos selos postais. Em comparação com uma caixa cheia de grandes cartões postais, haveria um enorme número de selos que poderiam caber ali. Imagine o pobre professor tendo de amontoar milhares de selos na parede em vez de dezenas de cartões postais. Os selos, menores, recolhidos na caixa de mesmo tamanho que aquela que abriga os cartões, precisariam de muito mais área superficial porque muito mais selos poderiam caber na caixa. Milhares de selos iriam sobrecarregar a área de exibição de uma forma que dezenas de cartões postais não o fariam. Portanto, a exigência de que tudo se encaixe sobre uma determinada parte da parede iria definir um tamanho mínimo para o conteúdo da caixa — cartões postais em vez de selos. Da mesma maneira, a exigência de que as informações do universo se encaixem em sua superfície define um tamanho mínimo para as unidades que veiculam essa informação — daí o comprimento de onda mínimo.

A parte mais complicada da teoria da energia escura holográfica consiste em provar que ela tem a quantidade certa de pressão negativa. Em outras palavras, se ela é o verdadeiro trunfo, ela precisa agir no sentido de acelerar o universo. Curiosamente, como o físico chinês Miao Li demonstrou, se considerarmos que a fronteira do universo observável é o horizonte de eventos cosmológico — o lugar mais distante a partir do qual a luz pode nos alcançar, levando-se em conta a aceleração do espaço —, a energia escura holográfica se comporta como um fluido com pressão negativa. Seu fator w tem um valor próximo a 1 negativo, comparável ao efeito de uma constante cosmológica. Isso torna o modelo um competidor razoável — assumindo que o próprio princípio holográfico veicula peso.

A energia escura holográfica é uma ideia que vale a pena levar em consideração, mas está condicionada a comprovar uma conjectura muito abrangente. Os pesquisadores ainda têm de confirmar ou descartar a suposição de que as informações contidas no universo observável estão inscritas na sua fronteira. Dado o alcance, de impacto vertiginoso, do princípio holográfico nesse âmbito em que ele envolve os limites da realidade, parece uma tarefa muito difícil verificar uma hipótese de tão longo alcance.

No entanto, o físico Craig Hogan, diretor do Centro Fermilab de Astrofísica de Partículas e professor da Universidade de Chicago, aceitou o desafio. Ele ofereceu uma previsão baseada no princípio holográfico que ele e seus colegas planejam testar por meio de um experimento de interferência. Ele teorizou que o princípio holográfico, ao nivelar a quantidade de informações presente no universo, produziria uma escala de comprimento mínimo para campos de energia com repercussões detectáveis. (Em nossa terminologia, essas unidades mínimas seriam holons — ou fótons de comprimento de onda mínimo — como o tamanho mínimo do cartão mencionado na analogia da caixa). O limite inferior no comprimento de onda levaria a certo estado difuso que ele chama de ruído holográfico. Fazendo uma analogia com as limitações de transferência de dados por causa da capacidade da banda larga, ele, brincando, refere-se a essa estática como "Natureza: a Definitiva Provedora da Internet"[2].

Hogan conjecturou que um ruído holográfico já pode ter sido detectado em um experimento de onda gravitacional chamado GEO600, tendo sido realizado perto de Hanover, na Alemanha. Assim como o LIGO (Laser Interferometer Gravitational-Wave Observatory, Observatório de Ondas Gravitacionais por meio de Interferometria a Laser), em Livingston, na Louisiana, e em Hanford, em Washington, o GEO600 é uma tentativa de medir pequenas oscilações em escalas de comprimento em consequência da passagem de poderosas ondas gravitacionais através da Terra. Essas ondas, uma consequência da relatividade geral, seriam produzidas como um subproduto de poderosos eventos astronômicos, como explosões de supernovas relativamente próximas. Nem o GEO600 nem o LIGO conseguiram captar essas leituras. No entanto, quando pesquisadores do GEO600 relataram um zumbido inexplicável perturbando suas leituras, Hogan sugeriu que a estática tinha origem na natureza granulada do espaço em seu nível mais ínfimo. Em outras palavras, nessa instalação, o ruído holográfico estava fazendo sua transmissão de estreia.

Juntamente com o pesquisador Aaron Chou, Hogan está desenvolvendo seu próprio experimento no Fermilab, usando um dispositivo denominado interferômetro holográfico, ou "holômetro", para tentar detectar tais tremores. Baseado em um processo óptico chamado de interferência, um interferômetro é um instrumento que divide feixes de luz usando espelhos e, em seguida, permite que a luz se recombine. A fusão produz padrões característicos de franjas brilhantes e escuras, que dependem dos caminhos percorridos pelas ondas luminosas.

Podemos imaginar a interferência como um processo aparentado a fileiras de soldados alinhando-se depois de terem sido divididos em grupos e marchando por caminhos separados. Se cada fileira estiver marchando precisamente em sincronia com as outras por distâncias idênticas, quando elas se reunirem novamente, eles se combinarão cabeça com cabeça e ombro com ombro. No entanto, se elas se moverem em velocidades diferentes, dispersando-se ou marchando no compasso dos tambores de seu próprio regimento, elas poderiam ficar fora de compasso quando voltassem a se encontrar, e não se alinhariam de maneira exata. De modo semelhante, se, em um interferômetro, um feixe de luz é dividido e depois recombinado, quer os padrões de ondas se combinem ou não pico a pico e vale a vale, isso indicará alguma coisa a respeito do seu comportamento intermediário. Se não o fizerem, isso significa que deve haver uma diferença de comprimento entre os dois caminhos.

Um holômetro é um tipo de interferômetro projetado para detectar interferências entre dois feixes de luz, causadas por flutuações nas suas posições transversais (em ângulo reto com relação ao feixe). Hogan prevê que esses meneios transversais acontecem por causa da natureza granulada do espaço. O dispositivo no Fermilab será equipado com sensores especiais, projetados para detectar quaisquer tremores causados por fatores ambientais, que seriam, assim, levados em consideração. Dessa maneira, os pesquisadores estarão mais confiantes em que quaisquer padrões de interferência anômalos que encontrarem refletirá minúsculos solavancos provocados pelo ruído holográfico.

Se Hogan e seus colegas descobrirem tal efeito, isso forneceria evidências significativas da existência de um comprimento de onda mínimo na natureza. Embora isso não prove conclusivamente o princípio holográfico, pois poderia haver explicações alternativas, representaria um passo para a frente de importância vital na compreensão da natureza do espaço em sua escala mais diminuta e dos limites impostos à informação no universo. Tais descobertas também poderiam oferecer um impulso para a teoria da energia escura holográfica ao estabelecer um limite superior ao conteúdo de energia do universo.

O Mar Quântico Primordial

É notável pensar que a realidade tem uma escala mínima para a qual, se nós a espreitássemos com uma proximidade suficiente, veríamos alguma coisa semelhante aos *pixels* de uma imagem eletrônica. Se o espaço tem uma granulação fundamental, ela teria se manifestado na era primordial do universo. Na física quântica, as escalas mais ínfimas correspondem às mais energéticas. Portanto, os momentos incipientes de tempo oferecem um laboratório natural para testar as implicações de condições extremas.

A partir do nosso ponto de vista atual de um universo maduro, com estruturas organizadas, como galáxias, vamos recuar no tempo cerca de 13,75 bilhões de anos até uma era muito mais caótica — os instantes nascentes após o Big Bang. Imagine o início do tempo como um mar de possibilidades — uma espuma borbulhante na qual campos energéticos subiriam aleatoriamente até a superfície, existiriam por algum tempo e depois desapareceriam nas profundezas.

Há muito desconhecimento a respeito do estado inicial do universo. Antes de um intervalo de tempo de cerca de 10^{-43} segundos, denominado tempo de Planck, o universo observável era compacto o suficiente para que as regras quânticas se aplicassem a ele. Com seu tamanho, então menor que o comprimento de Planck, de cerca de $1,616199 \times 10^{-35}$ metro, tudo era tão difuso quanto uma imagem de televisão saturada de chuviscos — uma situação completamente probabilística e sem parâmetros definitivos. Podemos apenas especular a respeito do que aconteceu antes daquele momento incipiente.

Talvez, como alguns físicos sugeriram, o universo tenha começado como informação pura, equivalente a um fluxo binário de 1s e 0s, antes que, de alguma maneira, o código numérico se organizasse em partículas (ou em cordas). Talvez a geometria inicial do espaço fosse a própria espuma quântica — uma mistura aleatória de configurações geométricas — como Wheeler certa vez defendeu. Se o retrato pintado pelos teóricos das cordas estiver correto, talvez o universo tenha começado em um estado de dimensão superior. De qualquer maneira, podemos supor que o universo começou apenas com as três dimensões espaciais que vemos hoje ou que ele começou em um estado mais complexo. Neste último caso, talvez houvesse uma espécie de transformação de fase (tal como o congelamento da água do estado líquido para o sólido), que converteu o emaranhado inicial no espaço regular com o qual estamos familiarizados. Dentro de uma minúscula fração de segundo, a geometria do universo congelou-se na dimensionalidade que manteria até hoje. Desse ponto em diante, o drama do universo material daria lugar a um estágio expansivo, tridimensional.

Além da geometria, outra maneira de descrever o espaço é por meio de sua topologia. A topologia significa como as coisas estão conectadas. Por exemplo, uma bola de beisebol e um bastão têm formas diferentes, mas topologias semelhantes, pois, se eles forem feitos de massa flexível, poderiam ser transformados um no outro sem que fosse preciso fazer um corte para conseguir isso. Por outro lado, uma xícara de café tem uma topologia diferente, por causa do buraco na alça. Mesmo que ela fosse moldável, o buraco permaneceria (a menos que a alça fosse arrancada). Semelhantes em topologia às xícaras de café são os *donuts*, bambolês, as molduras para pinturas e até mesmo uma folha de papelão com um único furo que a atravessa.

A topologia do espaço afeta o que aconteceria se alguém pudesse viajar indefinidamente em linha reta através do cosmos. Imagine um robô astronauta equipado com a incrível capacidade de se recarregar, se reconstruir se alguma de suas peças se desgastasse, de viajar rápido o suficiente para ultrapassar qualquer objeto em movimento (inclusive galáxias) e sobreviver por um período de tempo indefinido. (É claro que estamos falando de maneira extremamente hipotética.) Ele segue ao longo de uma trajetória reta em uma direção fixa e contínua indo para tão longe quanto pudesse ir, por muitos bilhões de anos. Para a topologia mais simples, ele apenas continuaria seguindo em linha reta, jamais retornando ao seu ponto de partida. Se, ao contrário, a topologia fosse conectada, como uma tira de papel com as suas extremidades coladas uma na outra (mas em todas as três dimensões), ele acabaria por circum-navegar ao redor de todo o universo, e voltar novamente ao seu ponto de partida.

Uma topologia cósmica na qual cada direção de espaço está conectada, como um jogo tridimensional de Pac-Man, é chamada de toroidal (de toro, ou em forma de *donut*). Se o universo tivesse tal topologia ele seria finito em vez de infinito. Nada poderia viajar para sempre sem acabar voltando para a mesma região. Se não fosse pela rápida expansão do espaço, a luz poderia circum-navegá-lo e veríamos muitas cópias das mesmas galáxias. No entanto, na prática, o crescimento do Universo impediria qualquer coisa de fazer a ronda; nenhuma espaçonave real, agora ou no futuro previsível, poderia possuir tais capacidades.

Curiosamente, há uma maneira de se medir a topologia do universo olhando de maneira profunda para o seu passado. Se o universo possui uma topologia finita e multiconectada (como a toroidal), em seus estágios iniciais, uma onda luminosa seria capaz de atravessá-lo. Como um personagem de Pac-Man atingindo o limite de um labirinto, a onda sairia em um sentido e retornaria no sentido oposto. As ondas de entrada e saída se combinariam em um processo chamado de superposição e produziriam os padrões em pico conhecidos como ondas estacionárias, como cordas de violino tangidas e vibrando, com as ondas percorrendo as cordas nos dois sentidos e se superpondo. Tais padrões poderiam possivelmente ser captados em medições da radiação cósmica de fundo (RCF).

Vários pesquisadores, incluindo Angélica de Oliveira-Costa, do MIT, e a equipe de Neil Cornish, da Universidade de Case Western, David Spergel, da Universidade de Princeton, e Glenn Starkman, da Universidade de Maryland, estiveram procurando por indícios de topologias multiconectadas. Até agora, no entanto, sinais claros de tais interconexões ainda não emergiram dos dados coletados nos relatórios da WMAP e de outras análises da RCF na faixa das micro-ondas. Havia algumas sugestões nos primeiros dados da WMAP — mencionados em um artigo de 2003 por Oliveira-Costa, de seu então marido e colaborador, o cosmólogo Max Tegmark, e de Andrew Hamilton[3] —, mas, em última análise, esse estudo não se mostrou conclusivo. O júri ainda não chegou a nenhuma conclusão que o levasse a decidir se o espaço é mais parecido com um pão sírio, uma rosca, um queijo suíço, ou alguma outra topologia estranha — embora o pão sírio esteja parecendo atualmente a mais provável.

Se a inflação eterna é real, poderia haver muitos universos-bolhas com diferentes geometrias e topologias. Na verdade, como Alan Guth apontou, a geração infinita de universos-bolhas oferece uma espécie de anarquia na qual qualquer coisa que pudesse ocorrer realmente ocorreria em algum lugar do multiverso. Em tal labirinto cósmico de universos, como poderíamos estabelecer propriedades únicas do nosso próprio universo, como a do achatamento e a da suavidade?

Por causa de tais questões complicadas, assim como da necessidade de explicações competitivas, nos últimos anos Paul Steinhardt, embora seja um dos pioneiros da teoria inflacionária, tem defendido firmemente a possibilidade da existência de alternativas para a inflação. Juntamente com o teórico Neil Turok, diretor-executivo do prestigiado Instituto Perimeter, do Canadá, desenvolveu um modelo conhecido como o universo cíclico, que reproduz algumas das previsões de um universo inflacionário por meio de um mecanismo diferente. Um universo cíclico baseia-se na ideia de que tudo o que vemos está dentro de uma imensa membrana tridimensional — chamada abreviadamente de "brana" — flutuando em um mar de dimensão superior chamado de *bulk*. Nossa brana colide periodicamente com outra por meio de uma dimensão suplementar invisível, argumentam Steinhardt e Turok, criando uma fonte de energia vinda, desse modo, de além da nossa dimensão, a qual passa uma esponja no passado e torna o espaço suave e regular. Esse tipo de regeneração do universo veio a ser conhecido como o "Grande Salto" (Big Bounce).

7

Existem Alternativas para a Inflação?

Dimensões Extras e o Grande Salto

[O universo cíclico] pode permitir a você evitar o pesadelo da inflação eterna. Algumas pessoas pensam que a inflação eterna é uma virtude, mas do meu ponto de vista é um pesadelo.

— PAUL STEINHARDT, PALESTRA PROFERIDA EM "NOVOS HORIZONTES NA COSMOLOGIA DE PARTÍCULAS: O *WORKSHOP* INAUGURAL DO CENTRO DE COSMOLOGIA DE PARTÍCULAS", UNIVERSIDADE DA PENSILVÂNIA, 11 DE DEZEMBRO DE 2009

Se o universo é infinitamente grande, como observações e teorias sugerem, ele também poderia ser infinitamente velho? Apesar do malogro da hipótese do Estado Estacionário e do sucesso da teoria do Big Bang para explicar a radiação cósmica de fundo (RCF) na faixa das micro-ondas, bem como outras características cosmológicas, a noção de um início universal continua a ser um ponto filosófico delicado para muitos cientistas. O tempo também não deveria, assim como o espaço, ser infinito? O debate ressurgiu nos últimos anos com a ideia de um Big Bounce (Grande Salto) destinada a substituir tanto o Big Bang como a inflação por um cosmos de ciclos infinitos.

É um sinal revelador das dificuldades filosóficas que se tornaram associadas à inflação eterna o fato de que um dos desenvolvedores mais importantes da teoria inflacionária, Paul Steinhardt, tenha se voltado para uma explicação cosmológica totalmente diferente: o universo cíclico. Desenvolvido por ele e Neil Turok, que na época estava em Cambridge, ele substitui a ideia de um estágio inflacionário juntamente com a noção de que o nosso próprio universo compreende uma membrana tridimensional que flutua em um mar de dimensões superiores e entra em contato periódico com outra dessas membranas. Também descarta o conceito de que o Big Bang foi uma gênese única e introduz a noção de um Big Bounce que aconteceu repetidamente. Em suma, substitui uma única linha do tempo, envolvendo um evento de criação e expansão exponencial, por uma troca cíclica de energia.

Existem argumentos de longa data contra a ideia de um único início dos tempos, que remonta à antiguidade. A maioria das sociedades antigas acreditava que o tempo não tem começo nem fim e que a história tem aspectos repetitivos. Para citar um dos muitos exemplos, a cultura maia contava com uma roda calendário que determinava não apenas eventos anuais, como ocorrências sazonais, mas também ciclos que duram muitos milhares de anos. Portanto, apesar da promoção extravagante das previsões segundo as quais o ano de 2012 representaria o "apocalipse maia", o conceito de que o mundo vai acabar sem que outro ciclo comece é estranho à cultura maia, bem como à maioria das outras culturas antigas. Pelo contrário, a civilização maia e quase todas as outras civilizações antigas acreditavam na renovação incessante.

As notáveis exceções a uma crença nos ciclos são religiões baseadas em escrituras com relatos sobre a criação, como o cristianismo, o islamismo e o judaísmo. Essas crenças pregam que o tempo mundano teve um único princípio no ato divino da gênese. Eles também compartilham o conceito de um futuro tempo do fim. Dada a ideia de uma divindade imortal, essa oferece uma dicotomia entre o tempo eterno celestial e o tempo finito terrestre.

Quando Lemaître introduziu a noção que iria tornar-se conhecida como o Big Bang, alguns críticos não religiosos se preocuparam com a possibilidade de que ele, como membro do clero, estava tentando transpor a história do Gênesis para a física. Pelo contrário, ele era muito íntegro e científico, manteve a fé e a física separadas, e não estava fazendo nada do tipo que estavam suspeitando. Ainda assim, muitos daqueles que se sentiam incomodados com a ideia de uma criação única se reuniram em torno da visão da teoria do Estado Estacionário, que defendia a permanência cósmica. Em última análise, depois da descoberta da RCF na faixa das micro-ondas, que demonstrou que o universo observável fora em seu princípio extremamente violento e compacto, praticamente toda a comunidade científica veio a aceitar a teoria do Big Bang. Ainda assim, entre alguns pensadores, a esperança de uma solução que não inclua um começo perdura. Como Steinhardt observou: "É uma vantagem não haver um início de tempo, pois eu acho que é uma espécie de ideia perturbadora a que leva do 'não tempo' para o 'tempo'."[1]

Embora tenham sido propostas outras cosmologias, que evitam um início para a história cósmica, a ideia de um universo cíclico e de uma cosmologia anterior na qual ele foi baseado, denominada universo ecpirótico, desenvolvido por Steinhardt, Turok, Justin Khoury, que na época estava em Princeton, e Burt Ovrut, da Universidade da Pensilvânia, foram os primeiros a fazer uso da teoria-M de dimensão superior. A teoria-M é uma extensão da teoria das cordas que inclui membranas vibratórias juntamente com as cordas. Uma das consequências da teoria-M é que poderia haver outro universo paralelo ao nosso, separado de nós por uma dimensão extra que não podemos acessar. Dimensões superiores invisíveis poderiam soar como um conceito estranho, mas ele remonta, pelo menos, à época da introdução do hiperespaço na matemática do século XIX.

A Vista da Terra Achatada

Em matemática, o conceito de dimensões superiores, além do trio familiar do comprimento, largura e altura, está bem estabelecido. Contar até três dimensões é fácil, e é natural tentarmos continuar. Um ponto matemático não tem dimensão, uma linha tem uma, um quadrado (e outros objetos planos) tem duas dimensões, e um cubo (e outros corpos com volume) tem três. Extrapolar para um hipercubo de quatro dimensões não é muito difícil.

Imagine apanhar um ponto e estendê-lo ao longo de uma só direção, como estender um telescópio dobrado. O resultado é um segmento de reta, limitado por um par de pontos, um em cada extremidade. Em seguida, imagine que você puxe esse segmento de reta ao longo de uma direção que lhe é perpendicular, como uma persiana, até que se abra em um quadrado. O quadrado está emoldurado, em seus quatro lados, por segmentos de reta. Agora, apanhe o quadrado e desdobre-o, como um acordeão, em uma direção perpendicular ao seu plano. Ele se transforma em um cubo, limitado por seis quadrados. Passamos assim de duas fronteiras para quatro, e em seguida para seis. Acrescentamos mais duas, e podemos tentar imaginar que tomamos oito cubos e os consideramos como as "superfícies" de um hipercubo quadridimensional. Em seguida, dez hipercubos formariam as "superfícies" de um politopo (objeto de dimensão superior) penta-dimensional, e assim por diante.

Embora seja simples e direto continuar tal contagem, na verdade, imaginar corpos de dimensões superiores é muito mais difícil. As três dimensões familiares estão todas em ângulos retos entre si — como nas paredes e no piso, no canto de uma sala. Como podemos imaginar direções adicionais, perpendiculares a esse trio? Embora a matemática continue avançando, será que a natureza poderia parar em apenas três? Ou será que estamos simplesmente limitados em nossas percepções? A historiadora de arte Linda Dalrymple Henderson documentou as tentativas extraordinárias de artistas e outras pessoas inspiradas — por exemplo, Marcel Duchamp e Salvador Dalí — de pintar visões imaginativas do impercep-tível.[2] A tradução que Dalí fez para a quarta dimensão na pintura *Crucificação* (*Corpus Hypercubus*) oferece um exemplo visualmente deslumbrante.

Edwin Abbott explora brilhantemente a questão de como podemos conceber as dimensões mais elevadas em seu romance *Flatland*, publicado em 1884. Na narrativa, imagina-se que um mundo totalmente plano em duas dimensões é a norma. Os seres de *Flatland* são formas geométricas planas que podem ver apenas ao longo de seu próprio plano. Eles não conseguem conceber a terceira dimensão, a altura, porque nunca a experimentaram. Um dia, o protagonista, chamado A. Square, é visitado por uma esfera falante. A esfera o levanta para fora do plano em que vivia e mostra-lhe como o seu mundo parece de uma perspectiva tridimen-sional. A viagem é uma verdadeira revelação para A. Square, que percebe que sua visão limitada o havia impedido de perceber que o espaço tem uma terceira di-mensão. Abbott insinua vigorosamente que nós, em nosso universo aparentemen-te tridimensional, somos igualmente limitados por nossos sentidos, e que uma perspectiva elevada e intensificada poderia revelar dimensões ainda mais elevadas.

O espaço-tempo, o amálgama de espaço e tempo que forma o tecido da relatividade, tem quatro dimensões. No entanto, ele não introduz uma nova dimensão espacial; em vez disso, ele combina as três dimensões existentes de espaço e uma de tempo em uma entidade unificada. Uma dimensão mais elevada complementando o espaço e o tempo é algo mais exótico.

Dimensões superiores, para além do espaço-tempo, apareceram pela primeira vez na física no início do século XX, quando três pesquisadores europeus — Gunnar Nordström, da Finlândia, Theodor Kaluza, da Alemanha, e Oskar Klein, da Suécia — tentaram, cada um de modo autônomo, unificar a gravitação e o eletromagnetismo sob um guarda-chuva pentadimensional. A ideia era desenvolver um único conjunto de equações que explicassem tudo na natureza. A quinta dimensão, incluída em teorias anteriores como um cômodo adicionado a uma casa, oferecia mais espaço habitável para que a unificação fosse completada.

As abordagens de Kaluza e de Klein, embora derivadas de diferentes conjuntos de suposições, compartilhavam a característica de que a quinta dimensão não poderia ser observada diretamente. Klein explicou esse aspecto por meio de uma suposição segundo a qual a quinta dimensão está enrolada em um círculo tão minúsculo que jamais poderia ser detectada. Seu tamanho seria da ordem do comprimento de Planck, menos de um quadrilionésimo de quadrilionésimo de metro, a escala em que o espaço torna-se difuso. Usando uma linguagem desenvolvida logo depois de Klein ter apresentado sua proposta, o Princípio da Incerteza torna indistintas as posições dos pontos sobre o círculo, que estão sujeitos às regras quânticas por causa do seu tamanho extremamente pequeno. É como observar, da janela de um avião, um tubo longo e cilíndrico no chão, não se podendo discernir sua largura, e se pensando que se trata apenas de uma linha reta desenhada ao longo da paisagem. Propostas de unificação que tenham, pelo menos, uma minúscula dimensão compacta adicional são, por isso, conhecidas como teorias de Kaluza-Klein.

Na década de 1930, Einstein e dois de seus assistentes de pesquisa, Peter Bergmann e Valentine Bargmann, tentaram estender a relatividade geral introduzindo uma quinta dimensão de modo a incorporar o eletromagnetismo, juntamente com a gravidade. Apesar do gênio de Einstein e das habilidades matemáticas extraordinárias, bem como das percepções aguçadas, de seus assistentes, seus esforços concentrados foram infrutíferos. Para tornar as coisas ainda mais complicadas, enquanto eles estavam se esforçando para unificar duas forças, outros físicos estavam mapeando mais duas, que ficariam conhecidas como interações forte e fraca. Portanto, a unificação passaria a exigir uma teoria que fundisse um quarteto de forças, e não apenas um dueto.

Superteorias para o Resgate!

Tentativas de unificação que trabalham com dimensões superiores tomaram um pouquinho mais de fôlego durante as décadas da metade do século XX. Quando Weinberg, Salam e Glashow conseguiram casar o eletromagnetismo com a força fraca na década de 1960, um terraço convencional do espaço-tempo ofereceu espaço suficiente para o novo casal. Porém, muitos teóricos logo reconheceram que não seria um espaço suficiente para um quarteto. O modelo-padrão da física de partículas não poderia acomodar uma descrição quântica da gravidade. Essa compreensão levou a um renascimento das teorias de Kaluza-Klein nas décadas de 1970 e 1980, agora requisitadas pelas teorias das supercordas e da supergravidade, cada uma delas incluindo a gravidade.

Logo depois da emergência da teoria das supercordas como uma potencial "teoria de tudo", surgiram dúvidas que indagavam se ela tinha flexibilidade suficiente, uma vez que incluía tantas opções. Por exemplo, cordas poderiam ser abertas (ambas as extremidades soltas, como espaguete) ou fechadas (extremidades conectadas em um *loop*, como tortellini). Cada variação oferecia teorias confiáveis. Estas foram classificadas em vários tipos, baseados nas simetrias de como elas se transformam de acordo com um ramo da matemática chamado teoria dos grupos. A teoria de Tipo I inclui cordas abertas e fechadas. As dos Tipos IIA e IIB representam variações envolvendo apenas cordas fechadas. Há também dois tipos heteróticos, o heterótico-O e o heterótico-E, cada um deles envolvendo cordas fechadas transformando-se de diferentes maneiras.

Heterótico é um termo da biologia e significa cruzamento que oferece qualidades superiores para a prole. Na teoria das cordas, é um híbrido de vibrações de cordas bosônicas se movendo em um sentido e de vibrações de supercordas se movendo no sentido oposto (esquerda *versus* direita ou sentido anti-horário *versus* sentido horário) sem interagir uma com a outra. A existência de dois sentidos coincide perfeitamente com a quiralidade ou "estado destro ou canhoto" da natureza, como se vê em processos que têm variações que se distinguem como imagens de espelho.

Em paralelo com o desenvolvimento das teorias das cordas e da supersimetria, vários grupos de físicos, entre os quais se destacam Sergio Ferrara, Daniel Z. Freedman e Peter van Nieuwenhuizen da Universidade de Stony Brook, desenvolveram uma extensão supersimétrica da relatividade geral chamada supergravidade. Embora a primeira teoria da supergravidade fosse desenvolvida em quatro dimensões, em 1978 os físicos franceses Eugene Cremmer, Bernard Julia e Joel Scherk logo a estenderam em uma teoria de onze dimensões de modo a produzir um conjunto de campos que combinavam mais estreitamente com o modelo padrão da física de partículas. Como eles demonstraram, as sete dimensões adicionais podiam ser compactadas, tornando-se não observáveis ao serem consideradas como minúsculos *loops* ao longo das linhas da proposta de Klein. Em 1981, o físico Ed Witten mostrou que teorias unificadas que incluíssem os grupos de simetria do modelo-padrão exigiam pelo menos onze dimensões, o que deu um impulso a essa versão de supergravidade.

Inicialmente, a supergravidade parecia ter uma vantagem sobre as supercordas, uma vez que ela se baseava em partículas punctiformes familiares e, sendo assim, era mais semelhante às teorias dos campos existentes, como o modelo eletrofraco (a unificação bem-sucedida do eletromagnetismo com a interação fraca, realizada por Weinberg, Salam e Glashow). Ela representava mais de uma extensão do conceito de longa data a respeito de como as partículas interagem, em vez de uma substituição da ideia de partícula punctiforme por vibrações energéticas. Por outro lado, as teorias dos campos envolvendo partículas punctiformes requerem um processo de cancelamento especial chamado renormalização para eliminar termos infinitos. Esses termos aparecem porque partículas punctiformes têm tamanho infinitesimal. A divisão por 0 (o tamanho de uma partícula punctiforme) cria um problema. Por mais que tentassem, os teóricos não puderam renormalizar satisfatoriamente a supergravidade. As cordas, por outro lado, têm proporções finitas e, portanto, não necessitam de renormalização. Essa característica permitiu-lhes assumir a liderança entre as possíveis teorias de tudo.

A primeira revolução das supercordas ocorreu em 1984, quando Schwarz e Michael Green, então no Queen Mary College, em Londres, demonstraram que a teoria das supercordas do Tipo I está matematicamente correta e pode ser expressa livre de certos termos indesejados chamados anomalias. Em conformidade com isso, físicos de destaque como Witten saltaram para dentro do vagão das supercordas, e muitos outros teóricos o seguiram, lançando toda uma indústria envolvendo professores, pós-doutorados e estudantes de pós-graduação em todo o mundo. Logo depois, graças a teóricos como David Gross, Jeffrey Harvey, Emil Martinec e Ryan Rohm, os vários tipos de teoria das cordas brotaram como orquídeas multicoloridas em um jardim tropical.

Outros físicos, como Michael Duff, Gary Gibbons e Paul Townsend, começaram a explorar o que aconteceria se cordas unidimensionais fossem substituídas por membranas bidimensionais ou de dimensão superior. Em vez de formas de espaguete, filamentosas, elas foram atualizadas para superfícies flexíveis semelhantes ao ravióli. Essas membranas *chefs* produziram uma mistura saborosa — embora os apetites tivessem de mudar primeiro, em outra revolução, antes que os outros descobrissem que esses eram deliciosos.

Como todas as variedades de cordas se relacionam umas com as outras, com a supergravidade e com as membranas? Identificar tais conexões foi o resultado da segunda revolução das supercordas, também conhecida como a revolução da teoria-M. A expressão "teoria-M" foi cunhada por Witten durante uma palestra em uma conferência sobre pesquisas em 1995, quando ele descreveu como todos os cinco tipos de supercordas poderiam ser unidos em uma teoria de onze dimensões, que se reduzia à supergravidade em seu limite de baixa energia e que incluía membranas, assim como cordas. Witten se recusou a dar uma definição que explicasse claramente o que significava o "M", sugerindo "membrana", "matriz" e "mágica" como possibilidades. Os defensores a chamaram de a "mãe de todas as teorias", enquanto, como Witten admitiu, os críticos declararam que ele é "melancólico" (*murky*).

Embora a teoria-M tenha sido apresentada como uma maneira de unificar a teoria das cordas, isso não estreitou a sua gama de previsões. As possibilidades abrangidas pelas teorias das cordas e das membranas dispararam para as alturas em caos matemático. Com mais de 10^{500} possíveis estados de vácuo, como se estima, quem poderia chamar a teoria das cordas de simples? Embora a abordagem da paisagem de Susskind ofereça uma tentativa de explicar como a mais bem adaptada teoria das cordas veio a evoluir a partir das miríades de possibilidades, como vimos, ela tem muitos críticos que acham o raciocínio antrópico e/ou a inflação eterna insípidos em sua referência a realidades não observáveis. Alguns teóricos, como Lee Smolin, ainda não se convenceram de que a teoria-M oferece um autêntico passo para a frente, e pede para que se procurem alternativas, como uma abordagem chamada de gravidade quântica em laços. No entanto, a teoria--M tornou-se uma fonte de especulações em cosmologia, em particular graças ao seu conceito de mundos branas.

O Filamentoso e as Branas

Em 1989, Jin Dai, R. G. Leigh e Joseph Polchinski, trabalhando na Universidade do Texas, em Austin, e, independentemente deles, o teórico tcheco Petr Hořava descobriram que um tipo particular de membrana, chamada de brana de Dirichlet, abreviado para D-brana, age como um ponto final para as pontas soltas das cordas abertas. A D-brana serve como uma espécie de papel mata-moscas, colando ambas as extremidades de cordas abertas em sua parede pegajosa. Cordas fechadas, por outro lado, não se colam a D-branas e podem se aventurar para longe delas. Como os grávitons são representados por cordas fechadas e como outras partículas de matéria e de energia são representadas por cordas abertas, a aderência às D-branas ofereceu uma distinção natural entre a gravidade e as outras forças naturais. Essa diferença foi notada em um artigo escrito por Hořava e Witten,[3] os quais sugeriram que todas as partículas conhecidas, exceto os grávitons, estão ligados a uma D-brana. Dentro dessa D-brana elas estão livres para se mover, mas não podem escapar da própria brana.

Posteriormente, uma equipe de físicos da Stanford — Nima Arkani-Hamed, Savas Dimopoulos e Georgi (Gia) Dvali (colaborando em um artigo com Ignatius Antoniadas) — consideraram essa distinção como uma maneira promissora de se resolver um dilema de longa data conhecido como o problema da hierarquia. O problema da hierarquia é a questão do porquê a gravidade é muito mais fraca do que as outras forças naturais. Por exemplo, na escala atômica, o eletromagnetismo e a interação fraca (a força que causa certos tipos de decaimento radioativo) são trilhões de trilhões de vezes mais fortes que a gravidade.

É estranho pensar na gravidade como fraca, especialmente quando se carrega malas pesadas ou se desloca móveis. No entanto, quando levantamos algo, estamos contrabalançando a força gravitacional total de toda a Terra. Um experimento simples demonstra a relativa fraqueza da gravidade. Espalhe tachinhas de aço sobre uma mesa e pegue um ímã de geladeira. Então, segurando o ímã acima das tachinhas, você pode competir com a gravidade da Terra para ver qual é mais forte. As possibilidades são a de que o pequeno ímã baterá a Terra, mesmo com a vantagem de o planeta ser o nosso lar.

A proposta, apresentada em 1998, por Arkani-Hamed, Dimopoulos e Dvali, conhecida como modelo ADD, tenta resolver o problema da hierarquia por meio da ideia de que todo o universo observável está dentro de uma D-brana tridimensional. Outra brana se encontra paralela à nossa, apenas 0,1016 centímetro de distância de nós. Representadas por cordas abertas, as partículas de luz e matéria estariam presas na nossa brana e nunca poderiam ter acesso à outra. Consequentemente, nunca poderíamos ver ou tocar a brana paralela apesar de ela estar mais perto de nós do que a ponta do nosso nariz. De maneira semelhante, não poderíamos ter acesso ao espaço, chamado de *bulk*, entre as duas branas. As únicas partículas que poderiam ter acesso ao *bulk* seriam os grávitons, pois eles consistiriam em cordas fechadas. Livres para permear o *bulk*, as partículas portadoras da gravidade seriam assim diluídas, explicando por que essa força é tão mais fraca do que as outras (confinadas à nossa brana).

A equipe ADD, juntamente com o físico de Stanford Nemanja Kaloper, seguiu a sugestão original deles com uma imaginativa solução para o enigma da matéria escura — o mistério do material invisível que só pode ser detectado por meio de seus puxões gravitacionais. Naquilo que eles chamaram de "Universo de Muitas Dobras", eles imaginaram que nossa brana está dobrada como um jornal colossal, com o *bulk* representando a fina camada entre as "páginas". Sobre cada folha estariam galáxias e outros objetos astronômicos cuja presença nós detectaríamos de duas maneiras — por meio de sua luz (de natureza óptica e outros tipos de radiação) e por meio de suas influências gravitacionais. Como a luz precisaria se insinuar em seu caminho através de todas as dobras da nossa brana, mas a gravidade poderia nos dar um atalho através do *bulk*, haveria casos de galáxias distantes, invisíveis, puxando matérias mais próximas, visíveis. Creditaríamos tais influências invisíveis à matéria escura, enquanto elas fossem objetos reais e brilhantes que residem em outras dobras da brana.

Teorias nas quais acontece de o nosso universo residir em uma D-brana passaram a ser conhecidas como mundos branas. Houve outras sugestões desde a proposta do modelo ADD. Entre essas, temos a proposta de Lisa Randall e Raman Sundrum, para a qual o *bulk* é um espaço deformado anti-de Sitter. Com a constante cosmológica negativa do *bulk* ajudando a equilibrar a energia do vácuo da brana, o modelo de Randall-Sundrum é uma solução potencial altamente considerada para o problema da constante cosmológica.

Rodas Cósmicas

A proposta do universo cíclico de Steinhardt-Turok usa a noção de mundos branas para tentar explicar de onde surgiu a energia do Big Bang. As noções de que o Big Bang teve uma causa e de que houve ciclos antes dele têm uma história venerável. Ideias cíclicas mais antigas, em especial uma proposta de 1931 feita pelo físico Richard Tolman, geralmente contavam com cosmologias fechadas — aquelas que finalmente levariam a uma recontração até um ponto, em uma Grande Implosão (Big Crunch). Usando o modelo fechado de Friedmann, sem uma constante cosmológica, Tolman imaginou um Big Bang seguindo as pegadas de um Big Crunch, desencadeado pelas enormes energias geradas no colapso. Assim, a matéria e a energia do universo seriam recicladas. O próximo Big Bang acabaria por terminar em outro Big Crunch — um padrão que se repete incessantemente por toda a eternidade. Consequentemente, o tempo não teria nenhum verdadeiro começo nem fim. Ninguém precisa saber como tudo surgiu.

Há dois grandes problemas com o modelo do universo oscilante, como o cenário de Tolman é chamado. O próprio Tolman identificou o primeiro deles: o acúmulo de entropia em cada ciclo. Embora a própria energia esteja ávida para ser completamente reciclada, ela tem o hábito desperdiçador de, durante muitos processos, converter uma parte de si mesma em forma não utilizável. Embora a primeira lei da termodinâmica determine a conservação de energia, a segunda lei garante que os sistemas naturais fechados não podem reduzir sua entropia total. Em essência, isso significa que as coisas tendem a se desgastar.

Considere, por exemplo, uma casa de madeira pintada. Se os seus proprietários não a conservarem, ao longo do tempo a pintura vai descascar e a madeira apodrecerá. As persianas poderão cair, e as janelas racharem e perderem suas formas. Sua estrutura poderia começar a ceder e a desabar no solo. Só a intervenção humana poderia preservá-la; a natureza estaria lentamente levando-a à ruína. Tais são os estragos que o aumento da entropia produz.

Segundo os cálculos de Tolman, o universo não seria uma exceção. A cada ciclo, haveria um acúmulo de entropia, tornando os ciclos consecutivos cada vez mais longos. Ao olhar para trás no tempo, isso significa que as oscilações do passado eram mais e mais curtas, originando-se de um evento criativo original. Em essência, portanto, como um relógio movido a bateria, sem nenhuma fonte de energia de reposição, o universo oscilatório de Tolman não faz o seu tique-taque para sempre e, portanto, não satisfaz aqueles que esperam que o universo seja eterno.

A segunda questão (que, naturalmente, Tolman, que morreu em 1948, não poderia ter conhecido) é que, devido à aceleração medida do espaço, sua contração até um ponto é improvável. Não é *impossível* que a intensidade da energia escura, algum dia, diminuirá, e que as galáxias se tornarão palco de uma reunião de muitos bilhões de anos. No entanto, considerando-se a hostilidade observada das galáxias, evidenciada no seu movimento constante de afastamento acelerado umas das outras, é improvável que a sua rede social superluminal esteja cheia de planejamentos atualizados para esse próximo evento.

Portanto, dada a aceleração cósmica, os modelos cíclicos, como os de Tolman, que são baseados em um Big Crunch, suavemente se transformando em um novo Big Bang, não são mais fisicamente realistas. Como resultado, o modelo de Steinhardt-Turok não conta com o recolapso de um universo fechado para criar as condições para uma nova era. Pelo contrário, ela imagina um cosmos plano, acelerando-se em sua expansão e continuando a esfriar até atingir condições frias e vazias. Só então, enormes quantidades de energia inundarão o espaço a partir de um encontro catastrófico com uma brana vizinha e isso regenerará o universo.

Fogo e Gelo

A primeira cosmologia dos mundos branas, proposta em 2001 por Steinhardt, Turok, Khoury e Ovrut, tinha um nome um tanto esotérico: o universo ecpirótico. *Ekpyrosis*, a antiga palavra grega para conflagração, foi usada na tradição estoica para descrever a violenta destruição do cosmos que marcou o fim de um ciclo e o início do ciclo seguinte. Os pesquisadores apresentaram a hipótese segundo a qual a energia produzida em uma colisão entre a nossa brana e uma brana vizinha iria se transformar na caótica sopa primordial familiar de partículas elementares. O universo começaria plano e homogêneo por causa do caráter suavizante dessa energia.

Ligeiras diferenças nos tempos em que a colisão ocorreria ao longo de diferentes partes da nossa brana levariam às primitivas variações de densidade. Essas diferenças de tempo teriam por causa flutuações quânticas. O resultado seria um padrão desigual de impactos. É como dois automóveis colidindo e arrancando pedaços um do outro em vários pontos aleatórios das suas carcaças enquanto gritam até parar. Cada automóvel exibirá sinais de impacto e arranhões desiguais.

Para o universo primitivo, as variações de densidade primordiais formariam as sementes gravitacionais que viriam a aglomerar a matéria e, finalmente, levariam às estruturas conhecidas como galáxias. Em resumo, o modelo replicaria a era do Big Bang sem uma singularidade inicial (ponto de densidade infinita marcando o início do tempo), e reproduziria os resultados inflacionários sem a necessidade de um multiverso borbulhante.

Khoury relata como Steinhardt, Turok e Ovrut começaram a moldar os rudimentos de uma cosmologia baseada em branas durante uma viagem de trem na Inglaterra:

> Infelizmente, eu não fiz parte desse famoso passeio de trem, mas a história, conforme eu a conheço, é que Burt, Paul e Neil foram participar de uma conferência em Cambridge, no Reino Unido. Burt havia proferido uma palestra sobre suas recentes pesquisas descrevendo a possível fusão de branas na teoria-M e a física de partículas associada. Paul e Neil "encurralaram" Burt no fim da palestra e perguntaram a ele o que aconteceria se essas branas colidissem

cosmologicamente. A sessão da "tempestade de branas"* ocorreu pouco tempo depois, quando os três compartilharam um passeio de trem de Cambridge a Londres.[4]

Logo, Steinhardt e Turok perceberam que poderiam enquadrar a ideia de colisão de mundos branas de tal forma que isso poderia levar a uma sucessão interminável de ciclos. O universo cíclico, como chamavam o modelo estendido, representaria um choque entre a nossa brana e outra, e que ocorreria em ciclos de cerca de um trilhão de anos. Isso tornaria o tempo infinito e removeria a necessidade de explicar como o universo surgiu.

Vamos imaginar o estado do universo de um trilhão de anos atrás, antes de as branas colidirem. A energia da interação entre as duas branas que se aproximam iria acelerar as galáxias então existentes e tornar o espaço homogêneo e plano. O cosmos ficaria cada vez mais frio e mais diluído. O espaço se estiraria cada vez mais. Assim, antes do evento que chamamos de Big Bang, o cosmos já seria suave e regular. Não haveria necessidade de inflação posterior para fazer o trabalho.

Então, 13,75 bilhões de anos atrás, a colisão gigantesca ofereceria uma explosão de energia que varreria para fora da existência todos os remanescentes do ciclo anterior — em outras palavras, o Big Bang. Então, as branas recuariam, oferecendo uma prorrogação para a aceleração. Novas partículas nasceriam da energia de colisão, evoluindo nos familiares núcleos atômicos, átomos, estrelas, galáxias e outros objetos astronômicos atuais. No entanto, no final, a energia interbrana acabaria por imprimir um novo chute, constituindo uma energia escura que faz com que as galáxias se acelerem novamente. O padrão se repetiria incessantemente.

Embora Steinhardt estivesse inicialmente hesitante em descartar a teoria da inflação em favor do modelo cíclico, referindo-se a essa última apenas como sendo uma alternativa, ele passou a enfrentar problemas filosóficos cada vez maiores com a inflação. Quando se mostrou que a inflação poderia despontar em qualquer momento da história do cosmos, produzindo miríades de universos-bolhas espalhados por um imenso multiverso, ele começou a duvidar de seu valor preditivo.

---

* No original, "brane-storming", trocadilho com "brain-storming", tempestade de ideias provocada deliberadamente para ajudar a solucionar um problema ou uma situação. (N.T.)

Em observações preparadas para uma conferência de 2004, em Santa Monica, ele e Turok declararam:

> Em modelos como a inflação eterna, a probabilidade relativa de estarmos em uma região ou em outra não está bem definida, pois não há um fatiamento de tempo único e, portanto, não há uma única maneira de avaliar o número de regiões ou os seus volumes. Almas corajosas começaram a trilhar por esse caminho, mas parece-nos provável que isso acabará arrastando uma bela ciência em direção às mais negras profundezas da metafísica.[5]

Em uma conferência em 2009, na Filadélfia, Steinhardt comentou que a incapacidade da inflação eterna para calibrar a probabilidade de que o universo observável está em um determinado estado remove uma das principais razões pelas quais o modelo inflacionário foi originalmente proposto. Supunha-se que ele predissesse um universo isotrópico plano, mas agora que se mostrou que ele operava eternamente, produzindo um labirinto interminável de sempre crescentes universos-bolhas, tal previsão (ou qualquer outra coisa que pudesse ser dita a respeito do nosso setor do espaço) seria mal definida. Referindo-se à conjectura de Guth de que "qualquer coisa que possa acontecer acontecerá", Steinhardt afirmou que não haveria nenhuma maneira objetiva de determinar a probabilidade de que o universo observável possua qualquer conjunto particular de condições.

"Começamos com uma teoria que era intensamente preditiva e terminamos com isso", ele comentou. "A inflação não explica por que o universo é plano. Tudo o que ela tem feito é mudar a escala. Creio que esse é um problema sério. Acho que é interessante e importante que não tenhamos esse tipo de problema com o vigoroso quadro".[6]

Embora a proposta de Steinhardt-Turok tenha estimulado muitas discussões em conferências de cosmologia, a ideia de uma era inflacionária tornou-se parte integrante da narrativa de como o universo se desenvolveu. Em particular, sua previsão de que flutuações quânticas, explodindo em uma enorme escala, formaram as sementes da estrutura, foi confirmada repetidamente em levantamentos de dados astronômicos, inclusive com a ajuda da WMAP. No entanto, até que o mecanismo específico que levou a uma era inflacionária seja revelado, e a emaranhada e confusa mistura de universos ramificados se desenredem, o debate a respeito de alternativas para a inflação, sem dúvida, continuará.

Enquanto isso, outra questão relacionada com a criação de estrutura no universo proporcionou impulso a inúmeros experimentos. A formação da estrutura requer matéria suficiente para a aglomeração gravitacional. No entanto, o "grosso" da massa necessária não pode ser visualmente observada, mas apenas detectada por meio de seu invisível puxão gravitacional. Qual é a identidade secreta dessa misteriosa matéria escura?

8

O Que Proporciona Estrutura ao Universo?

A Procura pela Matéria Escura

Nossa existência é apenas uma breve fresta de luz entre
duas eternidades de escuridão.

— VLADIMIR NABOKOV, *SPEAK, MEMORY: AN AUTOBIOGRAPHY REVISITED*

O mundo em que vivemos nossa vida cotidiana é feito de átomos. Eles são o material que forma tudo, do mais ínfimo ácaro às mais altas sequoias e de xícaras de café javanês a lava derretida. Corpos astronômicos conhecidos — planetas, estrelas, asteroides e cometas — são compostos de material atômico. Até mesmo os buracos negros são feitos de material atômico esmagado, pulverizado para além do reconhecimento. No entanto, os átomos constituem apenas 4,6% do universo observável. Os outros 95,4% são um mistério.

Resultados coletados pela sonda WMAP mostraram que cerca de 23% do universo é composto de matéria invisível (a qual, ainda por cima, é minimizada por mais de 72%, que constituem a energia escura). No entanto, o progresso na determinação do que constitui essa esquiva matéria escura tem sido arduamente lento.

O astrônomo suíço Fritz Zwicky descobriu a matéria escura na década de 1930 ao examinar o comportamento do Aglomerado de Coma, uma coleção de milhares de galáxias localizadas a mais de 300 milhões de anos-luz de distância da Terra. (Lembre-se de que um ano-luz mede cerca de 9,5 trilhões de quilômetros.) Depois de medir as velocidades das galáxias no aglomerado, ele calculou a quantidade de massa que ele precisaria ter para pilotá-las ao longo de suas trajetórias. Isto é semelhante a examinar a órbita de Júpiter no Sistema Solar, calculando a força gravitacional necessária para mantê-lo nessa trajetória e, em seguida, descobrir que massa o Sol precisa ter para gerar essa força. Embora, no caso do Sistema Solar, a estimativa de massa acertaria bem no alvo, no caso do Aglomerado de Coma, Zwicky descobriu uma enorme discrepância entre o seu cálculo baseado nas velocidades das galáxias e outro que ele fez baseado na quantidade de luz que todas as galáxias irradiam. Notavelmente, a massa do Aglomerado de Coma, que fornece sua "cola" gravitacional, era constituída por uma massa dez vezes maior que a quantidade de massa que efetivamente irradia luz. Zwicky apresentou então a hipótese de que a maior parte da massa presente no aglomerado era constituída de material invisível, que ele chamou de "matéria escura".

Na época de Zwicky, o estudo das galáxias e dos aglomerados estava em sua infância. As ideias de Zwicky eram muitas vezes controversas — ele era conhecido por ser um rabugento — por isso, talvez, não é surpreendente que suas descobertas tivessem provocado o içamento de algumas bandeiras vermelhas. Demorou algum tempo até que uma astrônoma de mente aberta e despretensiosa, Vera Rubin, do Carnegie Institution of Washington, decidisse aceitar o desafio de entrar no fogo cruzado na década de 1970, quando descobriu resultados extraordinários sobre o comportamento de estrelas localizadas fora dos limites exteriores das próprias galáxias. Juntamente com Kent Ford, Rubin plotou as velocidades das estrelas nas regiões periféricas de galáxias espirais e ficou perplexa ao descobrir que elas giravam em torno dos centros dessas galáxias com velocidades muito maiores que seria de esperar. Surpreendentemente, sua plotagem das velocidades estelares *versus* distâncias radiais mostrou-se nivelada, significando que as estrelas exteriores e as estrelas interiores orbitavam com as mesmas taxas. Esse fenômeno contrariava enfaticamente o que acontecia no Sistema Solar, onde os planetas exteriores, como Netuno e Urano, giram muito mais lentamente do que os planetas mais próximos do Sol, como Júpiter, Marte, Terra e os planetas interiores. Embora as velocidades orbitais dos planetas no Sistema Solar diminuam com a distância radial, as velocidades orbitais das estrelas em galáxias espirais permanecem tão equiparáveis às das próprias galáxias como se fizessem parte de um mesmo platô. Materiais invisíveis pareciam estar dando às estrelas exteriores um impulso extra.

Estranhamente, nas últimas décadas os astrofísicos estão conseguindo registrar a influência fantasmagórica da matéria escura com precisão cada vez maior, embora continuem sem saber o que ela é. É como se pudessem recorrer a sensores cada vez mais aperfeiçoados para revelar onde e quando um *poltergeist* está se movendo em torno das mobílias de uma casa. Com o tempo, você poderia esperar que o *poltergeist* tivesse maneiras características para se introduzir na casa.

A melhor maneira de mapear a presença de massa envolve uma técnica chamada de lente gravitacional. Com base na noção de Einstein de que a matéria deforma o espaço e, assim, dobra as trajetórias dos raios de luz, esse método consiste em olhar para as distorções na imagem dos objetos de fundo (por exemplo, as galáxias) causadas por corpos situados na vizinhança imediata, e que poderiam não ser visíveis diretamente. Essas distorções poderiam ser tão óbvias quanto imagens duplas ou tão sutis quanto um leve tremor na intensidade luminosa, à medida que uma massa de matéria escura intervenha no caminho entre o objeto luminoso e nós. Recentemente, um grupo de astrofísicos do Japão e de Taiwan aplicou uma variação dessa técnica a aglomerados de galáxias bilhões de anos-luz distantes de nós. A equipe demonstrou que a matéria escura em torno delas é elíptica (em forma de charuto), e não esférica, como alguns pesquisadores teorizaram anteriormente.

A lente gravitacional tem sido utilizada para estudar MACHOS (Massive Compact Halo Objects, Objetos Massivos e com Halos Compactos) na periferia das galáxias. Tais estrelas desvanecentes ou extintas — que incluem anãs quase apagadas e objetos semelhantes — podem representar uma determinada medida da matéria escura no espaço. No entanto, os estudos têm convergido para o fato de que, a menos que a lei da gravidade seja modificada, uma parcela imensa de matéria escura ocorre na forma de partículas invisíveis. A pergunta premente é: "O que são essas partículas?"

Um detetive que tentasse alcançar a compreensão da natureza dessas supostas partículas que compõem a matéria escura teria várias pistas com as quais pode trabalhar. Qualquer matéria que nunca emite luz de qualquer tipo deve ser eletricamente neutra. Se não o fosse, a teoria eletromagnética nos diria que as cargas no seu interior seriam obrigadas, sob muitas circunstâncias, a liberar fótons. Grande parte do jardim zoológico de partículas exibe sua carga como um vaidoso pavão — cores piscando (ou radiações invisíveis, conforme o caso), durante seu movimento — e, por isso, o detetive precisa se concentrar em criaturas mais tímidas, que não têm carga. Se você não pode ver a matéria escura, ou, em outras palavras, se não pode detectar sua radiação eletromagnética, ela não pode ser uma partícula que emite luz de qualquer tipo.

Além da neutralidade elétrica, outro critério seria uma falta de resposta à interação forte. A força forte serve como um poderoso agente de ligação que mantém prótons e nêutrons, nos elementos superiores, trancados nos núcleos atômicos. Se partículas de matéria escura fossem comuns e pudessem interagir por meio da interação forte, elas afetariam as substâncias comuns de maneira perceptível. O fato de que nós não podemos detectar facilmente as partículas de matéria escura em qualquer lugar aqui na Terra implica que elas são impermeáveis à força forte.

Isso nos deixa com duas das quatro forças naturais: a interação fraca e a gravidade. Um detetive da matéria escura seria sensato se pretendesse alojar partículas comuns, neutras, que interagem por meio da força fraca. Um dos principais candidatos a culpado seria, por isso, o humilde neutrino, um dos mais leves e mais abundantes tipos de partículas conhecidas. Os neutrinos ocorrem em três tipos diferentes, ou "sabores": neutrinos do elétron, neutrinos do múon e neutrinos do tau. Como membros da classe de partículas denominadas léptons, eles respondem à interação fraca, mas não à interação forte. Supondo que tenham massa, eles também interagem por meio da gravidade.

Neutrinos de Sabores Variáveis

O modelo-padrão da física de partículas, que surgiu a partir do sucesso da teoria eletrofraca (que não deve ser confundido com o modelo-padrão da cosmologia, que lida com o próprio universo) trata os neutrinos como se eles fossem completamente destituídos de massa. Se for esse o caso, eles não poderiam ser fontes gravitacionais. Partículas sem massa não podem impulsionar materiais comuns por meio de influência gravitacional. As partículas de matéria escura precisam ter pelo menos alguma massa, portanto, para realizar suas proezas, como a de ser capazes de pilotar estrelas.

No entanto, como o teórico italiano Bruno Pontecorvo foi o primeiro a conjecturar, se os neutrinos são capazes de se transformar de um sabor em outro (o que de fato eles podem fazer, em um processo denominado oscilação de neutrinos), eles devem possuir, pelo menos, alguma massa. Dada a abundância de neutrinos no espaço, qualquer massa que eles carreguem acabaria por se somar em uma contribuição de grande peso, mas difícil de detectar, ao conteúdo material do universo.

A jornada de vida de Pontecorvo teve muitas reviravoltas. Nascido em Pisa, em uma família judaica, ele viajou a Roma em 1934 para trabalhar com Enrico Fermi. Quando o governo fascista que governava a Itália na época aprovou leis antissemitas, Pontecorvo fugiu para a França. Depois, passou a viver nos Estados Unidos e no Canadá, onde se envolveu em projetos atômicos secretos durante a Segunda Guerra Mundial. Prosseguiu com suas pesquisas nucleares no Instituto de Pesquisas sobre a Energia Atômica, em Harwell, perto de Oxford, na Inglaterra. Alarmando o Reino Unido e outros governos ocidentais, ele desertou, fugindo para a União Soviética em 1950. Mais tarde, afirmou que tinha feito uma escolha tola ao acreditar que a ideologia do governo soviético tinha base científica e levaria a uma sociedade utópica. Lamentou a ingenuidade em que baseou seu julgamento político.

No entanto, ninguém seria capaz de questionar o bom senso de Pontecorvo na área da física. Um crescente corpo de evidências experimentais oferece suporte à sua hipótese de oscilação de neutrinos. Em 1998, uma equipe internacional de cientistas vindos do experimento Super-Kamiokande (Super-K), que tinha base no Japão, anunciou diferenças entre as quantidades de neutrinos do múon com movimentos ascendente e descendente detectados em um aparelho de detecção subterrâneo. Embora as partículas com movimento ascendente atravessassem quase toda a Terra em seu caminho para o detector, as partículas que se movimentavam para baixo chegavam mais diretamente a partir da atmosfera. A equipe descobriu menos neutrinos do múon em movimento ascendente, o que corresponde às previsões teóricas de que certa fração havia se transformado no caminho para o detector.

Não muito longe de onde Pontecorvo havia estudado, uma rodovia serpenteia de Roma até a costa do Adriático, onde a vela e outras atividades aquáticas são esportes populares no verão. Os turistas que retornam à Cidade Eterna ao longo da rodovia A24 precisam passar por um túnel sob o Gran Sasso, o mais alto conjunto de picos dos Apeninos. Nas profundezas dessa passagem subterrânea, algumas pessoas poderão notar uma saída especial para um laboratório de física e eu me pergunto por que uma instalação científica estaria em um túnel rodoviário. Se houvesse um pesado congestionamento de tráfego, os cientistas que tentassem sair do laboratório para suas casas poderiam estar se perguntando a mesma coisa.

Laboratórios subterrâneos são ideais para a detecção de neutrinos. Espessas camadas de rocha servem como escudos perfeitos para bloquear outros tipos de partículas que não podem penetrar tão profundamente. A maioria dessas instalações está situada em minas convertidas — por exemplo, a Homestake Gold Mine, na Dakota do Sul, onde o físico Raymond Davis instalou o primeiro detector bem-sucedido de neutrinos. Isso significa que os cientistas geralmente precisam descer em elevadores — às vezes, os mesmos que antes eram usados pelos mineiros. É difícil levar equipamentos pesados para baixo. Dirigir até o laboratório é mais conveniente, mas a maioria dos automóveis (com exceção do de James Bond) não vem com dispositivos de perfuração da terra para permitir a passagem subterrânea.

Na década de 1990, o governo italiano imaginou a solução ideal (exceto, talvez, para o tráfego). Quando construiu o túnel rodoviário sob o limite ocidental de Gran Sasso, incluiu o Laboratório Nacional de Gran Sasso, uma extensa instalação subterrânea de física, como parte do projeto. Pesquisadores do neutrino podem experimentar os benefícios do bloqueio de raios cósmicos no mundo subterrâneo enquanto desfrutam rápidos passeios de Fiat até a praia para compensar a palidez da pele.

Desde 2008, físicos do CERN (Centro Europeu de Pesquisa Nuclear), nas proximidades de Genebra, de onde dista cerca de 724 quilômetros, fazem *lobbies* em Gran Sasso enquanto arremessam rajadas de partículas. Mais especificamente, o acelerador Supersíncrotron de Prótons, do CERN, tem produzido feixes de neutrinos do múon e os disparado diretamente contra a instalação subterrânea. Como os neutrinos viajam com velocidades próximas à da luz, a viagem leva apenas cerca de três milissegundos. O bombardeio não é uma briga de suíços contra italianos, nem é uma questão de ciúme sobre a proximidade da praia. Pelo contrário, trata-se de um experimento extraordinário, conhecido como OPERA (Oscillation Project with Emulsion-tRacking Apparatus, Projeto [para o estudo de] Oscilações [de neutrinos] por meio de Aparelho para Rastreamento em Emulsão), que ofereceria a primeira prova direta de que neutrinos são capazes de mudar o seu sabor.

Em uma das câmaras dentro do Laboratório Nacional de Gran Sasso há um enorme detector consistindo em cerca de 150 mil tijolos sensíveis à luz, divididos por placas de chumbo e circundados por um sistema de rastreamento eletrônico. Durante três anos, os cientistas monitoraram o aparelho à procura de sinais de neutrinos do tau. Bilhões e bilhões de neutrinos do múon produzidos pelo CERN zuniram através do detector como se maciço terreno intermediário fosse transparente como o ar. Um devastador terremoto abalou a região de Gran Sasso em abril de 2009, matando mais de 300 pessoas na cidade vizinha de L'Aquila, mas o laboratório não sofreu danos e continuou o experimento.

Finalmente, em maio de 2010, Lucia Votano, diretora do Gran Sasso, anunciou o retumbante sucesso. Ela e os pesquisadores do OPERA ofereceram evidências críticas de que um neutrino do múon havia se convertido em um neutrino do tau durante sua extensa viagem. Provando que tais transformações são possíveis, eles mostraram que os neutrinos têm massa e que o modelo-padrão da física de partículas não está totalmente correto. Em conformidade com essa descoberta, eles mostraram que os neutrinos representam um candidato viável à matéria escura. (O OPERA, desde essa época, ganhou muita atenção da imprensa por causa de uma controvertida afirmação, feita em 2011, e mais tarde posta em dúvida por outros grupos, segundo a qual a equipe mediu neutrinos que se moviam com velocidade ligeiramente maior que a da luz.)

No entanto, o mistério da matéria escura está longe de ser resolvido por causa de outra qualificação de importância crucial. O tipo de matéria necessária para ajudar a criar estrutura precisa ter movimento relativamente lento. Os neutrinos voam de um lugar para outro, como beija-flores, e não podem qualificar-se como construtores de estrutura. Em vez disso, seria preciso que matéria escura *fria*, de compasso mais letárgico, fizesse o truque.

Candidatos-chave para a matéria escura fria são os que constituem a classe de partículas chamadas WIMPs (Weakly Interacting Massive Particles, Partículas

140

Massivas de Interação Fraca). Estas seriam partículas elementares massivas que responderiam à interação fraca e à gravidade, mas não ao eletromagnetismo nem à força forte. A insensibilidade das WIMPs ao eletromagnetismo — a força associada com a luz — explica a sua escuridão. Ao contrário dos neutrinos, essas seriam pesadas, lentas e capazes de ficar por aí durante um tempo suficiente para servir como partículas que promovem união.

Um terreno fértil para os candidatos a WIMPs foi cultivado por meio do conceito de supersimetria. Lembre-se que essa é a noção, estimulada pela teoria das cordas, de que cada partícula tem um companheiro com o tipo oposto de uma propriedade quântica denominada *spin*. Por exemplo, os squarks — na categoria de *spin* que os qualifica como bósons — são os parceiros supersimétricos dos quarks — na categoria de *spin* que os qualifica como férmions. Se esses companheiros supersimétricos, chamados superparceiros, tiverem as propriedades necessárias, eles poderiam muito bem estar nos céus, constituindo as fontes invisíveis da massa necessária para ajudar a impedir que as galáxias fujam em disparada. Quer esses superparceiros existam ou não, e quer sejam ou não as WIMPs há muito tempo procuradas, essas são perguntas que inflamam como fósforo a mente dos físicos à medida que eles planejam suas buscas.

As WIMPs têm representado o santo graal da cosmologia das partículas, pois essa descoberta explicaria muitíssimos aspectos da formação das estruturas no universo. Numerosas equipes, incluindo dois dos experimentos vizinhos do OPERA em Gran Sasso — o DAMA (DArk MAtter, Matéria Escura) e o XENON100 (nomeado em homenagem ao elemento químico xenônio), estão buscando fervorosamente evidências de tais partículas.

Will-o'-the-WIMPs*

Em fevereiro de 2010, uma equipe de pesquisadores do experimento CDMS II (Cryogenic Dark Matter Search, Busca por Matéria Escura Criogênica) no Laboratório Subterrâneo de Soudan, no norte de Minnesota, gerou manchetes e polêmica por ter anunciado que eles identificaram vários candidatos a WIMPs. A Soudan, uma antiga mina de ferro, oferece mais de 800 metros de rocha sóli-

---

* Trocadilho com *Will-o'-the-Wisp*, sinônimo de fogo-fátuo. (N.T.)

da para blindar experimentos de alta energia contra o dilúvio de raios cósmicos que se derrama através da atmosfera. Os experimentos de busca da matéria escura, incluindo o CDMS e o detector CoGeNT (Coherent Germanium Neutrino Technology, Tecnologia [de espalhamento] Coerente de Neutrinos [por núcleos de] Germânio), muito menor, estão situados em vários locais ao longo de todas as suas cavernas subterrâneas. O CDMS II apresenta uma série de cilindros do tamanho de copos de vidro de germânio e silício resfriados até uma temperatura extremamente fria, de um centésimo de grau Kelvin (acima do zero absoluto). Quando partículas colidirem, em um impacto esmagador, com um desses detectores, elas irão gerar uma carga elétrica e depositar sua energia no material. Ao registrar cargas e energias para numerosos impactos e comparando esses resultados com os perfis esperados para as WIMPs, a equipe do CDMS II descobriu dois candidatos possíveis. Embora eles parecessem apresentar algumas das características esperadas para as partículas da matéria escura, a equipe reconheceu que havia algo, como uma probabilidade em cinco, de que materiais radioativos que por acaso circundassem a caverna teriam produzido sinais que poderiam assim se disfarçar de WIMPs.

Duas semanas depois do anúncio do CDMS II, o grupo CoGeNT, encabeçado por Juan Collar, da Universidade de Chicago, relatou que a mão fantasmagórica da matéria escura também poderia ter tocado o seu aparelho. Usando um único detector de germânio na mina Soudan desde dezembro de 2009, eles constataram flutuações incomuns de energia que poderiam ter sido causadas por WIMPs de pouca massa. Em um artigo muito divulgado, Collar e seus colegas pesquisadores compararam a "ascensão da baixa energia" que descobriram a modelos teóricos (e a resultados de outras equipes) e concluíram:

> Em vista do seu aparente acordo com os modelos existentes para as WIMPs, com uma alegação e vislumbre de detecção de matéria escura em outros dois experimentos, é tentador considerar uma origem cosmológica. A prudência e experiências anteriores incitam-nos a continuarmos nosso trabalho até esgotarmos possibilidades menos exóticas.[1]

Logo depois, uma resposta mordaz a esses relatórios chegou sob a forma de resultados negativos do experimento XENON100 na Itália. Usando um detector preenchido com mais de 159 quilos de xenônio líquido no fundo do túnel do

Gran Sasso, uma equipe de pesquisadores coletou dados de partículas ao longo de todo o outono de 2009 em busca de evidências de WIMPs de pouca massa. Anunciados na primavera seguinte, esses resultados foram diametralmente opostos aos que foram relatados com base no experimento da mina Soudan. Com 90% de confiança, a equipe do XENON100 concluiu que seu detector não captou, em absoluto, nenhum evento que apontasse candidatos à matéria escura. Das duas uma, ou o furtivo espírito da matéria escura preferia as minas de Minnesota aos túneis dos Apeninos — o que seria estranho, pois o experimento DAMA, também realizado em Gran Sasso, tinha encontrado previamente indicações mais positivas — ou uma inconsistência escancarada precisava ser resolvida.

Do jeito que está, parece que os canadenses poderiam servir como árbitros nessa questão, já que o último local de experimentos de detecção de WIMPs foi Sudbury, em Ontário, enterrado no laboratório de física subterrâneo mais profundo do mundo. Mais de dois quilômetros abaixo do solo, a instalação do SNO-LAB (Sudbury Neutrino Observatory Lab, Laboratório Observatório de Neutrinos de Sudbury) está localizada em uma mina ativa de níquel. Como o próprio nome sugere, o centro foi originalmente usado para experimentos de observação de neutrinos. No entanto, com fundos do governo canadense, ele se expandiu em um refúgio plenamente desenvolvido para qualquer grupo empenhado na busca de partículas difíceis de encontrar vindas do espaço — inclusive as WIMPs. Embora os pesquisadores tenham de viajar descendo por um encardido poço de mina para chegar lá, depois de terem atingido a câmara subterrânea eles encontram um espaço de trabalho esterilizado e bem protegido, separado da atmosfera barulhenta, por milhares de metros de granito.

Em agosto de 2010, Collar começou a estabelecer-se lá para realizar a próxima fase da sua expedição de caça às WIMPs. Ele e sua equipe vinda do COUPP (Chicagoland Observatory for Underground Particle Physics, Observatório Subterrâneo para a Física de Partículas da Área Metropolitana de Chicago), trouxeram sensíveis detectores de câmara de bolhas projetados para rastrear quaisquer partículas desgarradas de matéria escura através dos rastros que elas deixam para trás. A câmara de bolhas é um recipiente com fluido claro, superaquecido (oscilando a uma temperatura imediatamente abaixo do seu ponto de ebulição) e que exibe rastros no vapor sempre que certos tipos de partículas atravessam a câmara e aquecem o líquido. Embora confiante em que ele seria capaz de reconhecer os traços de partículas candidatas, ele afirmou que qualquer bom experimentalista deveria questionar continuamente seus próprios resultados para se certificar de que todas as outras possibilidades foram descartadas. Como Collar certa vez observou:

> Tento ensinar os meus alunos que um bom experimentalista não precisa de nenhum crítico: ele é seu próprio pior inimigo. Se você não sentir um impulso sincero para desmascarar, testar e revisar as suas próprias conclusões, você deve mudar de profissão.[2]

Outra missão de busca de WIMPs, chamada de PICASSO (Project In Canada to Search for Supersymmetric Objects, Projeto Canadense para a Busca de Objetos Supersimétricos), também fez de SNOLAB o seu lar, e coleta seus dados nas profundezas do subsolo. O grupo CDMS também está considerando a possibilidade de se mudar para lá — o que estabeleceria ainda mais o local como uma das lojas de primeira grandeza voltadas para a caça de candidatos à partícula de matéria escura. Uma vez que a mina Creighton, onde está alojado o SNOLAB, é duas vezes e meia mais fundo que o Soudan, ele é muito mais eficiente no bloqueio de raios cósmicos intrusos.

Enquanto isso, a busca pelas WIMPs tem sido uma missão primordial de experimentos de quebra de partículas baseados no maior acelerador do mundo, o LHC (Large Hadron Collider, Grande Colisor de Hádrons), do CERN. Pesquisadores no LHC esperam encontrar evidências de partículas massivas que poderiam servir como componentes da matéria escura. Seus competidores incluem os superparceiros de massa mais leve previstos por certas teorias supersimétricas. Embora a supersimetria ainda não tenha sido confirmada, muitos físicos de alta energia esperam que suas partículas previstas representem os primeiros componentes da matéria escura fria a serem descobertos. A corrida é para saber se as primeiras WIMPs *bona fide* serão encontradas entre os detritos de quebradores de partículas ou nas marcas deixadas por raios cósmicos em detectores subterrâneos.

Um Detergente para a Matéria Escura

As WIMPs não são os únicos tipos de candidatos a matéria escura fria. Outro candidato, chamado de áxion, surgiu de uma tentativa para se limpar o modelo-padrão da física de partículas e remover uma injustiça marcante.

Os físicos gostam de limpar teorias que são manchadas por exceções óbvias. A simetria CP (Carga-Paridade) é uma regra segundo a qual uma partícula e uma imagem de espelho de sua versão carregada com carga oposta devem se comportar da mesma maneira. No entanto, nós, às vezes, verificamos que essa regra é violada. O modelo-padrão da física de partículas contém um mecanismo para explicar a violação da CP na interação fraca. Isso é uma coisa boa, uma vez que a violação da CP poderia justificar por que existe muito mais matéria do que antimatéria no universo hoje. No entanto, aqueles que esperam por uma teoria unificada que inclua a força forte, bem como a fraca, têm se chocado com a questão: "Por que a interação forte também não exibe violação da CP?" Para expressar isso de maneira mais positiva, se você considerar os quarks que participam da interação forte arremessando glúons de um lado para o outro, mude os jogadores de modo que as cargas sejam opostas às originais, e olhe para o jogo refletido em um espelho: ele parecerá o mesmo. Se as interações fraca e forte alguma vez estavam unidas, então por que os golpes da interação fraca permanecem baixos e sujos, quebrando a simetria CP sem qualquer escrúpulo, enquanto a interação forte conseguiu assimilar regras mais bem comportadas?

Em 1977, Helen Quinn e Roberto Peccei, ambos de Stanford, propuseram uma solução inovadora para o dilema da conservação da CP forte. Conhecida como a teoria da quebra de simetria de Peccei-Quinn, ela prevê que um campo suplementar introduz um termo matemático na cromodinâmica quântica (o principal modelo da interação forte), que anula um termo que viola a CP existente. Uma vez que os dois termos se cancelam para remover a imperfeição, a interação forte começa a parecer a mesma em um espelho, enquanto a interação fraca mantém sua aparência manchada. O físico Frank Wilczek, então na Universidade de Princeton, desenvolveu um modelo detalhado de como o novo campo surge e — em honra de sua capacidade para limpar a teoria — batizou-o de Detergente Áxion, um produto doméstico de lavanderia.

Os astrofísicos logo perceberam que as propriedades de certos tipos de áxions, supondo que eles de fato existam, os tornariam candidatos ideais à matéria escura. Por um lado, eles seriam eletricamente neutros e só raramente interagiriam com outros tipos de matéria. Embora, como os neutrinos, os áxions seriam extremamente leves, teorias sobre como eles são formados preveem que eles tenderiam a se agrupar, a se aglomerar e a se mover muito mais lentamente do que sua leveza poderia sugerir. Assim, em contraste com os neutrinos, volúveis e "quentes", os áxions seriam lentos e "frios", oferecendo, por meio de sua influência gravitacional combinada, um tipo resistente de andaime para o desenvolvimento de estrutura no cosmos.

Um modo de decaimento possível para os áxions sugere uma maneira de tentar caçá-los. Sob a influência de um forte campo magnético, um áxion poderia decair em dois fótons. A frequência dos fótons seria proporcional às suas energias, as quais (de acordo com o famoso mecanismo de conversão de massa em energia de Einstein $E = mc^2$) dependeriam da massa do áxion. Desse modo, os pesquisadores que procuram áxions poderiam montar um sistema com um campo magnético muito intenso e procurar a assinatura de fótons produzidos em determinadas frequências. As frequências esperadas para os fótons associados com o decaimento de áxions da matéria escura estariam na faixa que abrangeria ondas de rádio e micro-ondas.

O desenvolvedor pioneiro do método utilizado para procurar áxions é o físico Pierre Sikivie, da Universidade da Flórida. Em 1983, ele inventou um dispositivo chamado telescópio magnético de áxions, também conhecido como haloscópio magnético, que se tornou a base para a investigação dos áxions. Ele consiste em uma câmara especial, chamada de cavidade de ressonância (usada para desenvolver ondas eletromagnéticas) circundada por um poderoso ímã. Ele sugeriu esse instrumento como uma maneira de descobrir áxions vindos do halo de matéria escura de nossa galáxia à medida que essas partículas pesos-pena atravessassem a Terra.

Sikivie é agora um membro proeminente do ADMX (Axion Dark Matter Experiment, Experimento [para a detecção] de Áxions da Matéria Escura), uma das principais colaborações para tentar detectar áxions de matéria escura. O experimento adquiriu forma no Laboratório Nacional de Lawrence Livermore e mudou-se, em julho de 2010, para o CENPA (Center for Experimental Nuclear Physics and Astrophysics, Centro de Física Nuclear Experimental e Astrofísica), na Universidade de Washington.

Para gerar o poderoso campo magnético necessário para converter áxions em fótons de micro-ondas, o ADMX usa um supercondutor. Supercondutores são substâncias que perdem sua resistência elétrica (obstáculos ao fluxo de corrente) em temperaturas extremamente frias e são capazes de desenvolver campos magnéticos intensos. Os ímãs supercondutores são tão poderosos que são utilizados nos maiores aceleradores de partículas e foram testados em sistemas de levitação magnética robusta, que poderão algum dia ser usados em trens.

O outro componente-chave do ADMX é uma cavidade de ressonância ajustável que permite reter ondas estacionárias de diferentes frequências. É como se fosse uma corda de guitarra que pode ser ajustada para se criar diferentes padrões de vibração. Imagine afinar um violão e tocar exatamente a nota certa para quebrar um vaso de vidro. Neste caso, diz-se que a guitarra e o vaso estão em ressonância. Os pesquisadores do ADMX estão procurando a frequência correta para "quebrar" um áxion e convertê-lo em micro-onda. Eles precisam ajustar os sinais de entrada para encontrar essa desconhecida frequência de ressonância. Uma vez que as micro-ondas vindas dos áxions forem produzidas, elas seriam amplificadas e registradas. Com base na sua frequência, a massa dos áxions seria, então, conhecida e sua contribuição para a matéria escura poderia ser calculada. Se os pesquisadores constatarem que os áxions compõem uma parcela considerável de matéria, esse um dia será glorioso para a astrofísica de partículas.

Outro experimento para caçar áxions, chamado de PVLAS (Polarization of the Vacuum with Lasers, Polarização do Vácuo por Lasers), levantou esperanças em 2006, quando membros da equipe relataram uma torção inesperada no ângulo de polarização (direção dos campos elétrico e magnético) de um feixe de luz quando ele passava por um campo magnético intenso. Eles interpretaram isso como um possível sinal de que um áxion pode ter interagido com o fóton. No entanto, depois de atualizar o seu equipamento e de recolher mais dados, eles perceberam que suas descobertas originais eram apenas um "artefato instrumental", isto é, um produto artificial gerado pelo próprio instrumento, e não tinham qualquer significado físico.

PVLAS, ADMX e vários outros grupos ainda estão competindo para ser o primeiro a captar sinais da insignificante partícula. A novela de TV — ou deveríamos dizer "ópera detergente"* — do áxion continua e não acabará até que o fóton cante.

Gravidade em Esteroides

Alguns físicos estão apostando em que as WIMPs, os áxions e outras formas de matéria escura fria não serão descobertos. Eles estão colocando as apostas em hipóteses alternativas que, em certas circunstâncias, modificariam a lei da gravidade de Newton e a Teoria da Relatividade Geral de Einstein. Ao levarem em consideração o fato de que a gravidade intensifica-se nos próprios locais onde estrelas e galáxias estão recebendo invisíveis impulsos extras, eles esperam evitar completamente a necessidade de recorrer a materiais invisíveis.

Há muito tempo se sabe que, em circunstâncias normais, a gravidade obedece à lei do inverso do quadrado da distância — o que significa que ela enfraquece rapidamente, caindo de acordo com o quadrado da distância entre dois objetos. Isso significaria que a força gravitacional entre corpos que estão muito afastados um do outro seria extremamente fraca. Mas e se, de algum modo, a gravidade recebesse, em certas condições, um impulso que lhe permitisse manter um pouco de sua força, mesmo para grandes distâncias? É como uma corredora bebendo grandes goles de uma bebida energética até que completasse a metade de uma maratona e passasse a correr a toda velocidade quando deveria estar perdendo o ímpeto. Isso é legal? Depende das regras do jogo.

Em 1983, o físico israelense Mordechai Milgrom observou que as estrelas nos confins exteriores das galáxias se aceleram com uma taxa muito menor que a das estrelas mais centrais, e também muito menor que a dos planetas exteriores do Sistema Solar. (O significado de "aceleram", nesse caso, não significa aumentar a velocidade; em vez disso, significa girar. Estrelas mais distantes do centro galáctico giram em compasso mais gradual.) Ele se perguntou se a aceleração reduzida poderia desempenhar um papel no puxão associado à lei da gravidade. Seu obje-

---

* Trocadilho intraduzível: "novela de TV" é *soap opera*, ao pé da letra, "ópera de sabão", daí a referência a "ópera detergente". (N.T.)

tivo era desenvolver uma explicação alternativa para as "curvas de rotação plana" (platôs nivelados que aparecem quando se plota velocidade *versus* distância para estrelas periféricas) descobertas por Vera Rubin, e que deram início à moderna procura pela matéria escura.

Milgrom apresentou uma forma modificada das leis de Newton, que ele chamou de MOND (Modified Newtonian Dynamics, Dinâmica Newtoniana Modificada). Na sua teoria, se a aceleração é extremamente baixa, a força da gravidade é amplificada por um fator extra. Ele calculou que a modificação manteria as estrelas movendo-se com velocidades constantes, independentemente da distância que elas estivessem do centro galáctico. A modificação reproduziu as "curvas de rotação plana" sem que houvesse necessidade de se recorrer à matéria escura.

Os críticos da MOND logo perceberam que ela violava princípios que vigoravam na física desde longa data, como a lei da conservação do *momentum* (massa vezes velocidade). A conservação do *momentum* descreve como todos os objetos conhecidos interagem — por exemplo, em colisões. Ela nos diz como os fogos de artifício explodem, como as bolas de bilhar batem e se comportam, e como os carrinhos de parques de diversões se chocam. Dado o multissecular registro histórico da lei para previsões sólidas, poucos físicos considerariam a possibilidade de rejeitá-la sem provas substanciais em contrário. A MOND também não leva em consideração as teorias da relatividade desenvolvidas por Einstein e, portanto, não pode oferecer uma descrição completa da gravidade.

Para ajudar a responder a essas preocupações, em 2004, Jacob Bekenstein propôs uma teoria chamada Gravidade TeVeS (tensor-vetor-escalar). Ele misturou diferentes tipos de objetos matemáticos com propriedades de transformação distintas — tensores, vetores e escalares — para criar uma variação da relatividade geral que produz curvas de rotação planas para estrelas nos limites exteriores das galáxias. Bekenstein demonstrou que sua teoria reproduzia muitos dos resultados de Milgrom sem carregar a bagagem de desafiar princípios físicos sacrossantos. Por exemplo, ao contrário da MOND, a TeVeS preserva a lei de conservação do *momentum*.

Embora alguns possam achar a combinação TeVeS uma alternativa saborosa para partículas batizadas em homenagem a um produto de lavanderia, a prova do pudim está em teste. Se a relatividade geral padrão está absolutamente correta em prever como os objetos celestes se movem, então qualquer modificação da teoria deve estar errada. Einstein debateu-se contra esse problema várias vezes quando tentou refinar a relatividade geral para unificá-la com o eletromagnetismo. Sempre que tentou ajustar o arcabouço de sua teoria, ele teve de enfrentar problemas, e de se retratar das modificações que tentou introduzir. Como a Capela Sistina, a perfeição não precisa de floreados adicionais. Hoje em dia, testes da relatividade geral tornaram-se muito mais precisos do que nos dias de Einstein. Cada observação astronômica e experimento físico realizados até agora têm mostrado que a obra-prima de Einstein de 1915 não precisa de pinceladas extras.

Em março de 2010, uma equipe de pesquisadores de Princeton, de Zurique e de Berkeley anunciou os resultados de um teste de aptidão brutalmente rigoroso para uma teoria de 95 anos de idade. Somente o Jack LaLanne dos modelos físicos poderia satisfazer a tais normas tão exigentes. (O guru da forma física, que já faleceu, também tinha 95 anos na época.) Usando dados obtidos pelo Levantamento Digital Sloan do Céu, representando as posições e deslocamentos para o vermelho de mais de 70 mil galáxias, esses pesquisadores combinaram várias medidas diferentes para apresentar uma pontuação única para as proezas dos prognósticos da relatividade geral. Essas medidas incluíam a curvatura da luz por galáxias (demonstrada por meio das lentes gravitacionais), a aglomeração de galáxias e o movimento de galáxias em consequência do puxão gravitacional de outras galáxias. A curvatura da luz fornece uma indicação sobre a deformação do espaço por causa da massa dentro dele. De acordo com a relatividade geral, tal deformação deveria afetar a maneira como as galáxias se movem previsivelmente. Ao comparar a curvatura da luz com o deslocamento das galáxias, os pesquisadores estabeleceram uma marca de referência para a relatividade geral conseguir igualar. A teoria nonagenária de Einstein passou magnificamente no teste de aptidão física com apenas uma tosse ou um chiado! Mas os 6 anos de idade da TeVeS erraram o alvo. Antes de rejeitar quaisquer alternativas à relatividade geral, modelos ainda incipientes, por vezes, se transformam em candidatos viáveis. Até que a matéria escura seja identificada, esperamos que mais concorrentes entrem na briga.

9

O Que Está Arrastando as Galáxias?

Os Mistérios do Fluxo Escuro e o Grande Atrator

Os aglomerados apresentam uma velocidade pequena, mas mensurável, que é independente da expansão do universo, e não se altera conforme as distâncias aumentam... Nunca esperávamos encontrar nada parecido com isso... A distribuição de matéria no universo observado não consegue responder por esse movimento... Como o fluxo escuro já se estende até tão longe, ele provavelmente também se estende por todo o universo visível.

— ALEXANDER KASHLINSKY, *PRESS RELEASE* DO CENTRO DE VOO ESPACIAL GODDARD, SETEMBRO DE 2008

A cosmologia moderna pressupõe que o espaço, na sua maior escala, é tão suave e liso quanto mingau. Embora o cosmos esteja cheio de estruturas — sistemas planetários, galáxias, aglomerados (grupos de galáxias) e superaglomerados (grupos de aglomerados) —, estas são como uvas-passas, nozes, fatias de banana e outros pedaços de coisas saborosas misturadas aleatoriamente ao longo de todo o corpo da farinha cósmica. Assim como cada concha de uma vasilha de café da manhã bem misturado deve ter mais ou menos os mesmos ingredientes, cada fatia angular do céu noturno deve ter aproximadamente a mesma composição. Consequentemente, as teorias a respeito de como todo o universo se comporta supõem que, em média, cada direção parece praticamente a mesma. Tal isotropia global permite que os cosmólogos utilizem os modelos relativamente simples de Friedmann (incluindo uma constante cosmológica) para modelar o comportamento cósmico. Nesses modelos, o espaço se expande igualmente em todas as direções.

Considerando-se essas expectativas de uniformidade em grande escala, quando levantamentos tridimensionais de galáxias começaram no fim da década de 1970 e resultados começaram a ser reunidos já na década de 1980, os astrônomos ficaram perplexos ao descobrir a riqueza e a complexidade das estruturas que havia no espaço — muito além daquelas dos aglomerados e superaglomerados. Levantamentos de dados sobre o deslocamento para o vermelho realizados por Margaret Geller e John Huchra, do Centro de Astrofísica Harvard-Smithsonian, juntamente com seus colegas de pesquisa e alunos, descobriram um conjunto de características de cair o queixo, distribuídas através do firmamento. Dentro da fatia de espaço que eles examinaram, representando cerca de 18 mil galáxias, eles encontraram filamentos sinuosos e superfícies estendidas, como lâminas. Bolhas gigantescas polvilhadas com galáxias estranhamente circundadas por vazios. O cosmos parecia esponjoso em vez de liso e regular.

A característica mais bem conhecida que eles identificaram (e anunciaram em 1989) foi um cordão de galáxias incrivelmente longo apelidado de a "Grande Muralha". Estendendo-se ao longo de uma extensão de 600 milhões de anos-luz, esse cordão representava a maior estrutura encontrada no espaço até aquele momento — e ainda uma das mais consideráveis conhecidas até hoje. Somente as correntes do puro acaso, acopladas por meio da força unificadora da gravidade, poderiam explicar como um agrupamento assim tão formidável conseguiu se montar.

Embora a descoberta de formações gigantescas não negue a uniformidade do espaço na sua maior escala, ela mostra que, em uma ampla gama de escalas — até centenas de milhões de anos-luz — o cosmos é espantosamente diversificado. Essa diversidade se deixa conhecer no fluxo das galáxias. Aglomeração desigual significa força gravitacional desigual, produzindo puxões desequilibrados nas galáxias. Isso pode fazer com que as galáxias se desviem do movimento puramente exterior esperado, e produzido pela expansão do espaço. Os astrônomos chamam os movimentos extras das galáxias (além da expansão de Hubble) de "velocidades peculiares".

Em vez de simplesmente atribuir ao acaso valores extremos de densidade cósmica, os pesquisadores estão cada vez mais procurando possíveis causas subjacentes. É como descobrir um mundo no qual a maioria das pessoas reside em uma enorme megalópole e quase ninguém vive em algumas vastas regiões desertas. Tal discrepância poderia ser obra do puro acaso ou o resultado de fatores ambientais. Da mesma forma, poderia haver "causas ambientais" que tivessem segregado o universo em regiões povoadas de maneira desigual?

Se o universo observável fosse tudo que está lá fora, seria estranho considerar "causas ambientais". No entanto, cada vez mais, os astrônomos começaram a contar com a possibilidade de que há muito mais no universo do que podemos observar. Mesmo se não podemos observar diretamente outras partes do multiverso, talvez elas estejam nos afetando por meio de suas conexões ocultas.

Uma analogia para tal situação é uma sala de aula que tem uma janela posicionada de modo que, enquanto alguns dos alunos podem ver o lado de fora, a professora não pode. Se um caminhão de sorvete passa do lado de fora da janela, a professora pode perceber um generalizado esticar de pescoços e girar de cabeças nessa direção, e se perguntar o que está acontecendo. Mesmo que ela não seja capaz de testemunhar o que está acontecendo do lado de fora, a ruptura da ordem na sala de aula lhe daria uma pista sobre o tipo de influência que vem do lado de fora da sala. De maneira semelhante, as partes escondidas do multiverso, banidas para além da observação, ainda poderiam fazer sentir sua presença graças à sua atração gravitacional e a outros efeitos.

Além da Zona de Evitamento

No início da década de 1990, astrônomos usaram as medições da radiação cósmica de fundo (RCF) obtidas pelo COBE para determinar a velocidade peculiar do Grupo Local de galáxias. O Grupo Local inclui a Via Láctea, Andrômeda e várias galáxias menores. Por causa de sua atração gravitacional mútua, esses companheiros galácticos tendem a viajar juntos pelo espaço. Os pesquisadores estimaram que o Grupo Local tem uma velocidade peculiar de cerca de 644 quilômetros por segundo e segue mais ou menos na direção do aglomerado de Virgem (um agrupamento maior de galáxias).

Os astrônomos se perguntam, perplexos, sobre qual seria o dínamo cósmico que está transportando o Grupo Local através das profundezas do espaço. No início, o aglomerado de Virgem parecia um provável culpado. No entanto, cálculos revelaram que ele não era massivo o suficiente ou não estava na posição correta para fornecer o impulso suficiente para um arranque. Alguma outra coisa deveria estar fornecendo um impulso gravitacional. Uma possibilidade é a matéria escura não detectada. Talvez uma distribuição massiva de matéria invisível esteja puxando nossa galáxia e suas vizinhas.

A velocidade peculiar do Grupo Local é apenas uma parte de um fluxo ainda maior. Na década de 1980, uma parceria com a Caltech descobriu um ímã galáctico colossal chamado de Grande Atrator, um pedaço de espaço em direção ao qual a Via Láctea e dezenas de milhares de outras galáxias estão correndo com uma velocidade incrível de 23 milhões de quilômetros por hora. O que exatamente está pilotando essa corrida de obstáculos galáctica permanece obscuro.

A análise sobre o que realmente reside no Grande Atrator foi frustrada pela sua localização de "assento barato" — além do disco de poeira da Via Láctea e da falta de visão clara. Por causa de sua dificuldade para ver além dela, os astrônomos chamam esse setor do céu de Zona de Evitamento. No entanto, realizaram-se progressos no mapeamento dessa parte da abóbada celeste.

No fim da década de 1980, ao procurar a fonte do Grande Atrator, várias equipes de astrônomos identificaram um dos maiores agrupamentos de galáxias no espaço, chamado de Superaglomerado Shapley. O astrofísico indiano Somak Raychaudhury, um dos primeiros a examinar o Superaglomerado Shapley, determinou que ele estava muito distante para servir como a causa principal do Grande Atrator. No entanto, em meados da década de 1990, pesquisadores da NASA conseguiram espiar através do véu da Zona de Evitamento graças ao uso do ROSAT, um satélite de raios X, e descobriram o enorme tamanho massivo do Aglomerado Abell 3627. Embora esse aglomerado já tenha sido observado anteriormente, sua imensa extensão era desconhecida porque a poeira da Via Láctea obscurecia sua visão. O pensamento atual reconhece que o Aglomerado Abell 3627 está no cerne de outro grande superaglomerado com atração gravitacional forte o bastante para causar o fluxo gigantesco de galáxias associado ao Grande Atrator.

Para mapear o que está além da Zona de Evitamento, uma colaboração de radioastrônomos liderada por Patricia A. (Trish) Henning, da Universidade do Novo México, apontou o radiotelescópio de Arecibo para essa parte do céu e registrou os sinais de galáxias oclusas. Aninhado na exuberante floresta tropical situada ao norte de Porto Rico, o radiotelescópio de Arecibo é o maior e mais poderoso radiotelescópio de uma só antena do mundo. Por isso, é ideal para fazer um levantamento de sinais de rádio remotos vindos de galáxias mascaradas. Embora o centro denso da Via Láctea esconda a maior parte da luz óptica vinda dessas galáxias, sinais de rádio provenientes do seu turbilhão de hidrogênio gasoso podem atravessá-lo. A partir de 2008, a equipe de Patricia passou a traçar um perfil da maneira como essas galáxias escondidas estão distribuídas, com a esperança de compreender a fonte do Grande Atrator e outras inexplicáveis iscas gravitacionais.

O Grande Vazio em Erídano

Desde as décadas de 1980 e de 1990, os vazios, muralhas, filamentos, atratores e outras anomalias tornaram-se parte do léxico essencial da descrição astronômica. Uma ferramenta fundamental para a descoberta dessas estruturas tem sido a divulgação bienal de dados da RCF na faixa das micro-ondas, e coletados pela sonda-satélite WMAP. Os astrônomos examinaram atentamente cada relatório, procurando evidências de padrões incomuns de pontos, ou "manchas", relativamente mais frios e "mais quentes". (A radiação de fundo mede apenas 2,728 graus Kelvin acima do zero absoluto e, por isso, "mais quente" significa apenas milionésimos de grau a mais do que a média.) As manchas mais frias são compatíveis com os lugares a que elas correspondem no céu, que são reconhecidos como regiões de baixa densidade.

Em 2007, o radioastrônomo Lawrence Rudnick descobriu inesperadamente um dos maiores espaços vazios já encontrados ao apontar um receptor na direção de um ponto frio flagrado pela WMAP. Como ele descreveu a experiência, certo dia em que teve um tempo extra à sua disposição, decidiu verificar os dados da WMAP e pensou que poderia ser interessante pesquisar a região da constelação de Erídano, onde estava localizada uma considerável mancha na RCF, mais fria do que a média. Ele e sua equipe ficaram perplexos quando, depois de fazer uma varredura em um setor do céu de quase 1 bilhão de anos-luz de lado a lado, eles não encontraram praticamente nenhuma fonte de rádio. Os sinais de rádio tendem a correlacionar-se com partes populosas do espaço. Por isso, a falta de emissões de rádio parecia delinear uma região incrivelmente vazia abrangendo um gigantesco volume do céu. O Grande Vazio em Erídano parecia verdadeiramente imenso!

O que poderia ter aberto um tamanho buraco no firmamento celestial? Uma teoria especulativa, proposta pelos físicos, Laura Mersini-Houghton, da Universidade da Carolina do Norte, em Chapel Hill, e Richard Holman, da Universidade de Carnegie-Mellon, pouco depois da descoberta de Rudnick, supõe que esse vazio colossal é a marca de uma interação quântica primordial com outra região do cosmos que, desde então, tornou-se tão amplamente separada da nossa que não podemos observá-la. O vácuo primitivo, afirmaram, incluía estados quânticos entrelaçados que exerciam influências de longo alcance uns sobre os outros. O entrelaçamento ocorre quando dois estados quânticos estão ligados um ao outro em uma espécie de relação simbiótica; se um deles muda, o outro também precisa mudar, mesmo que ele corresponda a um objeto fisicamente muito distante do primeiro objeto. Einstein chamou isso de "ação fantasmagórica a distância". Mersini-Houghton e Holman postularam que tal entrelaçamento teria servido como uma espécie de conduíte da energia do vácuo de um recanto vizinho do cosmos para a nossa própria região, fazendo surgir uma pressão negativa que inibiu as galáxias de semearem na região, que, por isso, ficou vazia. É como constatar que uma pilha de papéis se recusa a assentar-se sobre uma escrivaninha — sendo constantemente varridos para longe dela e deixando-a vazia — para, em seguida, descobrir um buraco na parede atrás dela e através do qual rajadas de ar estão soprando, vindas de um condicionador de ar de grande capacidade ligado na casa do vizinho.

A ideia de interações com um universo alternativo tem sido explorada na ficção desde há muito tempo. Por exemplo, em 1973, no romance de Isaac Asimov *Os Próprios Deuses*, uma civilização do futuro "puxa uma extensão" em uma fonte de energia que vaza dentro do nosso universo vinda de outro reino chamado de parauniverso. Essa troca transcósmica ameaça provocar rupturas em ambas as realidades. Poderiam setores ocultos do cosmos estar canalizando energia ou informação para o nosso, e, no processo, criando gigantescas zonas proibidas? Ou poderia haver uma explicação mais simples para esses Saaras do espaço?

Vazios de tamanha imensidão foram descobertas tão inesperadas que os pesquisadores brigavam entre si para ter acesso à autorização para verificar e reavaliar os dados. Em 2008, Kendrick Smith, da Universidade de Cambridge, e Dragan Huterer, da Universidade de Michigan, levantaram dúvidas a respeito da análise de Rudnick sobre a existência da colossal região vazia. Alegaram que a equipe de Rudnick fez uma subestimativa, contando por baixo o número de galáxias naquela parte do espaço, excluindo, para isso, os sinais mais fracos. Quando Smith e Huterer consideraram todas as galáxias candidatas nesse setor, incluindo as mais esmaecidas, a contagem pareceu próxima do número esperado para uma região daquele tamanho. Poderia esse grande deserto cósmico ter sido uma miragem?

Os astrônomos continuam a debater a realidade e a extensão do vazio de Erídano. Ninguém duvida, contudo, da existência da grande mancha fria que lhe corresponde revelada pela WMPA. Se foi o entrelaçamento quântico ou outro mecanismo que limpou a lousa é uma questão que continua sendo investigada atualmente.

Nesse meio-tempo, um vazio ainda maior foi descoberto em 2009 durante varreduras do céu realizadas pelo 6dFGS (Six Degree Field Galaxy Survey, Levantamento de Galáxias em Campo de Seis Graus), um projeto que recorre ao Telescópio Schmidt do Reino Unido, de 1,22 metro de diâmetro, instalado na Austrália. Liderados por Heath Jones, do Observatório Anglo-Australiano, a equipe que realizou a descoberta incluiu o pioneiro Huchra dos estudos sobre os vazios e dezenas de outros pesquisadores de todo o mundo. (Infelizmente, Huchra faleceu em outubro de 2010.) O levantamento abrangeu 41% do céu, incluindo algumas 110 mil galáxias, sondando o espaço até uma distância de 2 bilhões de anos-luz da Terra. Em um resultado incrível, eles identificaram um vazio em uma seção do céu acima do Hemisfério Sul que tem 3,5 bilhões de anos-luz de diâmetro. O tamanho extraordinário desse buraco no espaço torna extremamente difícil compreender como ele se desenvolveu durante os 13,75 bilhões de anos desde o Big Bang. O grupo também contribuiu para a elaboração de um mapa mais detalhado do Superaglomerado Shapley — sua região imensa e superpovoada, representando o extremo oposto do buraco vazio.

Os relatórios produzidos pelo 6dFGS e por outros levantamentos recentes têm desafiado as expectativas de um universo uniforme. Cada vez mais, os investigadores estão em luta com a possibilidade de que forças invisíveis, atuando a partir de além das fronteiras do universo observável, estão influenciando as estruturas dentro dele, abalando sua uniformidade por meio de puxões ocultos.

O Fluxo Escuro Dirigido para Além das Fronteiras do Universo

Uma descoberta astronômica surpreendente feita em 2008 poderá representar a evidência incontestável para a existência de regiões do universo além do horizonte cósmico. Uma equipe de pesquisa liderada por Alexander Kashlinsky, do Centro de Voo Espacial Goddard, da NASA, em Greenbelt, em Maryland, realizou uma análise estatística especial dos dados obtidos sobre a radiação de micro-ondas que sobrou do Big Bang, coletados pelo satélite WMAP, para examinar como os aglomerados de galáxias se movem através do espaço. Os dados sobre a radiação cósmica de fundo (RCF) revelaram um fluxo de aglomerados surpreendentemente grande encaminhando-se ao longo de uma única direção, um fluxo que não pode ser explicado pelos objetos existentes dentro do universo observável.

A RCF comprovou ser uma ferramenta de utilidade extraordinária para a compreensão das estruturas no espaço. Ela não se limita a oferecer uma percepção profunda, aguçada e vital de como o universo era há mais de 13 bilhões de anos, mas também serve como um instrumento para discernir como aglomerados de galáxias estão se movendo através do espaço exatamente agora. Isso porque a RCF está longe de ser apenas uma estática de rádio, uma relíquia vinda da era da recombinação (quando se formaram átomos neutros e a radiação ficou livre da matéria). Em vez disso, à medida que ela se expande e esfria com o crescimento do universo, ela, às vezes, entra em contato com gases quentes — particularmente a espuma escaldante que banha as galáxias nos aglomerados — aquecidos dentro da banheira gravitacional de cada aglomerado. Quando fótons vindos da RCF interagem com elétrons desses gases, eles espalham-se como gotas de chuva que, em sua queda, atingem rajadas de vapor que sobem por um respiradouro. Essa interação aumenta as energias dos fótons — fenômeno estudado pela primeira vez na década de 1970 pelos físicos soviéticos Rashid Sunyaev e Yakov Zel'dovich e denominado Efeito Sunyaev-Zel'dovich, ou Efeito SZ.

Há dois componentes no Efeito SZ, a parte térmica e a parte cinemática. O Efeito SZ térmico, detectado pela primeira vez na década de 1980, envolve os fótons vindos da RCF e ganha energia que provém do gás quente. Muito mais difícil de medir, o Efeito SZ cinemático produz alterações nos comprimentos de onda dos fótons (distância entre picos consecutivos) em consequência do movimento do gás com relação ao fundo cósmico. Uma vez que a RCF está se expandindo com o espaço, se os movimentos em grande escala dos aglomerados devem-se apenas ao crescimento global do universo, esse efeito não deveria aparecer. Por outro lado, se os aglomerados têm movimentos além da expansão cósmica, o Efeito SZ cinemático deve captar esses movimentos nos deslocamentos dos comprimentos de onda dos seus fótons.

Situado perto do anel viário automotivo que circunda o Distrito de Columbia, o Centro de Voo Espacial Goddard, da NASA, deveria ser usado para o movimento em grande escala — pelo menos em teoria. Enquanto o tráfego de parar e avançar em torno desse circuito desafia todas as tentativas de prognóstico, o grupo de pesquisa de Kashlinsky adquiriu perícia em mapear movimentos muito maiores no espaço e que ocorrem muito mais regularmente.

Quando há movimento no anel viário, sabemos o que o impulsiona: motores de combustão interna alimentando veículos que levam os moradores a razoáveis destinos, como o trabalho, o lar ou as praias de Maryland. Os movimentos astronômicos pelos quais a equipe de Kashlinsky está procurando — o cortejo de aglomerados através do espaço — estão sendo conduzidos por um agente desconhecido e encaminhados em direção a um destino inexplicável. Portanto, embora seu fluxo seja mais suave do que o tráfego pelo anel viário, sua motivação é tão obscura quanto a de algumas agências federais dentro desse mesmo anel.

Em 2008, o grupo de Kashlinsky realizou um estudo de 782 aglomerados que emitem radiação na faixa dos raios X. O catálogo que eles usaram foi uma das maiores compilações de dados sobre aglomerados de raios X até então reunidos. Os pesquisadores aplicaram o método do Efeito SZ cinemático aos três anos de dados coletados pela sonda WMAP e procuraram por mudanças de temperatura na RCF na faixa das micro-ondas e nas regiões correspondentes aos aglomerados.

A equipe de Kashlinsky detectou multidões delas — registrando mudanças significativas na RCF ao longo de toda uma região de mais de 1 bilhão de anos-luz de lado a lado. Essas mudanças só apareceram nas vizinhanças de aglomerados, o que significa que elas provavelmente ocorreram em consequência do movimento dos aglomerados através do espaço relativamente à expansão de Hubble.

Para espanto dos pesquisadores, eles descobriram que centenas de aglomerados estão sendo atraídos para uma determinada parte do céu com uma velocidade de 3,54 milhões de quilômetros por hora. É como se uma tampa tivesse sido retirada de um sorvedouro naquela região e os aglomerados estivessem fluindo rapidamente em direção a ele. Nada conhecido na astronomia poderia estar causando um movimento tão colossal. Por mais longe que eles avançassem na observação desse massivo fluxo unidirecional, eles constatavam que ele não mostrava sinais de redução de seu ímpeto. Nada conhecido na astronomia poderia estar causando um movimento assim tão extraordinariamente vasto. Os pesquisadores especularam que poderia ser um puxão provocado por matéria situada além do universo observável. Em homenagem aos mistérios da matéria escura e da energia escura, Kashlinsky apelidou esse movimento inexplicável de "fluxo escuro".

Um estudo que se seguiu a esse, realizado em 2010, baseado em dados atualizados da sonda WMAP, revelou um quadro ainda mais surpreendente. Examinando 1.400 aglomerados de galáxias, Kashlinsky e sua equipe descobriram que o fluxo escuro se estende pelo menos duas vezes mais no céu do que haviam suposto originalmente. Eles determinaram que a sua extensão deveria ser superior a 2,5 bilhões de anos-luz. Kashlinsky conjecturou que o fluxo escuro se estendia até distâncias ainda mais longínquas — até as fronteiras do universo observável. O que poderia estar puxando tantos aglomerados de galáxias?

O astrofísico canadense Mike Hudson, da Universidade de Waterloo, juntamente com seus colaboradores, detectou independentemente desses pesquisadores outros movimentos de galáxias em larga escala que parecem incompatíveis com o modelo-padrão de cosmologia. Sua equipe mediu as velocidades peculiares para uma região substancial do céu — desde a nossa vizinhança galáctica até 400 milhões de anos-luz longe de nós — e descobriu um fluxo cósmico global que desafia as explicações. Curiosamente, o movimento das galáxias em grande escala descoberto pela equipe de Hudson aponta aproximadamente para a mesma direção que o fluxo escuro detectado pelo grupo de Kashlinsky. Hudson observou que, embora haja uma pequena chance de que o quadro de um Big Bang isotrópico e homogêneo poderia acomodar esses grandes fluxos, as estatísticas indicam uma probabilidade maior de que o modelo-padrão precisa ser revisto.

Como Hudson comentou: "Tudo se passa como se, além da expansão, a nossa 'vizinhança' no universo tivesse recebido um impulso extra em uma determinada direção. Esperávamos que a expansão se tornasse mais uniforme em escalas cada vez maiores, mas não foi isso o que descobrimos".[1]

Kashlinsky e seus colegas ofereceram uma hipótese intrigante para a causa do fluxo escuro, com base no modelo do universo inflacionário. Como eles escreveram:

> Uma interessante, apesar de exótica, explicação para tal "fluxo escuro" ocorreria naturalmente no âmbito de certos modelos inflacionários. Em geral, dentro desses modelos, o universo observável representa parte de uma região homogênea inflada encaixada em um espaço-tempo não homogêneo. Em escalas muito maiores do que o raio de Hubble, os remanescentes pré-inflacionários poderiam induzir... anisotropias na radiação cósmica de fundo... [Tal situação] levaria a um fluxo uniforme.[2]

Em outras palavras, a inflação, o ultrarrápido alongamento do universo logo após o seu nascimento, misturaria heterogeneidades (irregularidades de um lugar para outro) além do horizonte do universo observável — a região dentro da qual poderíamos detectar a sua luz. As heterogeneidades que estavam perto de nossa parte do espaço antes da inflação estariam agora fora da zona observável e não poderiam ser detectadas diretamente. O que observamos, portanto, seria relativamente homogêneo e isotrópico (parecendo o mesmo em todas as direções). No entanto, apesar da uniformidade, ainda poderia haver influências gravitacionais distantes vindas de extensões irregulares além, o que levaria ao fluxo escuro. Quantidades massivas de matéria nos "bastidores", deixadas de lado pela inflação, poderiam exercer puxões gravitacionais suficientes para influenciar aglomerados no nosso espaço, de maneira irregular, levando-os a se mover em uma direção particular. É como retirar a neve acumulada no inverno para deixar a rua mais plana e descobrir que o degelo da neve amontoada continuaria se infiltrando, recongelando e abrindo sulcos, e fazendo os motoristas derraparem. Será que os aglomerados no nosso universo não estariam "derrapando" em direção a amontoados de matéria (*mounds*) deixados pela inflação?

O fluxo escuro ainda não adquiriu o *"pedigree"* atribuído à matéria escura e à energia escura, como os principais mistérios da cosmologia. No entanto, ele aponta para uma questão importante no que se refere à cosmologia inflacionária, a de que ele pode não ser capaz de varrer todas as relíquias do estágio anterior à inflação para baixo do tapete. Se o fluxo escuro fornece uma prova de um multiverso — outros universos além do nosso — isso representaria, de fato, um achado extraordinário. Juntamente com a matéria escura, a energia escura, os pontos frios e os vazios gigantescos, o fluxo escuro fornece ainda mais evidências de que o modelo-padrão da cosmologia — por mais bem-sucedido que ele seja na descrição da idade e da evolução do universo — está longe de ser completo. A mudança revolucionária está no ar; aonde ela nos levará permanece desconhecido.

Alerta de Intruso

Durante gerações, a cosmologia supôs que todas as partes do espaço são essencialmente as mesmas, e que também são mais ou menos as mesmas as distribuições particulares de galáxias. No entanto, anomalias recém-descobertas têm desafiado o campo obrigando-o a repensar o princípio de Copérnico e a noção de isotropia global. Poderia haver — o fluxo escuro parece sugerir isso — uma direção preferencial no espaço? Poderia acontecer, como a presença de enormes espaços vazios, de enormes manchas frias na radiação cósmica de fundo, de gigantescos superaglomerados, e de colossais muralhas de galáxias parece indicar — que o universo é realmente heterogêneo? A relatividade geral funciona de maneira simples com a cosmologia isotrópica, homogênea, mas a cada nova descoberta de irregularidades, os pesquisadores encontram mais razões para reavaliar esses pressupostos.

A possibilidade de direções e sentidos favorecidos no espaço sugere naturalmente que forças vindas de regiões situadas além da observação estão criando esses vetores. Interações com espaços exteriores ao nosso próprio universo-bolha contradizem fundamentalmente, em primeiro lugar, a razão para postular uma era inflacionária. Supunha-se que a inflação suavizasse o universo observável na medida em que não haveria registro de tempos anteriores nem de domínios além.

Seria necessária uma incrível sintonia fina para que a inflação quase nivelasse o campo para os jogos cosmológicos, deixando, porém, algumas anisotropias.

De fato, a inflação foi concebida para nos permitir esquecer outros universos possíveis, com suas irregularidades horríveis, e nos concentrar em nosso diamante finamente lapidado. Porém, uma vez que Linde demonstrou como é simples para os domínios inflacionários serem semeados, ele e muitos outros cosmólogos começaram a explorar a possibilidade de que a inflação está ocorrendo eternamente, gerando mais e mais universos. A possibilidade de que vivemos em um multiverso tornou-se um tema quente nas discussões de cosmologia teórica, apesar de inclinações que nos pedem para sermos cautelosos. E se nós vivemos em um salão de espelhos cósmico, poderíamos estar ocasionalmente vislumbrando outras câmaras?

Como disse Carl Sagan em uma observação famosa: "Afirmações extraordinárias exigem provas extraordinárias".[3] Antes de engatar a cosmologia moderna no vagão do multiverso, os cientistas precisam ser extremamente cautelosos na interpretação de quaisquer dados que sugiram influências externas. Eles precisam descartar quaisquer explicações mais mundanas, de uma ampla gama de explicações, bem como a possibilidade sempre presente de felizes acasos estatísticos.

Em geral, o estudo do universo entrou em uma nova fase, emocionante, mas perigosa, por causa do uso cada vez maior da estatística na análise dos conjuntos cada vez mais complexos de dados astronômicos. Embora estejam surgindo oportunidades para descobertas estonteantes, precisamos tomar cuidado a fim de não interpretarmos para além do razoável combinações aleatórias de fatores e para não começarmos a ver fenômenos fantasmas onde eles realmente não existem. Felizmente, a nova geração de cosmólogos está, em geral, aprendendo a ser cautelosa em suas afirmações.

10

O Que é o "Eixo do Mal"?

Investigando Estranhas Características do Fundo Cósmico

> Têm surgido várias afirmações perturbadoras de evidências de uma direção preferencial no Universo... Essas afirmações têm implicações potencialmente muito prejudiciais para o modelo-padrão de cosmologia.
>
> — KATE LAND E JOÃO MAGUEIJO, *THE AXIS OF EVIL*

O satélite WMAP e outras sondas da radiação cósmica de fundo (RCF) na faixa das micro-ondas têm se revelado tão revolucionários para a cosmologia como os sistemas de posicionamento global (GPS) o foram para a navegação. Como o GPS, o WMAP forneceu aos pesquisadores um mapa detalhado que pode ser usado para localizar características e explorar padrões. Assim como os detetives têm utilizado rastreadores GPS para investigar hábitos de direção de supostos criminosos, na esperança de descobrir como eles operam, os astrônomos mergulham nos dados obtidos pela sonda WMAP procurando obter uma maior compreensão dos mecanismos cosmológicos. Por exemplo, esses dados do WMAP poderiam oferecer pistas vitais para descobrirmos se o universo observável é ou não parte de um imenso multiverso.

A chave para os pesquisadores consiste em descobrir quais padrões são mera coincidência e se nos dizem algo significativo sobre as leis do universo. Nós já sabemos que o universo observável é geralmente o mesmo em todas as direções, mas, quando olhamos mais de perto, constatamos que há massas que ocupam volumes gigantescos e há imensos espaços vazios. Quando esses aglomerados e vazios são apenas obra do acaso e quando são produtos de influências ocultas?

Dados obtidos pela sonda WMAP envolvem variações de temperatura extremamente sutis, inferiores a 0,0002 grau Kelvin, em um banho gelado de radiações relíquias, ou residuais, que se espraia pelo céu. A partir de 2006, os relatórios detalhados dos dados — geralmente de resolução progressivamente maior — são lançados a cada dois anos. Quanto mais tempo o céu estava sendo monitorado, mais dados eram coletados e mais precisos eles podiam ser. Para ajudar a distinguir a radiação relíquia de emissões de rádio galácticas, o satélite foi sintonizado para cinco diferentes faixas de frequência — algo como cinco diferentes canais de rádio. Para o canal de frequência mais alta, de 90 giga-hertz, o satélite podia distinguir diferenças de temperatura em pontos do céu separados um do outro por uma distância inferior a 0,25 grau angular. Para os canais de frequência mais baixa, a resolução angular não era tão precisa. Em seu conjunto, os mapas de flutuação da temperatura do céu incluíam milhões de pontos de dados. Para interpretar toda essa informação, foi necessário recorrer a técnicas estatísticas poderosas, capazes de fazer triagens através de palheiros de dados, à procura de quaisquer agulhas de correlações que apontassem para fenômenos inesperados.

Desde que os primeiros resultados abrangentes da WMAP foram anunciados, os astrônomos têm se aprofundado nos dados à procura de anomalias. Procurar por regiões mais frias do que a média, que correspondem a espaços vazios, como o Grande Vazio em Erídano, e também procurando por diferenciais de energia reveladores (no Efeito Sunyaev-Zel'dovich cinemático) que apontem para o fluxo escuro de aglomerados, são apenas duas das maneiras de os cosmólogos fazerem bom uso dos dados coletados pela sonda WMAP. Cientistas experimentais são geralmente muito cautelosos, e só se sentem inclinados a anunciar resultados depois de os terem colocado à prova, para isso executando análises estatísticas uma após a outra. Qualquer suposta descoberta traz consigo uma oportunidade de se transformar em um golpe de sorte. O caso das iniciais de Hawking ilustra muito bem esse ponto.

O Monograma de Hawking no Céu

Uma curiosa lição sobre estatísticas em cosmologia veio à tona mais ou menos na época da aposentadoria de Stephen Hawking da cadeira lucasiana de matemática na Universidade de Cambridge. Como um monograma bordado dentro de um presente de aposentadoria costurado à mão, suas iniciais apareceram nos dados obtidos pela WMAP. A natureza parecia estar honrando uma carreira ilustre que se estendeu por muitas décadas de pesquisas desbravadoras, apesar das profundas limitações físicas. Hawking tinha mantido essa prestigiosa nomeação — de 1979 até 2009 — um cargo de professor que também já havia sido de Sir Isaac Newton.

Pouco depois de ser nomeado para esse cargo, Hawking assinou seu nome manualmente pela última vez. Sua deficiência, a esclerose lateral amiotrófica (ELA), também conhecida como doença de Lou Gehrig, havia progressivamente roubado dele sua função motriz, deixando-o confinado a uma cadeira de rodas e cada vez mais incapaz de se comunicar (necessitando, com o tempo, de um sistema de computador para esse fim). Com punho enfraquecido e mão trêmula, Hawking, mesmo assim, conseguiu assinar o livro de "Admissão ao Ofício" para seu novo e prestigioso papel. Como ele lembrou,

> Eles têm um grande livro que todos os oficiais de ensino universitário devem assinar. Depois que eu havia sido professor lucasiano por cerca de um ano, eles perceberam que eu nunca tinha assinado. Então eles trouxeram o livro para o meu escritório e eu assinei com alguma dificuldade. Essa foi a última vez que eu assinei meu nome.[1]

As três décadas de magistério lucasiano de Hawking corresponderam a um período de mudanças extraordinárias na cosmologia. Em outubro de 2009, Hawking se aposentou dessa função. Ele estava prestes a completar 67 anos, que era a idade de aposentadoria compulsória. Embora não fosse mais o professor lucasiano, manteve um cargo de pesquisa na Universidade de Cambridge e assumiu um novo cargo no Instituto Perimeter, no Canadá, onde o Centro Stephen Hawking foi criado em sua homenagem.

Alguns meses depois de Hawking ter deixado o cargo de professor lucasiano, e logo após seu sexagésimo sétimo aniversário, sua "assinatura" se transformou de forma inesperada em um registro bem mais antigo do que a "Admissão ao Ofício" do livro de Cambridge. Mais precisamente, foram suas iniciais — perfeitamente alinhadas, uniformemente espaçadas e aparentemente compostas em estilo e tamanhos de fonte semelhantes — impressas em um retrato de como o cosmos teria se parecido há mais de 13 bilhões de anos. A menos que ele tivesse secretamente dominado a arte de viajar no tempo e deixado a marca como prova, como isso poderia ter acontecido?

A imagem da antiga luz do céu, com as iniciais de Hawking claramente vistas, foi modestamente incluída em um artigo de pesquisa cujo título soava bastante sério: "Seven Year Wilkinson Microwave Anisotropy Probe (WMAP) Observations: Are There Cosmic Microwave Background Anomalies?" [Observações Realizadas Durante Sete Anos pela Sonda Wilkinson de Anisotropia de Micro--ondas (WMAP): Existem Anomalias na Radiação Cósmica de Fundo na Faixa das Micro-ondas?], que foi postado em um arquivo *on-line*, em janeiro de 2010, e, posteriormente, publicado no prestigioso periódico *Astrophysical Journal Letters*. Como relataram os pesquisadores,

> Logo depois que os mapas celestes obtidos graças à WMAP se tornaram disponíveis, um dos autores [Lyman Page] notou que as iniciais de Stephen Hawking aparecem no mapa das temperaturas... Tanto o "S" como o "H" estão em uma bela disposição vertical em coordenadas galácticas, espaçadas de forma consistente... Levantamos a questão: "Qual a probabilidade de isto acontecer?" É certamente infinitesimal.[2]

Além das iniciais de Hawking no céu, o artigo abordou várias descobertas curiosas da sonda WMAP. Outras aparentes anomalias incluíam manchas frias proeminentes, relativamente grandes, e alinhamentos inesperados de vários componentes angulares.

Embora os autores do artigo enfatizassem a improbabilidade de as iniciais de Hawking aparecerem de maneira tão clara no mapa do céu, eles também enfatizaram que, com qualquer enorme quantidade de dados, eventos extremamente improváveis estão sujeitos a ocorrer. Eles indicaram os resultados curiosamente "autografados" principalmente para tornar importante esse ponto. Como escreveram,

[A aparência das iniciais] é muito menos provável do que várias anomalias cosmológicas reivindicadas. No entanto, não levamos essa anomalia a sério porque é uma tolice. As iniciais de Stephen Hawking resumem o problema com uma estatística *a posteriori*. Ao olhar para um rico conjunto de dados de várias maneiras diferentes *é de esperar que se consiga ver eventos improváveis*. A busca por singularidades estatísticas precisa ser considerada de maneira diferente dos testes de hipóteses predeterminadas.[3]

Em outras palavras, é importante distinguir coisas que você está procurando de coisas que aparecem inesperadamente. Se você estiver procurando por alguma coisa e essa coisa se mostrar em dados cuidadosamente analisados, há uma probabilidade muito maior de essa coisa ser uma descoberta importante do que a de você se deparar por acaso com algo que você nunca esperava encontrar. Embora esse último possa ser ciência genuína, também poderia ser uma excentricidade aleatória.

Detetives cósmicos costumam examinar com muita atenção informações astronômicas à procura de anomalias, na esperança de identificar alguma característica do universo até então desconhecida. Se tiverem sorte, poderão descobrir um novo aspecto incrível do cosmos, que poderia revolucionar a ciência. A descoberta encontrada por acaso poderia levar a um padrão capaz de derrubar modelos cosmológicos existentes. Se não tiverem essa sorte, poderão passar para outra curiosidade. Embora ninguém considere seriamente que localizar as iniciais de Hawking fosse um verdadeiro avanço científico, há outras anomalias para as quais os cientistas não têm certeza da sua importância. Se essas anomalias se comprovarem importantes, os teóricos precisariam repensar as teorias existentes do universo.

O Eixo do Mal

Encontrar grandes pontos frios e identificar o fluxo escuro de aglomerados têm sido dois dos resultados notáveis das exaustivas pesquisas estatísticas para seções incomuns da radiação cósmica de fundo (RCF). Além disso, houve curiosidades ainda mais sutis que continuaram a desafiar a compreensão. Uma delas é o "eixo do mal" — um estranho alinhamento de multipolos identificado pela primeira vez por Kate Land e João Magueijo.

Multipolos são tipos de ondulações tridimensionais equivalentes aos padrões bidimensionais das ondas estacionárias (que vibram permanecendo no lugar). Se você abrir a tampa de um piano e tanger uma de suas cordas, você poderá criar um único pico, dois picos, ou algum outro número de picos. Os sons assim obtidos são chamados de harmônicos. Tocar uma nota em um piano geralmente produz uma combinação de harmônicos. Se você analisar uma nota, você poderá dividi-la reproduzindo a proporção em que cada harmônico compõe o *mix* total.

Agora, golpeie um balão com um malho para criar ondulações sobre sua superfície. Essas ondulações constituiriam várias porções oscilantes do exterior do balão, vibrando para dentro e para fora como a garganta de um sapo. Todas essas porções — que formam assim um conjunto básico —, das ordens mais simples às ordens superiores, são chamadas de multipolos esféricos. Qualquer tipo de irregularidade superficial pode ser expressa como uma combinação de multipolos.

O multipolo mais elementar é o dipolo, que consiste em um deslocamento em uma única direção, como quando se comprime um lado de um balão enquanto o outro se expande. Na análise da RCF, esse foi o primeiro multipolo a ser encontrado, sendo atribuído ao movimento da Terra através do espaço. Seguindo-se aos dipolos, as ordens consecutivas de multipolos são os quadrupolos, os octopolos, e assim por diante. Multipolos de ordem superior representam tipos mais sutis de desvios de uma forma puramente esférica — padrões mais e mais refinados de "inchaços", como montes e vales na superfície da Terra. Dada a capacidade da WMAP para coletar dados precisos sobre diminutas flutuações de temperatura em diferentes partes do céu, os astrônomos descobriram que uma decomposição da informação em multipolos — uma classificação chamada de espectro de potência (ou espectro de frequência) — é uma maneira ideal de analisar essas rugas. O espectro de potência ajuda os astrônomos a compreender como diferentes atributos do cosmos — como sua curvatura, sua história primitiva e sua composição — entram em jogo. Sua comparação com o modelo Lambda-Matéria Escura Fria ofereceu evidências de que o modelo-padrão do cosmos é uma boa aproximação (*fit*), e que os pesquisadores têm percorrido, em geral, o caminho certo. No entanto, certos aspectos sutis do espectro de potência permanecem inexplicáveis — como o curioso alinhamento do eixo do mal.

Land era uma estudante de doutorado que trabalhava com Magueijo no Colégio Imperial da Universidade de Londres, quando decidiram abordar a questão de possíveis anomalias na RCF na faixa das micro-ondas. Nascida em Sussex, na Inglaterra, ela havia se interessado por astronomia desde muito jovem. Quando criança, ela às vezes passava noites sem dormir ponderando sobre questões cósmicas, como "Onde está a fronteira do universo?" e "Do que é feito o espaço vazio?"[4]

Quanto a Magueijo, nascido em Portugal, ele é bem conhecido na comunidade cosmológica por suas ideias dissidentes. Em 1998, ele e Andreas Albrecht apresentaram uma teoria do universo chamada de modelo VSL (Varying Speed of Light, Velocidade Variável da Luz), que se propunha a resolver os problemas do horizonte, do achatamento e da constante cosmológica sem a necessidade de recorrer a uma fase inflacionária. Ele sugeriu nada menos que a substituição da Teoria da Relatividade Especial de Einstein por uma abordagem alternativa que permitisse à velocidade da luz mudar ao longo do tempo. Sem descartar completamente essa possibilidade, o matemático sul-africano George Ellis assinalou que mexer na velocidade da luz afetaria significativamente muitas leis da física e teria numerosas consequências potencialmente observáveis.[5]

Ao procurar anomalias na RCF, Land e Magueijo se propuseram a seguir por um caminho mais técnico, baseado em análises estatísticas em vez de novas teorias. No entanto, era um caminho que poderia levar a conclusões revolucionárias se eles descobrissem quaisquer marcadores que apontassem para quaisquer discrepâncias na interpretação-padrão. Os dados anteriores coletados pelo COBE haviam indicado um alinhamento inesperado entre os momentos do quadrupolo e do octopolo; os pesquisadores não tinham certeza do que isso significava. Em um artigo de 2003, escrito por Max Tegmark, Angélica de Oliveira-Costa e Andrew J. S. Hamilton, eles também afirmam ter encontrado um alinhamento semelhante e inexplicável em resultados anteriores obtidos pela sonda WMAP.[6] Land percebeu que uma análise de alinhamentos nos dados da WMAP poderia revelar algo novo sobre o cosmos.

"Se havia algo 'estranho' nas maiores escalas do Universo", ela disse, "então seria esse o primeiro lugar onde você esperaria encontrar qualquer assinatura".[7]

Por incrível que pareça, eles encontraram mais do que esperavam. Não foram apenas os dois primeiros modos multipolares que estavam alinhados ao longo de um determinado eixo, mas também os dois modos seguintes estavam alinhados com eles. Por alguma razão, padrões de pontos frios e quentes estavam formando uma linha ao longo de uma determinada direção do espaço. Não havia nenhuma razão óbvia para tal alinhamento, mas o resultado era intrigante.

Para descrever o alinhamento peculiar, Magueijo apresentou o nome "eixo do mal", como uma referência bem-humorada para a notícia do dia. Como Land lembrou:

> Essa pesquisa estava sendo realizada durante a invasão do Iraque e Bush estava em todos os noticiários na época falando sobre o Eixo do Mal. Começamos a chamar o alinhamento anômalo de "eixo do mal", mais como uma brincadeira realmente... então ele tornou-se o título do nosso artigo. E na ocasião em que apresentamos o artigo, ele havia ficado tanto tempo empacado conosco (e com nossos colegas) que não mudamos seu título! Mas a revista exigiu que o mudássemos.[8]

Graças, talvez, ao nome sugestivo para o alinhamento, o artigo recebeu uma notoriedade considerável. Como Land relatou: "As pessoas riam do título 'eixo do mal'. Acho que o título realmente ajudou a divulgar o trabalho — para melhor ou para pior, um nome atraente ajuda de fato alguém a se lembrar do tema e você terá um grande número de citações!"[9]

A reação dos pesquisadores associados ao projeto WMAP foi mais reservada. Eles eram naturalmente muito protetores com relação aos dados e à análise dos dados: eles queriam evitar erros associados com a sonda, como ela coletou e transmitiu as informações, e como essas informações foram interpretadas. Como no exemplo das iniciais de Hawking vistas no céu, os astrônomos do WMAP frequentemente alertam contra a interpretação exagerada dos padrões aleatórios.

Para garantir que aquilo que eles haviam encontrado era significativo, Land e Magueijo decidiram realizar uma nova análise, baseada em um método chamado de estatística bayesiana, que julga a importância dos padrões com base nas expectativas anteriores, bem como nos próprios dados. Ela penaliza quando se tenta incluir um número excessivo de fatores na tentativa de ajustar os dados se eles não forem bem justificados. Em comparação, o primeiro método que eles usaram, chamado de estatística frequencial (*frequentist*), compara a probabilidade do que é encontrado com o conjunto de todas as possibilidades e não penaliza a inclusão de fatores extras. A estatística bayesiana pode ser usada como uma proteção contra dados exageradamente ajustados — significando com isso o desenvolvimento de uma fórmula que responde perfeitamente a cada prova irrefutável, mas faz pouco para prever o futuro. Essa estatística adverte para o fato de que, quanto mais exata for a sua receita para aquilo que está acontecendo, se não houver razão suficiente para acrescentar essas restrições precisas, menos provável será que ela também se verifique para outros casos.

Por exemplo, suponha que um dia você veja crianças, todas elas usando uniformes, deixando uma escola. No dia seguinte, você observa a mesma coisa. Você nota que, em quase todos os casos que você viu ou sobre os quais leu a respeito de crianças que usam uniformes, há uma ordem obrigando as crianças a isso. Portanto, você conclui que a escola tem um código a respeito de vestimentas. Com base na sua experiência prévia, a análise bayesiana incentiva você a chegar a essa simples conclusão.

No entanto, digamos que você esteja parado perto de outra escola todos os dias da semana durante o tempo de saída da escola. Em uma terça-feira, você vê uma menina usando sapatos vermelhos, em uma quarta-feira, você vê um menino com uma camisa azul, e na quinta-feira você vê um menino perseguindo outro rapaz que tem uma jaqueta de veludo verde. Você tenta levar em consideração cada um desses parâmetros e inventa uma teoria elaborada relacionando dias, cores, roupas e comportamento. Você desenvolve uma hipótese segundo a qual se uma menina com sapatos vermelhos e um menino com uma camisa que não seja vermelha deixam a escola às 3 horas da tarde em dias consecutivos, deve haver, pelo menos, alguém vestindo veludo de outra cor, e saindo pela porta às 3 horas e 5 minutos do terceiro dia. Esse nível injustificadamente próximo de uma perfeita combinação é chamado de ajuste exagerado (*overfitting*) de dados. Com base em suas experiências anteriores, você teria pouca base para acrescentar tantos fatores específicos à sua previsão. Portanto, a abordagem bayesiana aconselharia que a quantidade de detalhes que você coloca no modelo tornaria menos provável que ele fosse preciso.

Aplicada à hipótese do "eixo do mal", a análise bayesiana atenuou as expectativas de que o alinhamento representasse um fenômeno físico real em vez de um acaso. Isso porque os pesquisadores acrescentaram alguns parâmetros adicionais para ajustar os dados que não melhorassem a probabilidade. Por isso, embora no artigo que se seguiu ao de sua suposição polêmica, denominado "The Axis of Evil Revisited" [O Eixo do Mal Revisitado], os pesquisadores confirmassem que o alinhamento realmente existe, eles concluíram que não poderiam apontar estatísticas capazes de reforçar sua probabilidade de ser um efeito real. Como Land comentou:

> Se eu tivesse de apostar minha vida nisso, eu diria que nada causou o alinhamento. Ele "existe" nos dados, mas apenas por acaso. E o nosso primeiro artigo talvez afirmasse exageradamente a importância do recurso. Se ele é causado por algo real, então eu acho que algum efeito da estrutura em larga escala à nossa volta está torcendo as observações da RCF à medida que a luz viaja em direção a nós.[10]

A análise prossegue indagando se há uma razão física para o "eixo do mal". Somando-se ao mistério, uma descoberta realizada em 2007 por Michael Longo, da Universidade de Michigan, constatou que os eixos de rotação de galáxias espirais tendem a se alinhar na direção geral do "eixo do mal". Com base em dados obtidos pelo Levantamento Digital Sloan do Céu, ele determinou os eixos de rotação de milhares de galáxias espirais e descobriu que a maioria deles estava inclinada em uma direção que corresponde aproximadamente ao alinhamento descoberto por Land e Magueijo. Embora o efeito seja aproximado, em vez de ser algo rigoroso e imediatamente perceptível, ainda era improvável o suficiente para estimular estudos ulteriores sobre o "eixo do mal" para comprovar se de fato ele poderia ser um fenômeno físico genuíno.

Se o "eixo do mal" vier a se revelar como real, os astrônomos serão motivados a tentar identificar estruturas cósmicas grandes o suficiente para causar tal alinhamento. Pode ser que o segredo esteja enterrado no passado distante. Talvez seja uma cicatriz que tenha sobrado de uma época mais caótica no universo primitivo. Assim como formações rochosas que se destacam de uma paisagem plana poderiam ser remanescentes de uma antiga atividade vulcânica, configurações anômalas na RCF poderiam apontar para uma turbulência cósmica em épocas primordiais. Só o tempo dirá se o "eixo do mal" é uma pista cosmológica de importância vital ou algo tão inconsequente quanto as iniciais de Hawking no céu.

O Multiverso Mostra suas Manchas

Uma das mais recentes e promissoras aplicações para os dados da RCF é a busca de provas do multiverso. Quando Alexander Vilenkin, Andrei Linde e outros sugeriram, na década de 1980, que a inflação poderia ser eterna, produzindo continuamente universos-bolhas, o conceito parecia abstrato e experimentalmente inverificável. Afinal, se as outras bolhas são inacessíveis, como poderíamos saber que elas realmente estão lá fora?

Indiretamente, podemos supor que o multiverso existe. Como já examinamos, a improbabilidade extrema de a constante cosmológica ter um valor assim tão pequeno em comparação com seu alto valor calculado na maioria dos modelos teóricos do vácuo levou alguns físicos, como Leonard Susskind, a defender a ideia da sobrevivência do mais apto entre os universos-bolhas. Lawrence J. Hall e Yasunori Nomura, pesquisadores de Berkeley, chamaram o baixo valor da constante cosmológica de "grau de artificialidade" (*degree of unnaturalness*) e notaram que ele (juntamente com outros parâmetros físicos de valores inesperados) demonstra que o nosso universo precisa ser um produto de "seleção ambiental".[11]

Um pesquisador experimental intransigente rejeitaria tais argumentos abstratos e exigiria uma prova mais tangível. Ele estaria mais propenso a ser influenciado por evidências de qualquer impacto discernível dos outros universos-bolhas sobre o nosso. Tal impacto teria ocorrido muito cedo na história do nosso universo, antes que as bolhas inflassem muito longe de nós para nos afetar. A RCF daria testemunho, talvez, dos vestígios dessa interação primordial.

Em 2009, a astrofísica Hiranya Peiris, da Universidade de College London, juntamente com o teórico das cordas Matthew Johnson, do Instituto Perimeter, decidiram enfrentar a questão de saber se a RCF poderia ser utilizada para testar a ideia de universos-bolhas. Em particular, eles procuraram a marca fóssil de colisões entre bolhas — que eles esperavam descobrir como assinaturas características nos dados da RCF. Eles concorreram a uma bolsa do Instituto Foundational Questions, grupo que financia pesquisas não convencionais, de projetos de alcance avançado, e receberam mais de 112 mil dólares para realizar o seu trabalho.

Nascida no Sri Lanka, Peiris recebeu seu doutorado em Princeton, em 2003, sob a supervisão do conceituado cosmólogo David Spergel. Enquanto ainda estava em Princeton, ela se juntou à colaboração que a sonda WMAP estava oferecendo à cosmologia e participou de seus estudos desbravadores sobre a idade e a composição do universo. Ela tornou-se uma especialista em analisar como os dados obtidos pela WMAP exibiam as "impressões digitais" de uma era de inflação. Depois de conhecer Johnson, ela ficou convencida de que a busca pelo impacto do multiverso por meio de uma análise estatística dos dados da RCF seria um esforço a que valeria a pena se dedicar.

Como Peiris comentou: "Eu tinha ouvido falar sobre esse 'multiverso' durante anos e anos, mas nunca o levei a sério porque pensava que não seria testável. Fiquei simplesmente impressionada com a ideia de que você pode testar todos esses outros universos lá fora — isso é simplesmente alucinante."[12]

Junto com Stephen Feeney, da UCL, eles desenvolveram uma simulação por computador de como seria a aparência da RCF se dois universos-bolhas colidissem. A simulação deles apontou para manchas com formas e tamanhos característicos, que refletiam as condições que se manifestariam após tal colisão. Uma vez que a colisão teria ocorrido antes da era inflacionária — quando as bolhas estavam suficientemente próximas — as manchas se estenderiam durante a inflação, deixando marcas visíveis na RCF.

Em 2011, a equipe anunciou os resultados de uma análise de dados coletados pela WMAP a qual empregava um algoritmo de computador para procurar os padrões de colisão previstos. Os pesquisadores usaram métodos estatísticos bayesianos para verificar se haveria correspondências significativas entre a teoria e os dados. Curiosamente, eles encontraram quatro características que poderiam possivelmente representar os remanescentes de colisões de bolhas. No entanto, eles não tinham dados suficientes para declarar conclusivamente que os padrões que descobriram foram estatisticamente significativos. Eles esperam que os resultados do satélite Planck, que está atualmente coletando dados sobre a RCF, ajudarão a apoiar suas descobertas.

A WMAP e outras sondas encarregadas de estudar a RCF têm revelado muito a respeito do início do universo — uma era que, antes de os satélites terem sido lançados, estava envolta em mistério. Os instrumentos oferecem instantâneos de importância vital provenientes da era da recombinação, quando a RCF foi emitida. No entanto, depois dessa era, há um período substancial da história cósmica que permanece velado. A "Idade das Trevas", o intervalo encoberto entre a era da recombinação e a formação das primeiras estrelas, representa uma nova fronteira crítica da cosmologia.

11

O Que São as Imensas Rajadas de Energia Vindas das Mais Longínquas Regiões do Universo?

Erupções de Raios Gama e a Procura pelos Dragões Cósmicos

Não adianta deixar um dragão vivo fora dos seus cálculos se você vive perto dele.

— J. R. R. TOLKIEN, *THE HOBBIT, OR, THERE AND BACK AGAIN* (1937)

Em vista da imensidão do universo observável, era de esperar que as distâncias mais longínquas nos enviassem apenas os sinais mais fracos. De fato, isso é verdade para os objetos astronômicos típicos que são extremamente remotos. As exceções são corpos de poder inacreditável chamados quasares, que se destacam como labaredas de intensidade sobrenatural na escuridão do espaço. Eles não são detentores de recordes apenas por causa da quantidade de energia que produzem, mas também pela sua idade. A imensa distância que os separa de nós revela que eles são incrivelmente velhos e representam alguns dos objetos mais antigos do Universo.

Radioastrônomos observaram os primeiros quasares na década de 1960 como faróis intensos de ondas de rádio. Acreditando que esses objetos fossem emissores de rádio dentro de nossa própria galáxia, os observadores os rotularam como "fontes de rádio quase estelares". Só gradualmente a verdade tornou-se evidente: os quasares se encontram muito, muito mais longe do que as fronteiras da Via Láctea. Na verdade, eles compreendem algumas das entidades astronômicas mais remotas no espaço — reveladas por seus enormes deslocamentos Doppler, que se traduzem em velocidades de afastamento de até 80% da velocidade da luz. O quanto eles são remotos indica suas origens antigas, pois a luz que estamos recebendo deles foi emitida há cerca de 10 bilhões de anos. Dados a sua enorme distância e o seu brilho surpreendente, os astrônomos chegaram à conclusão inequívoca de que os quasares são centrais de energia, cada um deles emitindo muito mais radiação do que toda uma galáxia de tamanho médio. Essas torrentes extraordinárias emergem de regiões concentradas, tipicamente não muito maiores que o Sistema Solar.

Astrônomos especulam que os dínamos que proporcionam energia aos quasares são buracos negros supermassivos situados nos centros de galáxias muito jovens. Nesses centros formam-se discos de acreção de matéria que nele cai — são como dervixes rodopiantes de material aprisionado em uma espiral de morte ao redor do sumidouro gravitacional. Os buracos negros supermassivos são tão compactos que um único deles, milhões de vezes mais pesado que o Sol (como o objeto que se acredita estar no centro da Via Láctea), teria um diâmetro menor do que a distância entre o Sol e Mercúrio. Os buracos negros supermassivos que estariam alimentando os quasares seriam provavelmente bilhões de vezes mais pesados do que o Sol, com diâmetros pelo menos duas vezes maior (e, possivelmente, até 20 vezes maior) do que a distância média entre o Sol e Netuno.

À medida que as partículas rodopiam no turbilhão com velocidades próximas da velocidade da luz, elas emitem feixes de energia denominados radiação síncrotron, que também são produzidos em aceleradores de partículas circulares. Na radiação síncrotron, conforme as partículas giram em alta velocidade, elas liberam fótons energéticos. No caso dos discos de acreção que circundam buracos negros supermassivos em galáxias nascentes, essa radiação é extraordinariamente intensa, o que resulta no brilho extremo dos quasares.

Não há quasares contemporâneos, uma vez que representam uma época em que os centros galácticos eram muito mais turbulentos. Tais núcleos fervilhantes são conhecidos como núcleos galácticos ativos. Alguns astrônomos acreditam que os quasares representam uma etapa necessária na vida das galáxias.

As galáxias mudaram muito ao longo de mais de 10 bilhões de anos de história cósmica. Provavelmente, os tamanhos das primeiras galáxias, como as que agora se situam nas fronteiras do universo, eram relativamente pequenos e elas tinham vida curta. Ao colidirem uns com os outros, esses "minieus" ["*Mini-Me's*"] galácticos criaram agrupamentos mais substanciais de estrelas. Uma colisão de pequenas galáxias que teria durado cerca de 3 bilhões de anos provavelmente precedeu a formação das galáxias maiores, como a Via Láctea e Andrômeda.

Simulações por computador realizadas por pesquisadores da Universidade de Durham, na Inglaterra, indicaram que muitas das estrelas mais antigas da Via Láctea pertenceram outrora a galáxias menores. Essas estrelas antigas foram arrancadas de suas galáxias-mãe durante colisões violentas. Consequentemente, a Via Láctea engloba não apenas estrelas nativas, mas também muitas órfãs adotadas.

Contos da Idade das Trevas

Um dos períodos menos compreendidos da história cósmica é aquele, estimado em 200 milhões de anos, que se estende entre a era da recombinação e a formação das primeiras estrelas, uma era apelidada de "Idade das Trevas". Durante esse longo intervalo, a gravidade, tranquilamente, coletava grande parte do material gasoso do universo — principalmente hidrogênio e hélio, com traços de lítio — em nuvens cada vez mais massivas.

Teóricos especulam que a matéria escura fria desempenhou um papel da maior importância na reunião conjunta dos átomos. Tufos e filamentos de matéria escura fria poderiam muito bem ter fornecido o esqueleto sobre o qual os átomos comuns puderam se prender. Enquanto a radiação cósmica de fundo (RCF) remanescente continuava a esfriar de maneira heterogênea — deslocando-se para a parte invisível do espectro —, o espaço, pacientemente, esperou por um clarão mais dramático da luz das estrelas. Até que a massa crítica necessária para a fusão fosse alcançada, nenhum dos orbes ainda incipientes poderia combinar seu volume de hidrogênio em uma reação termonuclear.

Instrumentos astronômicos como o Telescópio Hubble só oferecem poucos vislumbres da era que precedeu as galáxias. Quanto mais antigos são os objetos procurados, mais longe os telescópios precisam fazer a varredura. Espreitar mais e mais para trás no tempo apresenta um desafio de proporções progressivamente mais gigantescas. Por isso, grande parte das especulações a respeito da Idade das Trevas do universo deriva de sofisticadas simulações por computador. Essas simulações contam com modelos de matéria escura fria que se aglomeraram ao longo das linhas das ondulações de densidade primordiais e coalesceram em halos. Em seguida, o hidrogênio e outros gases condensaram-se ao redor das regiões mais densas de tais estruturas de matéria escura.

Para formar estrelas, as nuvens de gases primordiais precisavam esfriar. Caso contrário, sua pressão interna impediria que elas se contraíssem o suficiente para fundir e brilhar. Mais tarde na história do cosmos, depois que a primeira geração de estrelas nasceu e morreu, elementos de maior número atômico absorveriam fótons e serviriam como agentes de resfriamento. Tal absorção de energia permitiu que os gases se estabelecessem em arranjos mais estreitamente compactados e se tornassem a geração seguinte de corpos estelares. No entanto, na Idade das Trevas nenhum desses elementos superiores ainda existia. O hidrogênio atômico não poderia fazer o truque, pois, sempre que um átomo liberasse um fóton, outro átomo o apanharia, rebatendo partículas de energia para trás e para a frente como um jogo de fliperama cósmico. Esse salto de fótons de um lado para o outro mantinha as nuvens de gás quentes e amorfas, em vez de resfriá-las em um volume globular. A chave, em vez disso, era o hidrogênio molecular, com dois átomos de hidrogênio estreitamente ligados em cada molécula. Embora não fossem comuns, havia hidrogênio molecular em quantidade suficiente para absorver fótons ao longo do tempo, o que lhes permitiu servir como refrigerantes primários. Gradualmente, os gases se estabeleceram em corpos densos o suficiente para iniciar o processo de fusão e se tornar a primeira geração de estrelas, chamada de População III.

Gerações de Estrelas

Os astrônomos contam regressivamente no tempo e avaliam a parcela de elementos de maior número atômico — que eles chamam de "metais" — para rotular gerações estelares. Os "metais" em astronomia têm um significado diferente do que têm em química, pois incluem qualquer elemento diferente do hidrogênio e do hélio. Por exemplo, o carbono, o nitrogênio e o oxigênio são considerados metais em astronomia (mas não em química). Em ordem de aparecimento, contendo porcentagens sucessivamente mais elevadas de metais, as três gerações estelares são chamadas de Populações III, II e I. Observe a ordem inversa, refletindo como, na astronomia, o que está mais longe significa o que está cada vez mais para trás no passado.

A geração mais jovem de estrelas, que abriga uma paleta completa de elementos químicos, é chamada de População I. Essas estrelas "ricas em metais" são geralmente encontradas no plano das galáxias espirais, como a Via Láctea e Andrômeda, ou próximas desse plano. O Sol é um exemplo de uma estrela madura da População I. Estrelas da População I só podem ser produzidas quando há elementos superiores em quantidade suficiente ao redor para lhes permitir se condensar relativamente tarde na história do universo. A maioria dos astrônomos acredita que são essas estrelas que têm maior probabilidade de abrigar planetas. Certamente, planetas rochosos como a Terra, ricos em ferro e em outros elementos de número atômico superior, só podem ser produzidos em sistemas com tais estrelas ricas em metais.

Estrelas da População I foram semeadas pela morte catastrófica de uma geração anterior, pobre em metais, a População II. Tipicamente mais antigas, escuras e frias, as estrelas da População II são frequentemente encontradas em aglomerados globulares (formações esféricas de estrelas em halos galácticos) e perto dos centros das galáxias. Ao longo de suas vidas, elas acumulam em seus núcleos elementos de número atômico mais elevado que são liberados no espaço durante explosões de supernovas.

As estrelas da População III, as progenitoras livres de metais da População II, representam os avós estelares de estrelas como o Sol — ainda mais simples e mais voláteis. Simulações de computador indicam que estrelas da População III eram extremamente massivas — variando de 30 a 300 vezes a massa do Sol. Cada uma delas era extraordinariamente quente e brilhante, intensamente envolvida no processo vital de transformar hidrogênio em elementos mais pesados por meio de ciclos de nucleossíntese.

Simulações iniciais indicando como se formaram as estrelas da População III nos mostraram que elas eram corpos solitários em vez de binários (pares gravitacionalmente conectados). No entanto, em 2009, estudos por computador realizados por Matthew Turk e Tom Abel, do Instituto Kavli de Astrofísica de Partículas e Cosmologia, na Califórnia, juntamente com Brian O'Shea, da Universidade Estatal de Michigan, obtiveram um resultado inesperado, indicando que os pares podem ter sido relativamente comuns. A implicação de suas conclusões é que estrelas de pares da População III poderiam ser menos massivas que as estrelas individuais. Em vez de terem centenas de vezes a massa do Sol, cada membro de um sistema binário poderia ser menos massivo que cem massas solares. A massa menor combina melhor com modelos que procuram explicar como uma série de elementos de número atômico superior se formou em seus núcleos e foram liberados em explosões de supernovas.

Com a formação das primeiras estrelas massivas, a Idade das Trevas cósmica chegou ao fim. Sua chamada final dos atores no palco para receber aplausos foi uma notável mudança na natureza dos gases interestelares que restaram. À medida que as estrelas incipientes começaram a brilhar, sua luz ultravioleta radiante arrancava elétrons dos átomos neutros no meio interestelar, voltando a transformá-los em íons. Em outras palavras, a união de prótons e elétrons em átomos neutros durante a era da recombinação terminou (no meio interestelar) em uma espécie de divórcio. Esse estágio final divisor da Idade das Trevas é chamado de reionização.

Hoje, quase todo o hidrogênio no espaço é ionizado. Portanto, uma forma de estabelecer quando a Idade das Trevas terminou é procurar por evidências de hidrogênio neutro no passado do universo. Um método de fazer isso envolve o chamado efeito de Gunn-Peterson, proposto em 1965 por Jim Gunn e Bruce Peterson, que na época estavam na Caltech. Gunn e Peterson mostraram que o hidrogênio neutro absorvia certas frequências luminosas. A luz que se dirigia à Terra vinda de uma parte do espaço onde havia uma quantidade considerável de hidrogênio neutro teria essas linhas espectrais características bloqueadas. Usando o efeito Doppler (uma maneira de medir a velocidade dos objetos), os astrônomos poderiam, então, determinar a época do universo quando existia hidrogênio neutro. Em 2001, uma equipe de cientistas que trabalhava com os dados obtidos pelo Levantamento Digital Sloan do Céu usou pela primeira vez esse efeito para descobrir evidências de hidrogênio neutro na Idade das Trevas — datando esses átomos como tendo cerca de 14 bilhões de anos.

Buracos Negros Vorazes e Supermassivos

Pesquisas sugerem que estrelas da População III terminaram suas vidas de forma drástica, em explosões de supernovas que deixaram para trás buracos negros remanescentes. Os buracos negros se formaram a partir da implosão dos núcleos estelares em objetos ultracompactos — uma força gravitacional poderosa o suficiente para impedir que a própria luz conseguisse fugir deles. Graças às explosões, detritos espaciais se espalharam, os quais, pela primeira vez, conteriam elementos de número atômico mais alto do que o hidrogênio, o hélio e o lítio. Enquanto isso, os buracos negros devoravam quaisquer materiais dentro do seu alcance — um processo denominado acreção — e cresciam com o passar do tempo. Aqueles que se encontrassem se fundiriam em corpos maiores. Os maiores entre eles poderiam ter ajudado a fornecer o estímulo gravitacional necessário para a formação de galáxias.

Os astrônomos acreditam que buracos negros supermassivos residem nos centros da maioria das galáxias (e talvez até mesmo de todas). Eles variam em massa de centenas de milhares a bilhões de vezes a massa do Sol. Embora muitos pesquisadores acreditem que esses titãs surgiram a partir do crescimento e/ou de fusões de buracos negros do tamanho de estrelas, eles ainda precisam confirmar a existência dos buracos negros de tamanho intermediário. Tais pesos-médios formariam o "elo perdido" entre as variedades do tamanho de estrelas e as supermassivas — apontando para um processo evolutivo que transforma buracos negros mais leves em mais pesados.

Em 2009, uma equipe internacional de astrônomos liderados por Sean Farrell, da Universidade de Leicester, na Inglaterra, descobriu uma fonte de raios X extremamente poderosa, que poderia representar um buraco negro de tamanho intermediário. Chamado de HLX-1, ele é o farol de raios X mais luminoso já descoberto. Estudos suplementares, realizados em 2010, com o Telescópio Muito Grande do Observatório Europeu do Sul, no Chile, confirmaram sua localização como a galáxia espiral ESO 243-49, cerca de 290 milhões de anos-luz da Terra. Embora a análise dos dados ainda esteja em andamento, e uma conclusão definitiva ainda tenha de ser alcançada, os pesquisadores estão otimistas porque acreditam que eles podem ter encontrado um exemplo, que se procurava há muito tempo, de um objeto de tamanho médio que entrou em colapso gravitacional. Como Farrell comentou:

> Isto é muito difícil de explicar sem a presença de um buraco negro de massa intermediária entre aproximadamente 500 vezes e 10 mil vezes a massa do Sol.[1]

A firme prova de que existem buracos negros de tamanho intermediário preencheria uma importante lacuna na história de como os maiores buracos negros se formaram. Até então, nós ainda não temos certeza de que buracos negros do tamanho de estrelas podem evoluir para buracos negros supermassivos, ou se outro processo astronômico está acontecendo — tal como a implosão catastrófica de quantidades enormes de material. A centralidade e ubiquidade dos buracos negros supermassivos em galáxias sugere vigorosamente que eles desempenharam papéis importantes na maneira como as galáxias evoluíram.

Flashes Frenéticos: O Mistério das Rajadas de Raios Gama

Como se os quasares não fossem desconcertantes o suficiente, os astrônomos tiveram de se confrontar, nas últimas décadas, com outra classe espantosa de fenômenos energéticos chamados de rajadas (ou erupções) de raios gama. Elas são flashes rápidos e esporádicos de radiação gama que parecem surgir do nada e têm uma duração que vai de poucos milésimos de segundo a vários minutos. Os raios gama são a forma de luz mais energética e de mais alta frequência que existe.

Flashes de raios gama anômalos foram registrados pela primeira vez no fim da década de 1960, quando os militares dos Estados Unidos lançaram uma série especial de satélites com sensores de raios gama, concebidos para detectar possíveis testes nucleares soviéticos. Testes atmosféricos de armas nucleares tinham acabado de ser proibidos, e as espaçonaves Vela, como foram chamadas, serviram para verificar o cumprimento do tratado. De vez em quando, a sonda retransmitia de volta para a Terra evidências de breves sinais aleatórios de raios gama, vindos de várias direções aleatórias no espaço. Em 1973, Ray Klebesadel, Ian Strong e Ray Olson, pesquisadores de Los Alamos, tornaram conhecimento desses sinais em um artigo publicado no prestigioso periódico *Astrophysical Journal Letters*, e a busca pelas origens das rajadas de raios gama começava.

Assim como no caso dos quasares, os astrônomos não tinham certeza, no início, se as rajadas de raios gama representavam objetos dentro da Via Láctea ou entidades mais distantes, muito além de sua periferia. Algo que frustrava as tentativas de definir suas propriedades era uma escassez de sinais de outros comprimentos de onda além dos gama — por exemplo, na faixa visível — que poderiam oferecer informações suplementares de importância-chave. Esses sinais adicionais eram necessários para combinar os perfis dessas rajadas com os modelos teóricos de eventos astronômicos que poderiam liberar essa energia.

O lançamento pela NASA, no ano de 1991, do Observatório Compton de Raios Gama representou um passo de importância vital para a compreensão das rajadas de raios gama. Ele foi equipado com um instrumento sensível denominado BATSE (Burst And Transient Source Experiment, Experimento [para registro] de Rajadas e Fontes Transientes [de raios gama]), projetado para registrar as impressões fugazes de raios gama energéticos vindos do espaço profundo. Durante seus nove anos de atividade, ele captou os sinais de mais de 2.700 rajadas de raios gama. No entanto, a única coisa que ele não podia fazer era coletar dados, após a detecção das rajadas, de outras regiões do espectro luminoso. Felizmente, o lançamento, em 1996, do BeppoSAX, satélite de raios X ítalo-holandês, que também levava um detector sensível de raios gama, iria oferecer essa capacidade de acompanhamento crítico. (Foi assim batizado em homenagem a Beppo, o físico italiano Giuseppe "Beppo" Occhialini, pioneiro no estudo dos raios cósmicos.)

Até então, o modelo mais promissor que os pesquisadores queriam testar era a chamada teoria "*collapsar*" de rajadas de raios gama, também conhecida como a ideia "*hypernova*". Proposta em 1993 pelo astrofísico Stan Woosley, da Universidade da Califórnia de Santa Cruz, ele imaginou estrelas ultramassivas sofrendo explosões de supernovas, mas que não conseguiram ejetar grande parte do seu material estelar. Nesse caso, enquanto o núcleo de uma estrela gigantesca colapsava em um poderoso buraco negro, o material extra ficaria rodopiando ao redor dele como um imenso disco de acreção. Como bocados de substância estelar derramada no buraco negro a uma velocidade espantosa, a energia acumulava-se dentro do interior da estrela moribunda. Uma segunda explosão vinda do núcleo enviaria uma imensa onda de choque através do disco de acreção com uma velocidade próxima à da luz, explodindo para fora do topo e do fundo da estrela, como uma despedaçadora erupção do Krakatoa. À medida que a onda de choque dilacerasse o material exterior em uma fúria avassaladora, ela derramaria feixes de raios gama energéticos no espaço, que seriam registrados bilhões de anos mais tarde por astrônomos distantes como uma rajada de raios gama. Isso não seria exatamente o fim da história. Como um demônio furioso, a explosão prosseguiria através do espaço interestelar, interagindo com a poeira e com outros materiais que ela acontecesse de encontrar, gerando uma irradiação secundária menos energética, como os raios X e a luz visível. Assim, um componente-chave para a verificação da teoria de Woosley seria a detecção dessa irradiação secundária.

Em fevereiro de 1997, um evento detectado pelo satélite BeppoSAX foi a prova irrefutável para se identificar o culpado que estava causando tais explosões cataclísmicas. Imediatamente depois da descoberta da rajada de raios gama GRB 970228 (o número refere-se à data), seu detector de raios X registrou um sinal e encontrou os primeiros indícios de uma irradiação secundária. Esse sinal extra esmaecido comprovou ser a chave para se determinar a localização da rajada e estabelecer sua enorme distância e seu brilho. Quando foram registrados mais um ou dois impactos de alta energia com rajadas de raios X seguindo-se a sinais de raios gama, a hipótese *collapsar/hypernova* parecia estar se mantendo bem. No entanto, os cientistas queriam provas ainda mais sólidas. O que realmente decidiria o assunto seria observar sinais de uma estrela distante explodindo juntamente com rajadas de raios gama e flashes de raios X.

Em 2000, o Observatório Compton de Raios Gama foi forçado a descer dos céus — não por uma raça alienígena ansiosa para proteger os segredos das hipernovas, mas sim pela própria NASA. Um dos seus giroscópios de navegação tinha falhado, e a NASA temia que outra falha do instrumento pudesse colocá-lo em um curso de colisão descontrolado rumo ao solo. A agência estimava que, no pior dos cenários, havia uma probabilidade de uma em mil chances de que seus destroços caíssem na cabeça de uma pessoa e a matasse.[2] Por isso, a NASA decidiu evitar esse risco e derrubá-lo de maneira controlada. A colisão monitorada com as águas do Pacífico não causou danos conhecidos.

Mais tarde, no mesmo ano, para aprofundar o estudo das rajadas de raios gama, a NASA lançou o HETE-2 (High Energy Transient Explorer 2, Explorador 2 de Transientes de Alta Energia) do Atol Kwajalein, que faz parte das Ilhas Marshall, no Pacífico. O local foi escolhido por sua proximidade da linha do Equador, pois se pensava que (por causa do alinhamento do campo magnético da Terra) uma órbita equatorial minimizaria a interferência por elétrons de alta energia vindos do espaço. Para permitir uma análise rápida das rajadas, bem como de sua esmaecida radiação secundária, a NASA equipou o satélite com um detector de raios gama sensível e dois detectores de raios X. O sistema foi projetado para ter um tempo de resposta extremamente rápido. Ele foi programado de maneira que, tão logo percebesse um sinal revelador de uma rajada, determinasse sua localização e retransmitisse essa informação para outros instrumentos localizados tanto no próprio espaço como em terra para verificação e estudos adicionais.

O investimento da NASA provou valer a pena quando, em 29 de março de 2003, os instrumentos do HETE-2 detectaram uma mistura de sinais vindos de GRB 030329, a rajada de raios gama mais próxima e mais brilhante detectada até aquele momento. Pouco tempo depois, um telescópio de 40 polegadas (1,016 metro) no Observatório de Siding Spring, na Austrália, registrou a irradiação secundária óptica, a qual permitiu aos astrônomos mostrar que a rajada emanava de uma enorme explosão de supernova situada 2,65 bilhões de anos-luz da Terra. Por causa de sua enorme importância para desvendar o mistério das rajadas de raios gama, estabelecendo, sem sombra de dúvida, que elas estavam associadas com a explosão de estrelas remotas, os astrônomos apelidaram o evento de "Pedra de Rosetta".

Woosley não conseguiu esconder sua emoção. "A rajada de 29 de março muda tudo", disse ele. "Com o estabelecimento desse elo perdido, temos a certeza de que pelo menos algumas rajadas de raios gama são produzidas quando buracos negros, ou talvez estrelas de nêutrons muito incomuns, nascem dentro de estrelas massivas. Podemos aplicar esse conhecimento a outras observações de rajadas."[3]

Ele e outros astrônomos que trabalham nesse campo reconheceram que ainda há mistérios não resolvidos associados com as rajadas de raios gama. Particularmente desconcertante é o seu espectro de durações: algumas em milissegundos e outras em minutos. Será que elas representam diferentes tipos de fenômenos, ou algum outro fator pode estar entrando em jogo? Por exemplo, poderia o ângulo dos feixes de raios gama com relação à Terra estar afetando o tempo de duração desses sinais? Juntamente com os quasares, as supernovas, os pulsares e os buracos negros, as rajadas de raios gama se juntaram ao panteão das maravilhas astronômicas que, embora possam ser explicadas logicamente, ainda surpreendem as mentes com seus apavorantes poderes.

A Busca do Dragão

Os raios gama, sempre a parte mais quente do espectro luminoso, já se tornaram uma das mais inflamadas buscas da astronomia. Com o desenvolvimento de detectores mais precisos, o interesse em mapear o céu dos raios gama e de compreender os tipos de fontes que produzem esses sinais disparou para as alturas. Rajadas de raios gama estão longe de ser as únicas bestas estranhas associadas a essa forma de radiação. À espreita em suas tocas ocultas, há outros tipos bizarros de seres que respiram fogo.

Em 11 de junho de 2008, um foguete Delta levou o Fermi Gamma-Ray Space Telescope (Telescópio Espacial Fermi de Raios Gama, originalmente chamado GLAST — (Gamma-Ray Large Area Space Telescope, Telescópio Espacial de Grande Área de Raios Gama) — e rebatizado com o nome do físico Enrico Fermi) em sua órbita elevada. Sua missão era servir como uma espécie de Américo Vespúcio do reino da alta frequência, completando um atlas do céu de raios gama. A "Eurásia" do mapa de raios gama é a Via Láctea — um brilho inconfundível alastrado por todo o centro. Além desse continente central está a *terra incognita* [terra desconhecida] — uma névoa de fontes desconhecidas.

Antes de o telescópio Fermi ser lançado, a maioria dos astrofísicos pensava que os contribuidores dominantes para o nevoeiro de raios gama eram os gêiseres de onde jorravam partículas de alta energia das vizinhanças de buracos negros supermassivos conforme eles devoravam sua presa indefesa (por exemplo, invadindo estrelas). Como esses jatos golpeavam gases da vizinhança com velocidades próximas à da luz, eles libertavam dilúvios de raios gama. Núcleos galácticos ativos — com seus gigantescos buracos negros centrais devorando quantidades inimagináveis de material — seriam especialmente produtivos. Os astrônomos não podiam discernir essas fontes individualmente por causa de suas distâncias colossais. Com jatos em número suficiente, no entanto, raios gama vomitados de inúmeras fontes se misturariam em um obscuro fundo de névoa. Assim rezava a teoria.

A observação resultou em um grande choque. Analisando os dados coletados pelo Telescópio Fermi, uma equipe liderada por Marco Ajello, da Stanford, fez uma descoberta surpreendente. Ele anunciou, em uma coletiva em março de 2010, que uma plena porcentagem de 70% do nevoeiro de raios gama para além da Via Láctea não podia ser explicada por meio de núcleos galácticos ativos. Então, o que estava à espreita no atoleiro, e que soprava pelas suas ventas mais de dois terços de toda a energia que compunha o fundo de raios gama? Acenando para a lenda medieval, os pesquisadores apelidaram essas fontes desconhecidas de "dragões".

Infelizmente, não existe uma "loja de cartografia" de magos para fornecer um "mapa dos culpados" capaz de nos revelar onde esses *firedrakes** escondidos poderiam habitar. Os cientistas precisaram localizá-los à maneira antiga — inventando e testando teorias sobre a sua natureza e o seu paradeiro. O Telescópio Fermi ajudará os buscadores celestes a estreitar a gama das alternativas para que as tocas dos dragões possam algum dia ser encontradas. Nenhuma palavra ainda foi dita esclarecendo se haveria ou não a necessidade de os investigadores precisarem resgatar princesas e príncipes intergalácticos no processo.

Uma fonte concebível de quantidades massivas de raios gama seria a formação de aglomerados de galáxias. A consequente aceleração de partículas durante a fusão poderia gerar radiação de alta energia. Outra possibilidade seriam as ondas de choque causadas por explosões de supernovas, que, desferindo golpes esmagadores nos gases, os forçariam a emitir raios gama.

Por fim, outra explicação plausível seria a colisão de partículas de matéria escura. Estas poderiam interagir umas com as outras, aniquilando-se mutuamente e produzindo raios gama como subprodutos. Uma das missões do Telescópio Fermi é procurar esses sinais. Se a matéria escura é predominante no espaço, ela poderia estar deixando rastros que não conseguimos reconhecer até agora. Naturalmente, para confirmar tal hipótese, precisamos identificar o que a matéria escura realmente é — ou, pelo menos, discernir suas propriedades básicas. Enquanto buscam as verdadeiras identidades dos dragões cósmicos, os astrônomos têm mais uma motivação para resolver o enigma da matéria escura.

---

* Espécie de dragão da mitologia germânica. (N.T.)

Dentro do Vórtice

Não precisamos procurar muito longe para descobrir produtores massivos de raios gama. Dentro de nossa própria galáxia há fontes gigantescas de raios gama. Em 2010, o astrônomo Doug Finkbeiner, do Centro de Astrofísica Harvard-Smithsonian, revelou a existência de enormes bolhas de raios gama acima e abaixo do plano da Via Láctea. As bolhas gêmeas se estendem, afastando-se, 25 mil anos-luz do centro da Via Láctea, o que lhes confere a forma de uma barra. Os cientistas não tinham visto as bolhas antes porque a sua radiação estava camuflada dentro do nevoeiro de raios gama.

Pesquisadores especulam que as bolhas de raios gama poderiam ser relíquias de uma enorme rajada de energia vinda de um buraco negro supermassivo no centro da Via Láctea. No passado, o centro da nossa galáxia foi provavelmente muito mais violento e propenso a essas erupções. Felizmente, hoje a Via Láctea é madura e não está sujeita a tais rajadas.

Algum dia, talvez, astronautas venham a explorar as profundezas de nossa galáxia e visitar seu centro. Talvez alguns venham a ser corajosos (ou imprudentes) o bastante para invadir a toca de um buraco negro supermassivo. Ao contrário de um buraco negro comum, de tamanho estelar, um buraco negro supermassivo ofereceria tempo suficiente para um explorador visitá-lo antes de finalmente ser esmagado.

O físico Vyacheslav Dokuchaev, do Instituto de Pesquisa Nuclear da Academia de Ciências da Rússia, em Moscou, especulou que formas de vida avançada poderiam existir dentro de um buraco negro supermassivo, contanto que ele gire, ou que seja eletricamente carregado. Buracos negros giratórios ou eletricamente carregados, calculou ele, oferecem a possibilidade de órbitas planetárias estáveis. Seres esclarecidos poderiam existir em tais planetas, adaptados às forças de maré poderosas que rasgariam criaturas menos adaptadas. Astronautas que entrassem em um buraco negro supermassivo certamente ficariam espantados ao encontrar tais formas de vida.

Além de procurar novas e estranhas formas de vida, haveria outra motivação para investigar os domínios retorcidos dos buracos negros supermassivos. A teoria sugere que eles poderiam abrigar portais para outras partes do espaço, portais conhecidos como pontes de Einstein-Rosen ou buracos de minhoca. A perspectiva de encontrar passagem para uma parte distante do nosso universo — ou até mesmo para um universo paralelo — é uma das implicações mais emocionantes da relatividade geral.

12

Será Que Podemos Viajar para Universos Paralelos?

Os Buracos de Minhoca como Portais

Conhecer o próprio universo como uma estrada — como muitas estradas
— como estradas para almas viajantes.

— WALT WHITMAN, *SONG OF THE OPEN ROAD*

Se os cientistas acabarem por estabelecer a existência do multiverso, intrépidos indivíduos seriam capazes, naturalmente, de se perguntar se poderiam visitar universos paralelos. Acaso haveria portais de entrada para outros domínios? Curiosamente, a teoria da relatividade geral de Einstein parece permitir tais passagens, pelo menos hipoteticamente. Em 1935, ele e seu assistente de pesquisa, Nathan Rosen, propuseram a noção de conexões entre regiões separadas do espaço — uma ideia que veio a ser conhecida como pontes de Einstein-Rosen ou buracos de minhoca. Você pode se perguntar como uma ponte pode ser o mesmo que um buraco de minhoca, ou túnel, mas ambas as expressões descrevem uma maneira de usar uma conexão matemática para preencher a lacuna entre duas regiões separadas do espaço.

O artigo de 1935 de Einstein e Rosen foi uma tentativa de esclarecer um profundo mistério na teoria gravitacional enquanto tentava resolver outro, da física de partículas. A presença de singularidades — pontos de densidade infinita — na relatividade geral perturbou muito Einstein. Ele não gostava do fato de que a solução de Schwarzschild, que descreve como o espaço-tempo sofre torção na presença de uma massa esférica, tem um buraco central, uma lacuna — um rasgão no próprio tecido da realidade. O espaço e o tempo simplesmente não têm significado nesse lugar infinitamente compacto.

A expressão "buraco negro" ainda tinha de ser introduzida por John Wheeler, mas Einstein já havia se esquivado de tal conceito. Einstein acreditava que o universo é governado por um conjunto completo de leis deterministas e que essas leis deveriam excluir pontos singulares. Ao instruir seus assistentes de pesquisa sobre soluções viáveis, ele costumava expressar seus sentimentos em termos religiosos. Ele lhes explicava que o desenvolvimento de uma teoria com singularidades representa uma transgressão contra o que precisa ser um conjunto perfeito de equações estabelecidas pelo divino para descrever o comportamento completo do cosmos.

Para remover a singularidade, Einstein e Rosen encontraram uma maneira de estender o desenvolvimento matemático da solução de Schwarzschild até outra "folha" do universo — que poderia ser interpretada como um universo paralelo —, tornando assim a lacuna central uma passagem em vez de um ponto final. Em vez de um funil para lugar nenhum, a nova solução parecia uma ampulheta. Qualquer coisa que entrasse na metade superior, que representa o nosso universo, escoaria através da garganta de conexão e verteria totalmente na metade inferior. A partir da porção inferior, a substância exsudaria no universo paralelo da segunda folha.

Einstein e Rosen conceberam tais pontes entre diferentes folhas como uma maneira natural de explicar como surgem as partículas elementares. Eles postularam que cada ponte representa uma única partícula, como um elétron, e que muitas pontes delineiam partículas interagentes. Linhas de campo elétrico se enfiam através das pontes, denotando a maneira como as partículas carregadas produzem tais padrões. A teoria não conseguia explicar muitos aspectos da física subatômica; por exemplo, ela não explicava por que há tantos tipos diferentes de partículas — caracterizadas por diferentes massas, estados de *spin*, e outros tipos de propriedades —, mas Einstein e Rosen viram a teoria como um começo e não um produto final. No entanto, por causa da falta de capacidade de previsão dessa teoria, poucos físicos levaram a sério essa teoria das partículas.

A partir do fim da década de 1950, Wheeler revisitou a teoria da ponte de Einstein-Rosen, optando por chamar as conexões de "*wormholes*" (buracos de verme ou buracos de minhoca).* Ele gostava de pensar em imagens e imaginou--os como os túneis perfurados através de maçãs por vermes sinuosos. Vermes poderiam usá-los como atalhos para ir de um lado da maçã para o outro sem a necessidade de se contorcer ao longo de sua superfície redonda. Como Einstein, Wheeler ficou intrigado com a ideia de se produzir matéria a partir da pura geometria, e reconhecia nos espaços conectados um dos elementos importantes. Porém, Wheeler foi além de Einstein, ponderando sobre o uso desses buracos para o transporte instantâneo de uma parte do espaço para outra.

Em um artigo publicado em 1962, juntamente com Robert Fuller, da Universidade de Columbia, e denominado "Causality and Multiply Connected Space-Time" (Causalidade e Espaço-Tempo Multiplamente Conexo), Wheeler se perguntou se tais conexões instantâneas poderiam violar a lei da causa e efeito. Os autores imaginaram um buraco de minhoca que liga duas partes distantes do universo e entre as quais se levaria muito mais tempo para viajarem por meio de viagens espaciais comuns. Se um feixe de luz passa através da garganta do buraco de minhoca, ela poderia ultrapassar a velocidade da luz convencional. Nesse caso, o buraco de minhoca poderia transmitir um efeito antes que a comunicação-padrão emitisse sua causa. Tal inversão da ordem normal dos eventos representaria uma violação inaceitável da lei da causalidade.

Por exemplo, considere dois planetas, Gustav e Holst, que se comunicam um com o outro por meio de dois diferentes serviços de mensagens: um portal de buraco de minhoca para comunicações de emergência e sinais de rádio convencionais para outros tipos de mensagens. Os dois planetas estão a quatro anos--luz de distância um do outro, isto é, os sinais convencionais levam quatro anos para transpor a distância entre eles. Por isso, as mensagens enviadas por meio do

---

* Em inglês, *worm* significa "verme" ou "minhoca", e ambos podem ser usados para figurar o conceito, pois atalhos no espaço-tempo são representados, no caso do verme, por buracos na maçã, e no da minhoca, por buracos em um solo de terra. No Brasil, a expressão que mais se popularizou foi "buraco de minhoca". (N.R.)

buraco de minhoca ultrapassariam facilmente a velocidade da luz, permitindo inversões bizarras da ordem da causa e efeito.

Imagine que no ano 3000 um louco em Gustav, chamado Doutor Destructo, envia uma mensagem para Holst por meio do rádio convencional. O doutor maligno anuncia que vai provocar uma explosão devastadora em Gustav, a qual destruirá a embaixada de Holst, a menos que as autoridades em Holst transfiram certa quantia de dinheiro para sua conta. Na transmissão, ele mostra como acionou um temporizador para uma contagem regressiva de um ano. Uma bomba irá detonar automaticamente em 3001, a menos que ele receba o dinheiro que exigiu. Só quando tivesse a certeza de que o dinheiro estaria na sua conta ele desligaria o temporizador. Em seu desvario, o doutor se esquece do retardo de quatro anos para as mensagens convencionais. Ele espera um ano, e então — frustrado pela falta de resposta — permite que a detonação ocorra. Notícias e imagens da catástrofe são enviadas para Holst através do canal de emergência do buraco de minhoca. Seus habitantes se perguntam qual foi a razão para um ato tão abominável. Eles viram o efeito, mas não sabem a causa. Então, em 3004, a mensagem ameaçadora do doutor finalmente chega, inclusive a imagem dele ligando o temporizador para a contagem regressiva de um ano. O povo de Holst experimenta o efeito (a explosão) antes de experimentar a causa (a mensagem sem resposta). Em contraste marcante com as experiências familiares, a causalidade ocorreu na ordem inversa.

Em seu artigo, Fuller e Wheeler ofereceram uma boa razão para que tal violação da causalidade não pudesse ocorrer. Eles demonstraram que qualquer sinal ou material que tentasse entrar em um buraco de minhoca que tivesse por base uma extensão da solução de Schwarzschild faria com que sua garganta se tornasse instável e se fechasse. Consequentemente, a menos que futuros engenheiros pudessem encontrar um meio para manter a garganta aberta, um buraco de minhoca de Schwarzschild, tal como uma conexão de buraco negro, seria imediatamente bloqueado. Nenhum sinal mais rápido do que a luz poderia ser transmitido, e a causalidade seria resgatada.

Fazendo Contato

Mesmo que a garganta de um buraco de minhoca no interior de um buraco negro de tamanho estelar pudesse ser mantida aberta e impedida de interromper a viagem, nenhum astronauta em sã consciência ousaria tentar a jornada. Os buracos negros são muito perigosos para nos arriscarmos a usar a passagem. Suponha que um viajante intrépido tentasse entrar em um na esperança de encontrar um portal para outra parte do espaço. Segundos depois de atravessar o horizonte de eventos (ponto de não retorno do buraco negro), enormes forças de maré esticariam, esmagariam e pulverizariam a alma infeliz. Seria preciso um explorador de fato imprudente para tentar experimentar em primeira mão os segredos mais íntimos de um buraco negro.

Buracos negros supermassivos, muito maiores e muito mais pesados do que seus parentes estelares, ofereceriam a quem pretendesse viajar por eles um tempo consideravelmente maior de reflexão sobre o próprio destino. Viajantes intrépidos que entrassem em tal monstruosidade teriam tempo suficiente para explorá-la antes de serem despedaçados. Se tiverem sorte, e se o buraco negro estiver girando (uma solução obtida por Roy Kerr com base na relatividade geral), poderia até mesmo existir uma maneira de evitar a singularidade. Em vez de um ponto, um buraco negro giratório teria uma singularidade em anel. Pilotando de modo a se manter afastado do elo esmagador, os exploradores teriam o lazer de tentar procurar um buraco de minhoca que, potencialmente, poderia (se de alguma forma fosse estabilizado) lhes permitir escapar. No entanto, eles ainda enfrentariam o perigo de uma chuva de radiação mortal por causa do fluxo para o seu interior de material vindo de estrelas vizinhas, absorvido pelo poderoso corpo do buraco. Desse modo, embora fosse uma jornada mais longa, à qual potencialmente seria possível sobreviver (com equipamentos de proteção suficientes), certamente não seria uma viagem agradável. Provavelmente, nenhum astronauta sensato incluiria tais expedições em seus planos de viagem.

Em 1988, o interesse em buracos de minhoca atravessáveis experimentou um renascimento dramático quando Kip Thorne, físico da Caltech, e Michael Morris, seu aluno de pós-graduação, publicaram um artigo desbravador sobre o tema. Tendo recebido o seu Ph.D. sob orientação de Wheeler, Thorne era bem versado no assunto dos buracos negros e dos buracos de minhoca. Ele estava bem ciente de todas as dificuldades associadas com os buracos de minhoca de Schwarzschild e de todos os perigos que a viagem por um buraco negro representaria para potenciais viajantes espaciais. Portanto, quando um amigo de Thorne, o famoso astrônomo e escritor Carl Sagan, mencionou a ideia de usar buracos negros como dispositivos para o enredo de seu romance *Contato* (para permitir a viagem interestelar), Thorne o guiou para longe dessa ideia e instruiu Morris para que investigasse uma solução mais praticável.

Os buracos de minhoca atravessáveis de Morris-Thorne oferecem uma solução relativista geral distinta, especificamente planejada para evitar os problemas que perturbavam a concepção de viagens por buracos negros. Se tais buracos de minhoca pudessem ser descobertos ou construídos, os viajantes desfrutariam de uma passagem segura e rápida, sem medo de ser desintegrados. As forças de maré e a radiação seriam mantidas em um mínimo dentro das gargantas através das quais os exploradores passariam, permitindo-lhes viajar confortavelmente de uma boca do buraco de minhoca para a outra. Essas bocas poderiam estar em diferentes partes do nosso próprio universo, ou em universos completamente separados do nosso. Desse modo, um buraco de minhoca atravessável poderia concebivelmente permitir o acesso a um universo paralelo.

A "estaca" que manteria abertas as gargantas de tais buracos de minhoca atravessáveis seria uma substância hipotética denominada "matéria exótica". A matéria exótica teria a propriedade única de possuir massa negativa, oferecendo uma espécie de pressão negativa, ou antigravidade. É estranho pensar em uma massa que tenha um valor negativo; todas as partículas conhecidas e até mesmo as antipartículas têm massa positiva. Se você já entrou em uma *delicatessen* e pediu um quilo de salame negativo, você provavelmente foi recebido com olhares estranhos. No entanto, como já vimos em nossas observações sobre a energia escura, o próprio vácuo apresenta pressão negativa. Portanto, a existência de matéria exótica não é tão forçada quanto poderia parecer.

Morris e Thorne especularam que uma civilização avançada poderia minerar o vácuo à procura do material necessário para criar buracos de minhoca. Eles imaginam essa sociedade garimpando um pouco de espuma quântica — com a sua espuma de conexões borbulhando continuamente por causa da incerteza quântica — e ampliando um buraco de minhoca microscópico até o tamanho necessário para permitir a passagem. Desse modo, como no caso da inflação que amplia flutuações minúsculas em estruturas de grande escala, uma futura cultura de grande inteligência tecnológica poderia ampliar uma diminuta conexão quântica em um buraco de minhoca macroscópico.

Um trabalho posterior realizado pelo físico Matt Visser, da Universidade Victoria, de Wellington, na Nova Zelândia, generalizou o trabalho de Morris e Thorne em várias configurações de buracos de minhoca atravessáveis. Visser mostrou como as quantidades de matéria exótica necessárias para formar um buraco de minhoca poderiam ser minimizadas modelando-as com determinados tipos de geometrias — tais como bocas planas com a matéria exótica apenas nas bordas. Os exploradores poderiam viajar através das vias de entrada planas e, assim, evitar as influências energéticas das zonas periféricas.

Thorne participou da concepção e do desenvolvimento de *Interestelar*, um filme sobre viagens espaciais através de buracos de minhoca. Uma vez que *Contato* fora transformado em um filme, *Interestelar* é o segundo filme diretamente relacionado à sua proposta de buracos de minhoca atravessáveis. Houve numerosos outros tratamentos desse tema em várias mídias. Por exemplo, *Star Trek: Deep Space Nine* foi uma série de televisão da década de 1990 baseada em viagens através de buracos de minhoca. Os buracos de minhoca tornaram-se um ícone cultural, bem como um intrigante construto físico.

O Problema com a Viagem no Tempo

Com o advento dos modelos melhorados de buracos de minhoca com características de segurança reforçadas e gargantas que não entram em colapso, a questão da causalidade levantou, mais uma vez, sua face de relógio em marcha regressiva. Em 1989, Morris, Thorne e Ulvi Yurtsever desenvolveram um meio pelo qual os buracos de minhoca poderiam ser modificados para funcionar como máquinas do tempo que arrebatariam os astronautas encaminhando-os em uma viagem para trás no tempo. Eles imaginaram tomar uma das bocas e acelerá-la até uma velocidade próxima à da luz. A outra boca permaneceria em repouso em relação ao planeta lar de uma civilização avançada; vamos chamá-la de *Chronos*. A Teoria da Relatividade Especial de Einstein afirma que objetos em movimento animados com velocidades próximas à da luz envelheceriam mais lentamente com relação à perspectiva de um observador estacionário.

Portanto, se a boca em movimento está viajando com rapidez suficiente, ela poderia envelhecer apenas um ano, enquanto para a boca estacionária e Chronos um total de cem anos teria se passado. Se o buraco de minhoca fosse construído no ano 3000, então o ano civil seria diferente em cada lado do buraco. Enquanto o ano seria 3100 perto da boca estacionária, ele seria apenas o ano 3001 perto da boca em movimento. Agora, suponha que uma astronauta centenária e nostálgica chamada Tempra, nascida em 3000, viva em Chronos, e deseja revisitar os dias de sua juventude. Ela só precisa viajar para dentro da boca estacionária, emergir através da boca móvel para viajar de volta no tempo até o ano 3001, e viajar para casa para Chronos, e ela poderia reviver seus verdes anos.

Podemos facilmente ver como tal viagem para trás no tempo poderia criar paradoxos de causalidade. Se Tempra consegue voltar para Chronos em apenas cinco anos, vamos dizer, ainda seria apenas 3006. Ela poderia procurar sua casa de infância e encontrar consigo mesma com 6 anos. Ela poderia até mesmo aconselhar a si mesma para que não se tornasse uma astronauta, mas sim uma investidora de grande capacidade de empreendimento. Ela poderia dizer à sua versão mais jovem para esvaziar as moedas do seu porquinho e investir na United Wormhole Enterprises (Empresas Buracos de Minhocas Unidos) — que será uma empresa líder no futuro. Suponha que seu eu mais jovem faça exatamente isso e torne-se uma rica filantropa, em vez de uma exploradora do espaço. Então, como é que ela voltaria no tempo e daria um conselho a si mesma? A causa da sua decisão de mudar de vida seria um fantasma.

Mesmo que Tempra não encontre o seu eu mais jovem, ela ainda poderia criar situações paradoxais. Se ela não fosse cuidadosa, ela poderia revelar segredos do futuro que mudariam a história. Por exemplo, ela poderia avisar um líder sobre um plano de assassinato que ela sabe que iria acontecer. No entanto, as ramificações desse líder sobrevivente poderiam influenciar a história de maneiras imprevisíveis. Por exemplo, ela poderia acabar começando uma guerra que não teria acontecido de outra maneira. E se essa guerra acabasse interrompendo o programa espacial, entre outras ramificações? Mais uma vez, a viagem de Tempra para trás no tempo seria inexplicável. Uma contradição ocorreria entre duas narrativas diferentes — uma com ela fazendo a viagem e a outra com ela incapaz de fazê-la por causa da cadeia de eventos que ela mesma criou com suas ações de viajante no tempo. Fica claro, portanto, que a viagem para trás no tempo poderia criar uma oscilação paradoxal entre duas realidades conflitantes. Tais dilemas são, às vezes, apelidados de "paradoxo do avô", por causa da possibilidade de o viajante matar o seu avô, impedindo assim que ele mesmo venha a existir, e do "efeito borboleta", por causa do cenário especulativo de Ray Bradbury de alguém viajando para trás no tempo até a época dos dinossauros, e inadvertidamente pisando em uma borboleta, o que desencadearia uma reação em dominó que provocaria uma interrupção no curso da história.

Ressaltamos que tais paradoxos estão associados com a viagem dirigida ao passado, e não com todas as tentativas de viagem no tempo. A viagem puramente dirigida ao futuro seria fisicamente aceitável e livre de paradoxo. A relatividade especial permitiria que os astronautas viajassem indefinidamente para o futuro, desde que tivessem a capacidade técnica para acelerar até uma velocidade suficientemente próxima à da luz. À medida que fossem se aproximando da velocidade da luz, eles passariam a envelhecer mais e mais lentamente em comparação com as pessoas que eles deixaram para trás na Terra. Eles poderiam voltar para a Terra e descobrir que cem — ou mil — anos teriam se passado. Mesmo assim, eles não violariam a causalidade, uma vez que iriam influenciar somente os eventos que ainda estavam por acontecer. Se o futuro não está escrito, e os astronautas viajantes do tempo o mudassem, eles não criariam um paradoxo.

A viagem em direção ao passado, onde a cadeia de causalidade poderia ser revertida por influências de épocas posteriores sobre anteriores, seria uma história diferente. A distinção é algo chamado de curvas temporais fechadas: fios de realidade que cruzam consigo mesmos ao voltarem para trás no tempo. Surpreendentemente, não há nada na relatividade geral que impeça a formação de CTFs. Além dos buracos de minhoca, foram descobertas outras soluções baseadas na relatividade geral e que contêm CTFs, bem como a possibilidade de paradoxos temporais, tais como o encontro consigo mesmo e a interrupção do fluxo da história.

Há várias soluções possíveis para tais paradoxos de viagem no tempo. O físico russo Igor Novikov conjecturou um princípio de autoconsistência o qual determina que as CTFs são permitidas apenas se não levam a situações contraditórias. Por exemplo, as pessoas não seriam capazes de viajar para o passado e impedir que elas mesmas existissem. Por outro lado, elas poderiam viajar para trás no tempo e entregar a si mesmas os planos para uma máquina do tempo que lhes permitiria a viagem de volta no tempo. O circuito fechado que elas criariam nesse caso seria autoconsistente. O exemplo que ele usou foi o de uma bola de bilhar que volta no tempo, emerge sobre uma mesa e se espreme para dentro de um buraco de minhoca — que a leva de volta no tempo mais uma vez. O circuito vai continuar, sem contradição, *ad infinitum.*

Repare que para o esquema de Novikov valer, a ação humana teria de ser pelo menos um pouco determinista, ou, alternativamente, a realidade precisaria responder por todas as escolhas que alguém poderia fazer. Em um esquema totalmente mecanicista, um viajante do tempo não teria o livre-arbítrio para mudar a história, mas, sem perceber isso, estaria simplesmente seguindo um roteiro. Como alternativa, um viajante do tempo tentaria alterar o passado, mas, independentemente do que ele faça, a cronologia dos acontecimentos seria indelével. Por exemplo, alguém poderia se esforçar para evitar o assassinato de Lincoln, mas de alguma forma seria impedido de entrar no Teatro Ford. Se ele finalmente conseguisse forçar sua entrada, a perturbação resultante poderia permitir que Booth realizasse seu ato hediondo de qualquer maneira. É certo que a ideia de que todas as tentativas de mudar a história levariam a uma ação contrária impedindo tal movimento é muito forçada; no entanto, isso não impediu que ela tivesse se tornado um enredo para numerosas histórias especulativas.

Outros físicos têm sugerido que os princípios fundamentais da física forçosamente impediriam a formação de CTFs. Por exemplo, em um trabalho de pesquisa de 1992, "Chronology Protection Conjecture" [Conjectura de Proteção da Cronologia], Stephen Hawking propôs que "as leis da física não permitem o aparecimento de curvas temporais fechadas".[1] Ele baseou sua hipótese sobre dois aspectos das CTFs. Em primeiro lugar, a fronteira entre CTFs e partes comuns do universo viola um princípio chamado de WEC (Weak Energy Condition, Condição de Energia Fraca), que determina valores positivos de energia e massa. As CTFs, se elas existissem, constituiriam regiões tão distorcidas que as direções do tempo e do espaço seriam trocadas. Em vez de se moverem através do espaço, as pessoas poderiam, hipoteticamente, viajar através do tempo. Cada um desses domínios virados de pernas para o ar seria separado do espaço-tempo normal por uma região chamada de horizonte de Cauchy — uma espécie de barreira invisível na qual o espaço e o tempo trocam papéis. O problema, como Hawking salientou, é que essa fronteira parece ter densidade de energia negativa, rompendo a condição da energia fraca. Dado que a matéria exótica teria massa negativa, e a massa pode ser convertida em energia, o resultado não seria surpreendente.

Hawking admitiu que a gravidade quântica poderia possivelmente permitir a densidade de energia negativa sob determinadas circunstâncias. O efeito Casimir — uma força atrativa ocasionada por efeitos do vácuo quântico — oferece um bom exemplo. No entanto, Hawking calculou que a completude potencial de um *loop* no tempo produziria uma "reação de retorno" energética, a qual impediria esse circuito de se consolidar. Por isso, as leis da física conspirariam para impedir que turistas do tempo tentem visitar a Roma antiga e lotem o Coliseu, entre outras potenciais férias por meio de CTFs. E, como o antigo companheiro de Hawking, o ator convidado de *Star Trek: The Next Generation*, James "Scotty" Doohan, costumava dizer: "Você não pode mudar as leis da física!"

No entanto, outra proposta de resolução para os paradoxos criados pela viagem para trás no tempo é a possibilidade de realidades alternativas, como ela é expressa na ideia de universos paralelos. Por exemplo, a teoria de Alexander Vilenkin, da inflação eterna, estimulada pela noção de Andrei Linde dos "universos-bolhas", concebe a possibilidade de miríades de universos paralelos ao nosso. Como discutiremos no próximo capítulo, uma versão da teoria quântica chamada de Interpretação dos Muitos Mundos (IMM) também postula realidades alternativas. Se alguém viajasse para trás no tempo, é concebível que acabaria em outra ramificação da realidade, eliminando assim a possibilidade de contradizer a história anterior. Por exemplo, se um viajante do tempo conseguisse impedir o assassinato de Lincoln, ele acabaria em uma linha do tempo em que Lincoln cumpriria seu segundo mandato. Mesmo se o viajante se encontrasse em uma realidade em que ele nunca tivesse nascido (por exemplo, por ter inadvertidamente arruinado o namoro de seus pais, e, assim, impedido seu próprio nascimento), não haveria paradoxo se fosse permitido nascer em outra ramificação. Seria estranho nascer em uma realidade alternativa, mas não seria paradoxal, se tais linhagens paralelas confirmassem que existem. Seria, de certa forma, como nascer na Iugoslávia ou na Tchecoslováquia, países que não existem mais, exceto que você teria muito mais explicações a dar, e não poderia recuperar sua certidão de nascimento, a menos que você a trouxesse consigo.

Vida em Outros Universos

É intrigante imaginar a vida em universos paralelos. Se as leis e condições físicas em outros universos forem semelhantes às nossas, elas poderiam potencialmente abrigar uma miríade de mundos habitáveis. Mas e se as condições forem muito diferentes?

A busca por vida extraterrestre ganhou impulso considerável nos últimos anos com a descoberta de centenas de planetas fora do Sistema Solar. Desde 1995, várias equipes de astrônomos têm medido a oscilação de estrelas usando o efeito Doppler e determinado as propriedades de quaisquer planetas que orbitam ao redor delas. Em sua maioria, esses mundos recém-descobertos são muito maiores que a Terra. Muitos orbitam em uma proximidade escaldante de sua estrela-mãe, oferecendo poucas chances de vida como nós a conhecemos.

No entanto, recentemente tem havido melhoria das perspectivas de planetas habitáveis. A descoberta de um planeta rochoso que gira em torno da estrela Gliese 581, a 20 anos-luz de distância de nós, deu origem a manchetes inflamadas com a revelação de que ele poderia ter as condições adequadas para a vida. Especificamente, embora a estrela seja uma esmaecida anã vermelha, e o planeta orbite muito perto dela, a combinação de atividade estelar moderada com proximidade oferece a possibilidade de que algumas regiões do mundo recém-descoberto tenham temperaturas suficientemente moderadas para sustentar a vida. Essas perspectivas foram instigantes o bastante para R. Paul Butler, seu codescobridor, rotulá-la como "primeiro planeta Goldilocks".[2]

A zona Goldilocks é a região perto de uma estrela que é temperada o suficiente (pelo menos de acordo com os padrões da Terra) para que haja chances razoáveis de que dentro dela um planeta pudesse ser habitável. O fato de ele não ser muito quente nem muito frio não garante a vida, mas apenas melhora as chances. Futuros estudos de planetas rochosos que analisem linhas espectrais em suas atmosferas revelariam um número ainda maior de informações a respeito da possibilidade de organismos poderem sobreviver lá. Encontrar oxigênio e vapor d'água na atmosfera de um planeta rochoso seria um passo gigantesco.

Como a busca por vida no espaço está apenas em sua infância, talvez seja prematuro imaginar a vida em outros universos. No entanto, pensar que outros espaços poderiam abrigar a vida é uma maneira de refletirmos a respeito de como o nosso universo é especial. Será que habitamos um universo Goldilocks — especialmente adequado para a vida — ou será que ele é apenas um entre muitos, como, na secular cantiga de ninar inglesa, a descendência da "velha que vivia em um sapato" [The Old Woman Who Lived in a Shoe]?"

E se entre a série de universos semelhantes a bonecas de papel houvesse domínios com leis físicas completamente diferentes? Se as leis diferissem o suficiente das nossas, alguns cientistas argumentam que elas não seriam capazes de comportar mundos com vida. Por exemplo, se a força nuclear forte fosse muito menos potente do que é em nosso universo, núcleos estáveis de maior número atômico, tais como o carbono e o oxigênio, elementos necessários para a vida, não seriam capazes de se formar. Esse é o raciocínio por trás do buraco de agulha do Princípio Antrópico, que permite apenas condições muito específicas para universos com vida, e, por isso, justifica, já que estamos aqui, porque essas condições precisam ser justamente as que aqui vigoram.

No entanto, Robert Jaffe, professor de Física do MIT, Alejandro Jenkins, pesquisador de pós-doutorado, e o estudante Itamar Kimchi demonstraram recentemente que certas leis físicas em outro universo poderiam ser diferentes das nossas, mas mesmo assim sustentar a possibilidade de vida em planetas lá existentes. Eles mostraram que mesmo em um universo onde as massas de partículas elementares sejam maiores ou menores do que as nossas, é concebível que os elementos necessários para a vida poderiam mesmo assim se formar. A chave, eles sugeriram, consiste em olhar para combinações de partículas que, embora diferentes daquelas com que estamos acostumados, possam mesmo assim produzir variações estáveis de hidrogênio, oxigênio e carbono. Essas versões alternativas poderiam se combinar para formar moléculas orgânicas, água e outros ingredientes para a vida. Como Jenkins comentou ao se referir a alterar as massas das partículas:

Você poderia mudá-las em uma medida significativa sem eliminar a possibilidade da química orgânica no universo.[3]

Por exemplo, suponha que em outro universo os prótons fossem ligeiramente mais massivos do que nêutrons, ao contrário do nosso, onde os prótons são um pouco mais leves. Isso poderia acontecer se o quark *down*, que em nosso universo é mais pesado do que o quark *up*, fosse em vez disso mais leve. *Up* e *down* são os dois sabores, ou categorias, mais básicos dos quarks. Os nêutrons têm um quark *up* e dois quarks *down*, e os prótons têm dois quarks *up* e um quark *down*. Por isso, uma mudança nas massas dos quarks poderia reforçar os prótons em sua relação com os nêutrons. Se isso acontecesse, embora o hidrogênio comum (um próton) se tornasse instável, é possível que um isótopo como o deutério (um próton e um nêutron), ou o trítio (um próton e dois nêutrons) pudessem se tornar estáveis e servir como substitutos. Da mesma maneira, os isótopos de oxigênio e carbono (como o carbono 14) poderiam se tornar estáveis, servindo como base para novos tipos de moléculas orgânicas, longas e fibrosas.

É como se os Três Porquinhos se encontrassem em uma cidade onde os tijolos fossem estranhamente modelados e a argamassa fosse muito grossa e, por isso, não se espalhasse direito. O lobo estaria à espreita e eles precisariam de um abrigo. Percebendo que não poderiam construir paredes estáveis usando esses elementos, eles poderiam desistir e correr chorando para Goldilocks dizendo-lhe que não foram capazes de fazer uma casa como deveriam. Ou então eles poderiam olhar ao redor e encontrar pedras e cascalho que estariam em proporções e consistências suficientes para construir paredes resistentes. Eles poderiam construir dessa maneira uma casa perfeitamente conveniente. Ela teria uma textura e uma aparência diferentes, mas serviria para a mesma coisa. Da mesma maneira, em um universo com prótons instáveis e, mais pesados, é concebível que diferentes blocos de construção pudessem ser utilizados para a vida. Prótons mais massivos não significam necessariamente uma escassez de planetas onde a vida poderia existir.

Jaffe e seus colaboradores se referem a tipos de universos que poderiam possivelmente abrigar mundos que, por sua vez, poderiam abrigar vida como "congeniais". Recorrendo ao seu extenso conhecimento das propriedades das partículas, eles conduziram uma investigação exaustiva a respeito de quais combinações de massas de quarks alteradas poderiam produzir universos congeniais e quais não poderiam. Ele se perguntou se a natureza poderia testar remendos e improvisações para ver que misturas poderiam ser viáveis. Jaffe disse:

A natureza lança mão de uma porção de tentativas. O universo é um experimento que se repete vezes e mais vezes, cada um deles com leis físicas ligeiramente diferentes, ou mesmo com leis físicas enormemente diferentes.[4]

O trabalho de Jaffe e sua equipe ampliou a compreensão astronômica a respeito do que seriam os ingredientes mínimos para a vida, e isso justamente em um momento em que os pesquisadores parecem estar à beira de descobrir mundos onde a vida poderia existir em nossa vizinhança cósmica. Talvez o visionário pensador italiano do século XVI, Giordano Bruno, que foi queimado na fogueira por declarações blasfemas (inclusive a crença em uma pluralidade de mundos, entre outras supostas heresias), foi um pouco conservador em sua estimativa de que o *nosso* universo contém inúmeros planetas com vida. Ele também poderia ter pensado ainda maior e considerado todos os outros universos!

13

Será Que o Universo Está se Dividindo Incessantemente em Realidades Múltiplas?

A Hipótese dos Muitos Mundos

> Eu me contradigo?
> Muito bem, então eu me contradigo;
> (Eu sou grande, eu contenho multidões.)
>
> — WALT WHITMAN, SONG OF MYSELF

A relatividade geral não é o único ramo da física que oferece a perspectiva tentadora das realidades paralelas. A mecânica quântica descreve situações em que as partículas se encontram em estados que são uma combinação de duas possibilidades. Por exemplo, elétrons têm dois tipos de estados de *spin*, chamados "para cima" e "para baixo". Podemos pensar neles como piões girando no sentido anti-horário ou no sentido horário. Na verdade, os elétrons não giram, mas quando estão em um campo magnético girando eles imitam o comportamento de cargas giratórias. Seu *spin* pode apontar tanto no sentido do campo — para cima — ou no sentido oposto — para baixo. Curiosamente, antes que os pesquisadores ligassem um campo magnético para medir o estado de *spin* de um elétron, a teoria quântica nos informa que um elétron se encontra em uma superposição de ambas as possibilidades. Por mais estranho que pareça, seu *spin* é, simultaneamente, para cima e para baixo. Só depois que um pesquisador mede esse estado, se diz que ele "colapsa" em uma das duas opções.

Pensar em um elétron em um estado misto parece um tanto abstrato. Mas o que dizer de um gato? Podemos agradecer ao físico austríaco Erwin Schrödinger pela imagem enigmática e horrível de um gato zumbi aprisionado em uma espécie de limbo entre a existência e a morte até que a medição de um pesquisador libera sua alma (de volta ao seu corpo ou para o além).

Gatos Zumbis

Na história da física quântica, Schrödinger foi uma figura paradoxal. Embora tenha sido honrado com o Prêmio Nobel por suas contribuições fundamentais para a mecânica quântica, ele passou grande parte de sua vida desafiando as ramificações desse empreendimento. Ele nunca gostou da ideia de dualidade onda-partícula, na qual as funções de onda colapsam espontaneamente em configurações específicas que correspondem a certas propriedades das partículas. Ele e Einstein compartilharam um desdém pelos "saltos" aleatórios de um estado quântico para outro — preferindo, em vez disso, transições suaves e previsíveis dentro da estrutura de uma equação de onda determinista.

Havia outras combinações que Schrödinger considerava desagradáveis. De acordo com seu biógrafo Walter Moore, uma combinação de comida e bebida oferecidas a ele em um jantar em Nova York durante a Lei Seca ajudou a desencadear uma aversão pelos Estados Unidos que se estendeu por toda a sua vida. Como Moore comentou:

> Um fator importante na intensa antipatia de Erwin pelo modo de vida norte-americano foi o "grande experimento". Um ocasional copo de uma boa cerveja ou uma garrafa de vinho fino sem dúvida fariam tudo parecer mais suportável. Junto com um prato de suculentas ostras da Baía de Chesapeake, foi-lhe oferecida uma escolha entre o ginger ale doce e a água gelada clorada. "Para o diabo com a Lei Seca", exclamou.[1]

Embora fosse avesso a ostras servidas com água da torneira, Schrödinger não se opôs a misturas incomuns de relacionamentos — o que sua esposa, Anny, parecia tolerar. No início da década de 1930, ele teve um relacionamento sexual com Hilde March, a esposa recém-casada de seu assistente de pesquisa Arthur March. Depois que Hilde engravidou e deu à luz sua filha Ruth, ela se tornou algo assim como uma segunda esposa. As atenções amorosas de Schrödinger continuaram a permanecer em um estado quântico misto, compartilhando desse entrelaçamento quântico com várias mulheres ao mesmo tempo. Ele manteve numerosos outros casos ao longo de sua vida.

Em 1934, quando ofereceram a ele a prestigiada cadeira Jones de professor de física e matemática na Universidade de Princeton, suas duas predileções (epicurista e nupcial) podem ter sido levadas em conta na sua decisão de recusar delicadamente o convite. Pelo que parece, o incidente das ostras + água gelada o deixou com uma impressão de mau gosto no que se refere à cultura norte-americana. Acostumado aos costumes boêmios da Europa no período entre-guerras, poderia ele se mudar para um país onde uma proibição austera sobre o álcool tinha acabado de ser decretada?

Além disso, Schrödinger não gostou da reação que recebeu como resposta à sua situação conjugal complexa. Relata-se que ele teria discutido com o reitor Hibben de Princeton a possibilidade de que tanto Anny como Hilde se juntassem à sua família, para ajudar a cuidar de sua (então esperada) filha. De acordo com a história, a resposta de Hibben estava longe de ser positiva. Posteriormente, Schrödinger estava preocupado com a possibilidade de que, se ele se mudasse para Princeton, poderia até mesmo ser processado por bigamia.[2] Essas questões, juntamente com preocupações salariais, podem muito bem ter desempenhado um papel em sua escolha de permanecer na Europa.

A ambiguidade continuou a acompanhar Schrödinger como a névoa do topo de uma montanha. Muitas vezes, ele não conseguia se decidir sobre escolhas de vida e parecia querer ambas as coisas ao mesmo tempo. Depois de voltar para a Áustria, falou contra o regime nazista quando ele era uma ameaça através da fronteira. Em seguida, após a anexação da Áustria por Hitler, Schrödinger escreveu uma carta afirmando que ele tinha mudado seu ponto de vista em favor dos nazistas. No entanto, acabou decidindo fugir da Áustria para a Irlanda, onde descartou a carta como uma tentativa equivocada de se proteger e manter seu emprego.

Hoje, quando as pessoas pensam sobre Schrödinger, elas pensam no seu gato. Nada poderia ser mais ambíguo do que esse felino fantasma equilibrado com duas patas em cada lado do portal de pérolas! Esse oscilante gato malhado está cauterizado na psique científica como uma monstruosidade meio viva, meio morta. Em face disso, seu destino sinistro é mais adequado para histórias de fantasmas do que para as páginas de periódicos majestosos. No entanto, esse símbolo de garras da incerteza quântica tem nos estimulado a repensar sobre o espaço e o tempo, e nos levado ao conceito de multiverso. Embora esse gato zumbi possa (ou não) ter ido embora há muito tempo, sua influência purr-siste.

A história do gato de Schrödinger começou como uma resposta a um artigo de Einstein e de dois de seus assistentes de pesquisa. Em 1935, Einstein, Boris Podolsky e Nathan Rosen publicaram um artigo: "Can Quantum-Mechanical Description of Physical Reality Be Considered Complete?" (Pode a Descrição Quantomecânica da Realidade Física ser Considerada Completa?), que conceberam como uma réplica à interpretação de Copenhague (padrão) da mecânica quântica. Comumente conhecido como o paradoxo EPR (Einstein, Podolsky e Rosen), ele imagina uma situação em que o conhecimento de um estado quântico parece ser instantaneamente transmitido ao longo de uma distância indefinidamente grande. (Essa é a "ação fantasmagórica a distância" ou entrelaçamento quântico mencionado no Capítulo 9 como uma possível explicação para os grandes espaços vazios.)

Uma maneira simples de visualizar o paradoxo EPR consiste em imaginar dois elétrons emitidos a partir do estado fundamental de um átomo. O princípio da exclusão de Pauli, uma regra que impede os elétrons de se aglomerarem muito perto uns dos outros, nos diz que esses elétrons não podem ter os mesmos números quânticos e precisam ter valores opostos do parâmetro quântico chamado *spin*. Há dois tipos de *spin* para os elétrons, para cima e para baixo. Então, se um deles é para cima, sabemos que o outro é para baixo, como crianças nas extremidades opostas de uma gangorra. No entanto, a não ser que tomemos uma medida, a incerteza quântica nos informa que eles se encontram em um estado misto e não é possível saber qual está para cima e qual está para baixo. Isso é difícil de imaginar, mas podemos tentar imaginar uma gangorra que oscila tão depressa a ponto de formar um borrão que torna impossível saber qual lado está para cima.

Vamos supor que ambos os elétrons são liberados ao mesmo tempo em sentidos opostos. À medida que eles se separam mais e mais, nós ainda não sabemos qual elétron tem qual *spin*. Agora, vamos fazer uma medição de um dos estados de *spin* do elétron. De acordo com a Interpretação de Copenhague, o elétron que está sendo examinado imediatamente colapsa (com uma probabilidade de 50-50) em qualquer um dos dois estados, um estado para cima ou um estado para baixo. Imediatamente, medimos o estado do *spin* do outro elétron, e verificamos que ele é inabalavelmente o oposto do primeiro. Como é que o segundo elétron sabe instantaneamente o que o primeiro havia "decidido"? Einstein, Podolsky e Rosen pensaram que haviam atirado uma flecha no coração da teoria, mas a teoria quântica sobreviveu muito mais forte do que nunca depois que experimentos mostraram que é exatamente isso o que de fato acontece.

Schrödinger ficou extremamente intrigado com as implicações do artigo de EPR e decidiu explorá-las por conta própria. Ele escreveu um artigo filosófico, "The Present Situation in Quantum Mechanics" [A Situação Atual na Mecânica Quântica], que incluía uma anedota sobre um experimento imaginário com um gato que tem uma probabilidade de viver ou de morrer com base em um resultado quântico. Nas palavras de Schrödinger, eis o que aconteceu com ele:

> Um gato é confinado a uma câmara de aço, juntamente com o seguinte dispositivo:... em um contador Geiger, há um pouquinho de substância radioativa... Talvez no decurso de uma hora um dos átomos decaia, mas também, com a mesma probabilidade, talvez nenhum; se decair, o tubo do contador descarrega e, por meio de um relé, solta um martelo que quebra um pequeno frasco de ácido cianídrico. Se todo esse sistema é deixado entregue a si mesmo durante uma hora, pode-se dizer que o gato ainda vive *se* enquanto isso nenhum átomo decaiu. A função psi [representação do estado quântico] de todo o sistema expressaria esse fato afirmando que o sistema tem nele o gato vivo e o gato morto... misturados ou lambuzados em partes iguais.[3]

Em outras palavras, a liberação de veneno suficiente para matar um gato estaria conectada com o decaimento radioativo de um único átomo, tal como é medido por um contador Geiger. O gato vive ou morre em conjunção com um evento quântico que tem probabilidade de ocorrência de 50-50. No entanto, a determinação do resultado desse evento acontece apenas depois que um observador o medir. Até então, o gato está em uma justaposição das duas possibilidades — uma combinação igual de envenenado e seguro.

Schrödinger não podia acreditar que um gato pudesse permanecer em um estado misto; ou ele está vivo ou está morto. A previsão padrão de que o colapso em uma das duas possibilidades ocorreria só *depois* que a tampa fosse aberta e a medição fosse feita lhe parecia muito peculiar. Portanto, ele pensou, por implicação, que uma vez que qualquer processo quântico poderia estar ligado ao destino de um gato (ou outra criatura viva), ele também deveria se encontrar em um estado ou em outro. Em vez de estados mistos, seria preciso que houvesse alguma barreira ao conhecimento que poderia, finalmente, ser superada por meio de teorias mais poderosas.

O resultado bizarro de Schrödinger pouco fez para sacudir a comunidade quântica — pelo menos de início. A interpretação padrão, embora fosse fundamentalmente misteriosa em seus mecanismos, tem desfrutado de enorme sucesso preditivo. No entanto, não muito longe do endereço de Princeton onde Einstein passou seus últimos anos, uma nova geração de físicos abraçaria o desafio de tentar repensar as premissas de como os processos quânticos funcionam.

Casa de Espelhos

Como professor e consultor de pesquisas na Universidade de Princeton nas décadas de 1940 e 1950, John Wheeler encorajou seus alunos a encontrar soluções inovadoras, muitas vezes radicais, para problemas aparentemente muito difíceis de resolver em física. Tendo trabalhado com Bohr, e sendo um vizinho e amigo de Einstein, ele estava ciente do grande abismo entre a interpretação probabilística de Copenhague e o determinismo, e da lacuna entre a teoria quântica e a relatividade geral. Wheeler procurou maneiras de superar a divisão imaginando híbridos entre as duas teorias — e abrindo o caminho para a disciplina conhecida como gravidade (ou gravitação) quântica.

O aluno mais proeminente de Wheeler foi Richard Feynman. Feynman tinha um talento especial para encontrar soluções práticas para os problemas e apresentá-los de uma maneira fácil de visualizar. Se alguma vez houve um pau-pra-toda-

-obra, era ele. Não só foi um brilhante pesquisador, mas também, mais tarde, revelou outras facetas do seu talento desbravando caminhos como educador na física. Ele tocava bongô em clubes boêmios e também foi pintor diletante. Sua mente estava sempre correndo em direção a novos desafios — que quase inevitavelmente ele acabava dominando. A natureza para ele era como um quebra-cabeça elaborado cujas regras ainda não estavam estabelecidas, mas precisavam ser descobertas. Ele lidava com cada passo como um aficionado de palavras cruzadas até conseguir desvendar todas as pistas e preencher cada espaço em branco. Durante a Segunda Guerra Mundial, ele desempenhou um papel de destaque no Projeto Manhattan, onde se divertia tentando descobrir como arrombar cofres. Claramente os segredos da natureza não eram páreo para um solucionador de problemas de percepção tão aguçada.

Em 1948, Feynman decidiu abordar um problema difícil na física: o da interação quântica entre partículas carregadas, tais como elétrons, por meio da troca de fótons. Ele começou a trabalhar no desenvolvimento de uma notação "taquigráfica" — agora conhecida como "diagramas de Feynman" — para descrever o que estava acontecendo. Como um técnico de futebol que planeja uma estratégia, ele caracterizava cada jogador com linhas que incorporavam setas (representando elétrons) ou pequenas linhas onduladas (denotando fótons), mostrando todas as possibilidades de elétrons se encontrando e atirando fótons para a frente e para trás. Por mais louco que isso lhe parecesse, ele descobriu que, ao esboçar qualquer cenário concebível que obedecesse às leis de conservação, e atribuindo pesos a cada um deles, ele poderia calcular a probabilidade de certos resultados. Em outras palavras, a realidade era uma soma ponderada de todas as possibilidades. Ele formulou isso em linguagem matemática precisa para expressar o que em mecânica quântica passou a ser chamado de "soma sobre histórias".

A técnica de Feynman foi uma das primeiras expressões matemáticas da ideia de realidades paralelas. Diferentemente das trajetórias clássicas, conhecendo-se as condições iniciais e as condições finais de uma interação entre partículas, você não poderia supor que elas percorressem apenas um caminho para chegar lá. Em vez disso, todos os caminhos são levados em consideração contanto que sejam fisicamente viáveis. A cada rota é associado um valor de probabilidade, com o caminho clássico confirmando-se como o mais provável.

Podemos entender a diferença entre o caminho clássico e a teia quântica de trajetórias imaginando equipes de exploradores que tentam tomar o caminho mais curto ao longo de um terreno montanhoso. Cada um dos exploradores clássicos, ironicamente, tem um sistema de GPS especial que lhe diz exatamente qual caminho ele deve tomar para minimizar a distância. É como Newton em um *nüvi* (GPS portátil) calculando a trajetória com precisão. Cada um dos exploradores quânticos, por outro lado, tem um mapa do terreno bruto. A maioria deles aprende a figurar os caminhos e a adotar algum que se estenda em estreita proximidade do caminho mais curto. No entanto, alguns deles, menos envolvidos na tarefa da exploração, e que têm menos prática na leitura do mapa, tomam outras vias, mais tortuosas. O resultado é todo um leque de trajetórias, sendo a mais provável a que corresponde ao trajeto mais curto. Se uma equipe de médicos acompanha a expedição para avaliar as condições das equipes de exploradores, ela saberá com grande certeza a quantidade de desgaste do grupo clássico, mas para o grupo quântico os médicos teriam de realizar uma "soma sobre histórias" para obter uma média ponderada da quantidade de estresse e de esforço associados a cada uma das vias possíveis.

Feynman não tinha a intenção de que seu método representasse realidades paralelas reais; ele era muito prático para isso. O que ele queria era lançar mão de um recurso matemático taquigráfico para evidenciar como a medição quântica leva em consideração o princípio da incerteza. Todos os caminhos tomados representavam a falta de conhecimento dentro do nosso mundo, em vez de bifurcações para mundos alternativos. No entanto, outro dos alunos de Wheeler, Hugh Everett III, daria esse salto.

Everett teve uma carreira excessivamente breve como físico teórico, constituída principalmente pelo seu trabalho de graduação na Universidade de Princeton. No entanto, muito tempo depois de ter recebido seu diploma de doutorado e voltando sua atividade para pesquisas militares, sua contribuição meteórica continua a deslumbrar. Sua tese de doutorado, defendida em 1957, "On the Foundations of Quantum Mechanics" [Sobre os Fundamentos da Mecânica Quântica], propôs uma solução para o paradoxo do gato de Schrödinger e dilemas semelhantes sobre sistemas quânticos mistos, a qual permite uma descrição completa sem referência às ações de observadores. Ele conjecturou que cada vez que um evento subatômico ocorre — quer ele represente um decaimento, um espalhamento, uma absorção ou uma emissão — o universo bifurca-se em realidades paralelas. Não é só a interação quântica que se divide em realidades distintas, mas todo o restante do universo também o faz. Por isso, alguém que esteja observando um experimento quântico testemunharia um resultado que depende exatamente da versão da verdade onde acontece de ele estar. Por exemplo, um cientista louco, conduzindo o experimento do gato, se dividiria em dois eus paralelos imediatamente depois de fechar a tampa do dispositivo potencialmente mortal. Um eu abriria a câmara e descobriria um delicioso ronronar; o outro encontraria apenas um terrível silêncio. O processo de bifurcação seria totalmente sem costura; nenhuma das versões do cientista perceberia que essa bifurcação ocorreu nem estaria ciente da existência desse eu alternativo.

Everett mostrou que sua teoria era equivalente à interpretação padrão de Copenhague. Em vez de saltos probabilísticos e de colapsos da função de onda, as transições quânticas seriam completamente deterministas. Embora houvesse um verdadeiro mastro de maio cheio de fitas coloridas em cada conjuntura, cada observador aprenderia apenas um único fio estável de causa e efeito.

Uma questão em aberto, que indaga se as duas interpretações combinam completamente, é algo chamado regra de Born: um modo de calcular a probabilidade de cada resultado. A interpretação de Copenhague fez isso naturalmente por meio de uma matriz (um quadro matemático), que dava as probabilidades de cada possibilidade. Everett precisou supor que o fio de cada observador tinha diferentes probabilidades. (Em 2010, os físicos Anthony Aguirre, Max Tegmark e David Layzer sugeriram que a fração de observadores agarrados a cada fio era compatível com as regras de probabilidades de Born, levando a uma fascinante resolução potencial da questão.)

Wheeler incentivou Everett a escrever um artigo descrevendo a teoria, acrescentou sua própria avaliação positiva e enviou uma cópia para Bryce DeWitt, outro pioneiro da gravitação quântica. DeWitt estava envolvido no planejamento da primeira grande conferência norte-americana sobre a relatividade geral (organizada por Cecile DeWitt-Morette, em Chapel Hill, na Carolina do Norte), e, como editor de suas atas, aceitou o artigo de Everett. Feynman e Wheeler participaram da conferência, realizada em 1957, mas, aparentemente, Everett não participou. No entanto, o artigo de Everett foi publicado nas atas.

A reação inicial de DeWitt à ideia de Everett foi a de dar apoio à física por trás dele, mas ele era cético a respeito das implicações de realidades que se ramificavam. Nada em nossa experiência nos diz que a realidade pode se despedaçar em incontáveis fragmentos. Everett respondeu enfatizando que, assim como os habitantes da Terra não sentem seu giro em torno do seu eixo, ninguém jamais sentiria que alguma coisa estaria mudando quando as bifurcações estivessem ocorrendo.[4]

Finalmente, DeWitt acabou por reconhecer um grande mérito na teoria. Ele se tornou o principal defensor do conceito, atribuindo-lhe um nome atraente: a Interpretação dos Muitos Mundos (IMM) da mecânica quântica. Apesar da profusão de realidades que incessantemente se ramificam, DeWitt argumentou que essa interpretação era a única explicação autoconsistente da mecânica quântica que poderia ser aplicada a todo o universo. Diferentemente da interpretação padrão de Copenhague, na qual o pesquisador causa o "colapso" em um resultado final particular, na IMM os observadores não desempenham nenhum papel em afetar um experimento. Ao descrever o estado quântico do universo, não há observadores externos para medi-lo e precipitar o colapso. Portanto, assinalou DeWitt, ao evitar a necessidade de observadores interativos, a IMM ofereceu o meio mais objetivo de compreender a dinâmica quântica. Até mesmo em 2002, durante a celebração do nonagésimo aniversário de Wheeler, ele proferiu uma persuasiva e bem recebida palestra dando apoio à teoria.

Everett já havia falecido há muito tempo. Ele morreu subitamente, em 1982, de um ataque cardíaco, com 51 anos de idade. Seu filho Mark o encontrou e tentou, infelizmente sem sucesso, reanimá-lo, mas provavelmente ele já estava morto há algum tempo. Mark não estava ciente das contribuições fundamentais de seu pai até muito mais tarde na vida. Ele aderiu a uma carreira musical e hoje é o vocalista, músico e compositor da banda de rock *Eels*.

Até o fim, por causa de sua fé ardente em universos paralelos, Everett acreditava que a morte era impossível — uma filosofia que veio a ser conhecida como imortalidade quântica. Cada processo quântico, ele pensava, levaria a uma divisão da identidade consciente de uma pessoa. Portanto, mesmo se uma das cópias morre, outras sobreviverão. Com mais transições quânticas, as cópias sobreviventes se bifurcarão repetidas vezes em uma progressão sem fim. Sempre que a vela se apagar para qualquer uma das versões, haverá sempre outras deixadas para levar adiante a chama da consciência. Desse modo, o gato de Schrödinger teria muito mais do que nove vidas!

A Barbearia de Occam

Guilherme de Ockham, teólogo do século XIV, introduziu um famoso conceito segundo o qual as coisas não deveriam ser desnecessariamente multiplicadas. Na filosofia, a Navalha de Occam (também grafada como Navalha de Ockham) é a prática de reduzir o conjunto de soluções possíveis para um problema até o mais simples ser obtido. Ela aconselha a não tornar as coisas mais complicadas do que precisam ser. Assim, se você andar pela rua e vir poças d'água, a Navalha de Occam sugere que você verifique se choveu recentemente antes de saltar para a conclusão de que um caminhão transportando piranhas até um aquário nas vizinhanças sofreu um vazamento depois de colidir com um rinoceronte em fuga.

A cosmologia também gosta de "barbear" ao máximo as possibilidades. Afinal, um de seus teoremas mais famosos afirma que "os buracos negros não têm cabelos", uma maneira pela qual Wheeler descreveu sua simplicidade de propriedades. Por isso, muitos cosmólogos tradicionais ficaram consternados com a proliferação de modelos de multiversos dos quais brotavam longas barbas emaranhadas com inumeráveis fios. Poderia haver alguma maneira de levá-los para o salão de barbeiro da simplicidade e reduzir seu tamanho?

Cada um dos modelos de universo paralelo foi introduzido para eliminar lacunas lógicas naquilo que nós observamos. Por exemplo, a Interpretação dos Muitos Mundos remove o salto instantâneo, probabilístico, associado ao colapso de estados quânticos mistos. Os buracos de minhoca, que infestam outros "lençóis", ajudam a evitar singularidades que representam rupturas no tecido do espaço-tempo. A inflação eterna é uma consequência do modelo inflacionário — sendo ele mesmo um esquema para ajudar a explicar como o universo muito primitivo se transformou de caótico em uniforme e suave (globalmente plano e isotrópico). Para incluir outra noção de universo paralelo, o esquema de paisagem de ajuste de Leonard Susskind (discutido no Capítulo 5) é uma tentativa de

216

compreender como a multidão de vácuos da teoria das cordas poderia resultar em uma única teoria abrangente das forças naturais.

Com o objetivo da simplicidade, assim como o da abrangência, os cientistas têm procurado encontrar conexões entre os vários tipos de modelos de universo paralelo. Esses estudos estão em seus estágios preliminares, uma vez que o estudo da gravidade quântica, a tentativa de conectar a mecânica quântica com a relatividade geral, permanece especulativo. Um passo para a frente ocorreu por volta da época de celebração do nonagésimo aniversário de Wheeler, quando Max Tegmark apresentou um esquema hierárquico para se agrupar universos paralelos em várias categorias, listadas como níveis de I a IV.

De acordo com a taxonomia de Tegmark, o Nível I representa partes do espaço para além do horizonte cósmico, que são impossíveis de se observar. Assim, qualquer região do universo físico fora do universo observável se enquadra nessa categoria. Entre os quatro níveis, o Nível I seria o mais amplamente aceito, uma vez que quase todos os cosmólogos concordariam em que o cosmos inclui mais coisas do que o enclave que nossos telescópios conseguem ver. De fato, as observações indicam que o espaço é plano e infinito, como uma planície infinita. Portanto, se o número de combinações possíveis de partículas é finito, tudo o que acontece em nosso setor do espaço iria ocorrer de novo, e repetidas vezes, em outros lugares no universo infinito. É como o ditado segundo o qual se você colocar um milhão de macacos na frente de um milhão de teclados e esperar um tempo suficiente, por puro acaso um deles deverá digitar uma passagem de Shakespeare. Substitua isso por um número infinito de macacos e um número infinito de teclados; um número infinito deles deverá digitar a mesma passagem de Shakespeare. Consequentemente poderíamos pensar no espaço infinito como o lar para um conjunto infinito de realidades paralelas. É humilhante pensar que pode haver inúmeras versões de cada um de nós, vivendo em Terras paralelas, sem saber nada da vida uns dos outros.

O Nível II do esquema de Tegmark é baseado na inflação eterna. Constitui-se do sempre crescente conjunto de universos-bolhas que emergem de flutuações quânticas aleatórias. A existência desse nível depende da comprovação da hipótese de Linde, segundo a qual a inflação leva à produção infinita de universos-bolhas.

O Nível III consiste nos Muitos Mundos de Everett. Os universos paralelos desse nível são, de certa maneira, os mais próximos de nós — versões alternativas de nossa própria realidade. Essas versões se ramificariam cada vez que um processo quântico acontecesse. Cada transição quântica escoltaria cópias de cada um de nós para várias realidades alternativas. No entanto, nunca poderíamos viajar "de lado" no tempo e visitar os caminhos não tomados. Portanto, o Nível III seria tão inacessível quanto os outros níveis, talvez até mais que eles, dado que poderia haver maneiras indiretas de se medir as propriedades de regiões fora do universo observável.

Tegmark reservou o Nível IV para sua própria proposta especulativa: o conjunto de todas as estruturas matemáticas. Ele conteria uma variedade infinita de universos com diferentes leis matemáticas. Por exemplo, em algumas delas, o número irracional *pi* poderia ter um valor diferente, mudando a própria natureza da geometria.

Não há nenhuma razão física para pensarmos que as leis da matemática poderiam diferir em outros espaços. Pelo contrário, muitas relações matemáticas são necessárias para manter estáveis as estruturas astronômicas, por exemplo, o desenvolvimento de sistemas planetários. A lei da gravidade, do inverso do quadrado da distância, por exemplo, garante que os planetas do Sistema Solar não espiralem para dentro, em direção ao Sol, ou não se projetem no espaço profundo. Se os princípios da geometria mudassem em outro universo, a lei da gravidade, provavelmente, também seria diferente, impedindo, talvez, a existência de mundos para os seres viverem em órbitas que circulassem estrelas.

No entanto, é concebível que os seres possam sobreviver com corpos radicalmente diferentes, talvez com nenhum corpo na verdade. Uma inteligência hipoteticamente baseada em energia pura poderia prosperar sob uma ampla variedade de arranjos astronômicos. Portanto, embora seja difícil imaginar universos com regras matemáticas bizarras, concebivelmente falando eles poderiam existir, e até mesmo abrigar alguma forma de vida.

A Reunião de Família do Multiverso

Em 2011, Susskind e Raphael Bousso ofereceram uma proposta intrigante planejada para unir a teoria do multiverso da inflação eterna com a Interpretação dos

Muitos Mundos da mecânica quântica. Ao forjar essa união, eles se basearam em outra alternativa para a Interpretação de Copenhague, chamada decoerência. Seu objetivo era oferecer um quadro consistente das transições quânticas que excluísse a ideia de colapso embora continuasse a replicar as probabilidades e outros resultados associados a essa ideia.

A decoerência, que, em grande parte, é obra dos físicos H. Dieter Zeh e Wojciek Zurek, é uma alternativa determinista ao colapso quântico, que envolve uma interação irreversível entre o estado quântico de uma partícula e seu ambiente. O ambiente, nesse contexto, significa tudo o que esteja em contato causal com essa partícula e que poderia potencialmente influenciá-la, inclusive o fato de o observador realizar a medida. Antes dessa transição, diz-se que o sistema permanece em um estado puro. Por exemplo, no caso do *spin* do elétron, o estado puro seria uma superposição de *spin* para cima e *spin* para baixo. Uma vez que o sistema é observado, ou interaja de alguma outra maneira com o seu ambiente, o entrelaçamento que se segue entre o estado e suas vizinhanças favoreceria uma transição para um novo estado, que corresponderia a um valor particular do que está sendo medido. No caso do *spin*, esse novo estado seria para cima ou para baixo. Podemos pensar nessa transição como uma liberação de informação quântica sobre a partícula para o meio ambiente, reduzindo todas as opções a uma única, levando ao que parece ser um resultado clássico (não quântico). Em outras palavras, o estado derrama toda sua ambiguidade no meio ambiente e se torna resoluto. Embora a transição não tenha sido instantânea, como se pensa acontecer com o colapso quântico, mesmo assim ele ocorreria tão rapidamente que o estado intermediário não poderia ser observado. Desse modo, mesmo que fosse necessário um intervalo de tempo extremamente curto para esse processo ser completado, seria parecido com o colapso imediato.

Bousso e Susskind consideraram como a Teoria da Decoerência se aplicaria ao estado quântico de todo o universo. Se não houvesse o ambiente externo, a decoerência não poderia ocorrer, e o universo permaneceria para sempre na mesma superposição de estados. Seria como se o gato de Schrödinger, em um mundo sem observadores, permanecesse para sempre em seu estado de zumbi. No caso de um universo condenado a ser eternamente coerente (completamente em estado de superposição), qualquer medição que se fizesse dele seria nebulosa.

No entanto, se considerarmos que o universo é parte de um multiverso, como na inflação eterna, a decoerência poderia ocorrer de maneira mais claramente definida. Qualquer setor particular causalmente conectado, que Bousso e Susskind chamaram de "diamante causal", poderia se reduzir a um estado colapsado por meio da transferência de informações para outras partes do multiverso. Desse modo, o multiverso seria o reservatório de todos os resultados possíveis de uma medição quântica. Em essência, outros universos-bolhas desempenhariam o papel dos Muitos Mundos de Everett. Bousso e Susskind chamaram sua teoria de "A Interpretação do Multiverso da Mecânica Quântica".

A ideia de que o multiverso, com seus universos-bolhas completamente inacessíveis, poderia ser um ingrediente essencial da física quântica é verdadeiramente surpreendente. Podemos não ser capazes de visitar realidades alternativas, mas, mesmo assim, elas ainda poderiam estar influenciando o mundo ao nosso redor. Se a hipótese de Bousso e Susskind estiver correta, nossa própria vida poderia depender de processos quânticos modelados pela existência do multiverso.

Quando o nosso universo terminar algum dia, talvez outras seções do multiverso persistirão. À medida que o nosso próprio enclave do espaço se aproximar do seu fim, talvez nossos descendentes distantes pudessem, de alguma maneira, transferir informações sobre a nossa sociedade para um universo paralelo e preservar a nossa civilização em outro lugar. Quanto tempo ainda temos até o universo chegar ao fim é algo que depende do fato de a sua aceleração persistir ou não.

Será que o universo irá acabar em um Big Rip (Grande Rasgão), um Big Stretch (Grande Estiramento), um Big Crunch (Grande Implosão), um Big Bounce (Grande Salto), ou em algum outro cenário apocalíptico? Seu destino depende de parâmetros cosmológicos que os astrônomos estão cuidadosamente tentando medir, precisamente como suas taxas de expansão e de aceleração têm mudado ao longo do tempo. O destino final de tudo o que nos rodeia — as estrelas inumeráveis que salpicam o céu e todos os planetas aquecidos por seus fornos nucleares — está na balança.

14

Como Será o
Fim do Universo?

Com uma Explosão, um Salto, uma Implosão, um Rasgão, um Estiramento ou um Lamento?

> Tive um sonho, que não foi de todo um sonho.
> O sol brilhante tinha sido extinto, e as estrelas
> Vagavam escuras no espaço eterno,
> Sem brilho e sem direção, e a terra gelada
> Girava cega e negra no ar sem lua...
>
> Mortas estavam as ondas; e as marés em suas tumbas,
> A lua sua senhora morrera antes delas.
> Os ventos feneceram no ar para sempre inerte,
> E todas as nuvens pereceram; a Escuridão não precisava
> De sua ajuda — Ela era o Universo.
>
> — LORD BYRON, "DARKNESS"

O destino do universo é um assunto que paira pesado sobre todos nós. É horrível imaginar todas as nossas criações, desde as pinturas no Louvre até as obras de Shakespeare, desintegrando-se em pó. Se a Terra já estivesse em perigo, pelo menos teríamos a esperança de procurar, em outro lugar do espaço, mundos habitáveis. Poderíamos clamar pela construção de naves espaciais de alta velocidade capazes de evacuar nosso planeta e de nos transportar para outro mundo, onde poderíamos tentar preservar nossos tesouros e tradições culturais. Podemos até mesmo imaginar uma civilização transgaláctica baseada na viagem interestelar, levando preciosos conhecimentos terrestres para planetas distantes em toda a Via Láctea. O fim do cosmos, no entanto, não nos oferece tanta esperança para a continuação. A cortina cairia sobre as aspirações e os sonhos humanos, deixando para trás apenas um vazio além do vazio.

"É assim que acaba o mundo; não com um estrondo, mas com um gemido", verso com o qual T. S. Eliot concluiu seu famoso poema de 1925, "The Hollow Men" [Os Homens Ocos]. O fim do universo poderia ser catastrófico ou alongado, um estrondoso crescendo de destruição ou os murmúrios suaves de um declínio prolongado. Os cosmólogos falam não apenas sobre explosões e gemidos, mas também sobre saltos, implosões, calafrios, congelamentos e dilaceramentos. Dependendo da natureza do conteúdo do universo, particularmente de sua energia escura, a morte cósmica poderia tomar muitas formas diferentes.

Dados astronômicos recentes, coletados pela sonda WMAP e por outras fontes, já avaliaram o valor de ômega: a razão entre a densidade do material no universo e a densidade crítica. Das três possibilidades para ômega — maior que 1 para um universo fechado, menor que 1 para um universo aberto e igual a 1 para um universo plano — todas as indicações apontam para um valor igual a 1.

Hoje, o tamanho do universo observável está crescendo cada vez mais. É concebível, porém, que em bilhões de anos a partir de agora, a expansão do universo pudesse reverter o curso e seus horizontes poderiam começar a encolher. O destino fatal chegaria em um Big Crunch que esmagaria o universo de volta em um ponto.

No entanto, a não ser que novos dados contradigam os resultados da WMAP, a perspectiva de um Big Crunch parece altamente improvável. A teoria sugere que um universo com um valor de ômega igual a 1 expandir-se-ia para sempre e jamais experimentaria um Big Crunch. No entanto, uma análise aprofundada do destino do universo requer a inclusão do Big Crunch, juntamente com outros possíveis cenários apocalípticos.

Rebobinando o Big Bang

Filosoficamente, o cenário do Big Crunch sempre foi uma escolha popular por causa de sua simetria gratificante. Seria mais ou menos como o Big Bang às avessas, levando o universo de volta a um estado de densidade infinita. Embora, como os físicos Raymond Laflamme e Don Page mostraram, o próprio tempo não voltasse para trás, o espaço mudaria seu comportamento da expansão para a contração. Com o tempo, tudo o que o Big Bang construiu, o Big Crunch esmagaria de volta. Um gráfico que plotasse como o espaço se desenvolve durante a metade final do tempo se pareceria com a imagem de espelho da metade inicial. O fim do universo seria semelhante ao Big Bang ao contrário, só que com material envelhecido em vez de energia e matéria nascentes.

Psicologicamente, o Big Crunch oferece o recurso de encerramento. Em sua peça *As You Like It*, Shakespeare descreveu a fase final da vida como "segunda infância e mero esquecimento", transmitindo a visão, porém equivocada, de que a velhice é uma espécie de reversão ao tempo da infância. De maneira semelhante, pensar que o universo ingressará em uma "segunda infância" fornece uma maneira de tentar fechar o círculo e amarrar toda sua narração cronológica conjuntamente em um claro e nítido pacote.

Suponha, contra todas as probabilidades reconhecidas atualmente, que o cenário do Big Crunch aconteça. Em algum momento no futuro, se é que a nossa civilização ainda existirá, os astrônomos começariam a notar que algumas galáxias situadas além do nosso Grupo Local estariam começando a desacelerar seus movimentos para longe de nós, como se mede pela diminuição dos deslocamentos das suas linhas espectrais para o vermelho. Por fim, telescópios equipados com espectrômetros começariam a registrar deslocamentos Doppler para o azul, significando que as galáxias estariam começando a se mover em direção a nós. As linhas espectrais de um número cada vez maior de galáxias começariam a mudar para a extremidade azul, sinalizando uma debandada crescente em nossa direção. Naturalmente, não seríamos nós os únicos alvos dessa fúria — todos os pontos do espaço estariam se movendo para mais perto uns dos outros. Mais dia, menos dia, a radiação deslocada para o azul se comprovaria enérgica e intensa o suficiente para se transformar em mortal e fritar todas as formas de vida. Finalmente, à medida que o espaço fosse diminuindo cada vez mais, todos os sistemas planetários seriam pulverizados. A partir do momento em que a contração começasse até os momentos finais do esmagamento, haveria um lapso temporal solene de muitos bilhões de anos.

O estado final do universo, no caso de um Big Crunch, teria aspectos em comum com os buracos negros. Nos momentos finais, as linhas do tempo de tudo o que existe no universo convergiriam em uma singularidade esmagadora. Assim como no caso de um viajante do espaço aprisionado dentro do horizonte de eventos de um buraco negro de Schwarzschild, não haveria escapatória.

Como no caso de um grande buraco negro, o Big Crunch representaria uma situação de alta entropia — só que incomparavelmente maior, uma vez que ela coletaria a entropia combinada de todos os buracos negros e de outros materiais que existirão no fim dos tempos. O Big Bang, por outro lado, precisou ter uma entropia quase nula (a mais perto possível de 0). A discrepância entre os dois extremos oferece uma seta natural do tempo, apontando do passado distante de baixa entropia para o futuro distante de alta entropia.

Em 1979, Roger Penrose, cosmólogo de Oxford, sugeriu uma maneira de representar a distinção entre os dois términos de tempo na relatividade geral. As equações de Einstein estabelecem uma conexão entre o tensor de Einstein, uma maneira de representar a geometria do espaço-tempo, e o tensor de tensão-energia, delineando a matéria e a energia em uma determinada região ou em todo o universo. (Um tensor é uma entidade matemática que se transforma de determinadas maneiras.) As equações mostram como a massa e a energia deformam o tecido do espaço-tempo. Penrose recorre a uma entidade matemática diferente, chamada de tensor de curvatura de Weyl, como meio de definir com clareza a entropia do universo. O tensor de Weyl representa outra maneira de descrever a geometria do espaço-tempo que não depende diretamente da distribuição de matéria e energia. Ele estabelece em que medida o espaço-tempo é entrelaçado, e não em que medida ele é deformado. Enquanto a deformação depende diretamente da quantidade de massa e de energia em uma região, a torção não. Assim, mesmo que a matéria e a energia sejam abundantes em um momento particular da história do cosmos, o tensor de Weyl poderia ser 0.

Na Hipótese da Curvatura de Weyl (Weyl Curvature Hypothesis, ou HCW), Penrose explicou a baixa entropia no início do tempo ligando-a com o tensor de

Weyl e ajustando esse tensor em um valor baixo. Especificamente, ele conectou o tensor de Weyl com a entropia gravitacional — uma medida da desordem da própria gravidade. A gravidade ordenada oferece uma progressão regular, semelhante a um desfile, da expansão do espaço; em outras palavras, o crescimento homogêneo a partir do Big Bang. Isso é essencialmente o que os astrônomos têm observado na escala muito grande, embora as recentes descobertas do fluxo escuro, dos superaglomerados gigantescos, e assim por diante, tenham colocado em questão a homogeneidade em grande escala.

Penrose abordou o estado caótico, de alta entropia, do fim do universo mostrando que os componentes do tensor de Weyl ficariam progressivamente maiores com o passar do tempo. Desse modo, o crescimento do tensor de Weyl, identificado com o aumento da entropia gravitacional, ofereceria uma seta natural para a direção e o sentido do tempo. O tensor de Weyl serviria como o "relógio" do universo, registrando o quanto ele esteve atrasado e desordenado no âmbito da história do cosmos. O Big Crunch, se de fato acontecesse, representaria as sonoras badaladas finais desse grande relógio.

A Vida em Profundo Congelamento

O universo evolui com base em seus próprios termos, e não para satisfazer a argumentos de simetria estética ou a necessidades psicológicas de finalização. Com base em evidências obtidas de observações, a hora da trituração para o universo não parece estar programada no seu calendário de bilhões de anos. Em vez disso, parece mais provável que o fim seja um congelamento profundo e prolongado. Universos planos ou abertos, expandindo-se para sempre, também continuam a esfriar. Tais declínios prolongados e frios foram chamados de Big Whimper (Grande Lamento), Big Freeze (Grande Congelamento) ou Big Chill (Grande Calafrio). Se, por causa da energia fantasma, o espaço acabar se dilacerando em frangalhos, então Big Rip (Grande Rasgão ou Grande Dilaceramento) será o termo utilizado. Oscilando entre os cenários do Big Whimper e do Big Rip, estaria o caso em que a energia escura seria bem representada pela constante cosmológica, significando que o espaço se espalharia cada vez mais depressa, quase ao ponto de se dilacerar — situação que eu chamo de Big Stretch (Grande Estiramento).

Em meados do século XIX, Rudolf Clausius, que formulou a Segunda Lei da Termodinâmica, percebeu que, no final, todo o universo esgotaria sua energia utilizável, conceito que chamou de "morte térmica". Qualquer processo mecânico produz resíduos, desperdício, de modo que, para mantê-lo produzindo, ele precisaria de uma fonte de energia exterior, como carvão, petróleo, energia solar ou outra fonte de combustível. O carvão e o petróleo derivam de material vegetal desde há muito tempo decomposto — vegetações outrora vivas e que éons atrás coletaram a energia do Sol. Desse modo, grande parte da nossa energia utilizável (com exceção da energia nuclear e da geotérmica) deriva, direta ou indiretamente, da nossa estrela-mãe. Depois que o Sol morresse, poderíamos tentar extrair energia de outras fontes, mas, em última análise, essas fontes também se esgotariam. Finalmente, todas as estrelas estão condenadas a gastar seu combustível nuclear, transformando-se em anãs brancas (e, em seguida, se extinguir), em estrelas de nêutrons ou em buracos negros. Aos poucos, vazando energia por meio da radiação Hawking, todos os buracos negros acabarão por se desintegrar. Desse modo, supondo que o universo dure um tempo suficiente, tudo está destinado a se tornar uma dispersão de fragmentos frios, sem vida, inanimados flutuando em um imenso cemitério cósmico.

A temperatura do espaço continuaria a diminuir a partir dos seus gélidos atuais 2,73 graus Kelvin (acima do zero absoluto) até temperaturas ainda mais próximas do zero absoluto. Uma vez que o próprio zero absoluto nunca poderia ser alcançado, a temperatura cósmica se aproximaria dele mais e mais. A fase final da morte térmica envolveria cada sistema físico situado em seu mais baixo estado quântico permitido.

Em parte como reação a um comentário do físico Steven Weinberg sobre a inutilidade do universo, em 1979, o físico Freeman Dyson, imperturbavelmente otimista, decidiu considerar maneiras pelas quais a inteligência poderia sobreviver, apesar do profundo congelamento universal. Dyson argumentou que os seres vivos inteligentes são fundamentais para o curso futuro do universo, apesar do desejo de muitos cientistas de manter a cosmologia e a vida separadas. Como ele escreveu:

> É impossível calcular em detalhes o futuro do universo no longo prazo sem incluir os efeitos da vida e da inteligência. É impossível calcular as capaci-

dades da vida e da inteligência sem tocar, pelo menos perifericamente, em questões filosóficas. Se devemos examinar como a vida inteligente pode ser capaz de guiar o desenvolvimento físico do universo para os seus próprios propósitos, não podemos evitar considerar o que os valores e os propósitos da vida inteligente poderão ser. Porém, tão logo mencionamos o valor das palavras e o seu propósito, deparamo-nos com um dos tabus mais firmemente entrincheirados da ciência do século XX.[1]

Dyson argumentou que um universo aberto (ou plano) apresentaria mais oportunidades do que um cenário fechado. Ele acredita que a possibilidade fechada é muito desanimadora, pois seria quase impossível evitar a "fritura" e a implosão final. Por outro lado, o universo aberto, em sua opinião, poderia oferecer horizontes ilimitados e a possibilidade de sobrevivência indefinida dos seres inteligentes. Ele apresentou a hipótese segundo a qual a vida inteligente acabaria por "mudar a pele", desprendendo-se de sua forma corporal e transferindo sua consciência para outro meio, como um computador ou, mais abstratamente, uma nuvem de matéria para armazenamento e processamento de informações. Esse conjunto de entidades aprenderia a reduzir a velocidade do seu pensamento e a conservar sua energia, diminuindo consideravelmente sua própria temperatura e hibernando tanto quanto possível. Ele calculou que, espaçando os seus pensamentos cada vez mais, os seres inteligentes do futuro poderiam gastar apenas uma quantidade finita de combustível em uma quantidade infinita de tempo, persistindo assim para sempre.

A situação teria alguns aspectos em comum com a peça musical "As Slow as Possible" [O Mais Lentamente Possível], de 1987, do compositor de vanguarda John Cage. Cage morreu em 1992 sem deixar instruções específicas quanto à maior duração que essa peça poderia ter. Intérpretes da composição encontraram um órgão de 639 anos em Halberstadt, Alemanha, para tocá-la. Levando a sério o conselho oferecido no seu título, pois os órgãos podem ser tocados com extrema lentidão, eles decidiram estender a peça para que ela durasse 639 anos. Entre setembro de 2001 e fevereiro de 2003, os foles do órgão encheram-se de ar e, finalmente, a primeira nota foi tocada. Cada quarto de nota, em vez de tomar alguns segundos, dura de dois a quatro meses. Mudanças no tom ocorrem uma vez a cada ano ou dois. Entusiastas deverão segurar os seus aplausos até o ano 2640, quando se supõe que o desempenho irá terminar.

Se Dyson estiver correto, os seres futuros seguirão o exemplo de Halberstadt e estenderão seus processos criativos de maneira semelhante. Tal como o espaçamento entre as notas na peça de Cage, eles irão cronometrar os seus pensamentos o mais lentamente possível, com milhões ou até bilhões de anos estendendo-se entre dois pensamentos. Uma longa pausa em uma conversa não será considerada ofensiva, mas sim como um sinal de uso econômico da energia. Da mesma maneira, a sinfonia do pensamento criativo pela humanidade poderia abranger éons.

No fim da década de 1990, Fred Adams e Greg Laughlin, pesquisadores da Universidade de Michigan, elaboraram um cenário de Dyson considerando como a inteligência poderia sobreviver durante um declínio cósmico prolongado. Eles dividiram a cronologia do universo em cinco estágios distintos. O primeiro, a "Era Primordial", foi a idade antes da formação das estrelas. O segundo, a "Era Estelífera [cheia de estrelas]", representa o período atual, em que as estrelas brilham graças a processos termonucleares, e planetas circundam algumas delas. Essa era irá chegar ao fim depois que os corpos mais brilhantes gastarem o seu combustível nuclear e ejetarem a maior parte do seu material exterior enquanto seus núcleos implodem tornando-se anãs brancas, estrelas de nêutrons ou buracos negros. Tais objetos-relíquias dominarão a idade que se seguirá, apelidada por Adams e Laughlin de "Era Degenerada". ("Degenerada", nesse caso, é um termo técnico que tem a ver com estados de energia preenchidos; ele não pretende refletir sobre o clima moral do futuro distante.) Durante esse tempo, de acordo com os pesquisadores, os prótons poderiam sofrer decaimento — uma hipótese sustentada por algumas das Grandes Teorias Unificadas que ligam as interações forte e eletrofraca. Quando todos os prótons decaírem, começará a "Era do Buraco Negro", na qual não restará nenhum remanescente, pois todos terão desaparecido dentro de buracos negros. Finalmente, os próprios buracos negros se dissolverão por meio do processo de radiação Hawking, levando ao último estágio do universo, chamado de "Era Escura", quando o universo será um banho diluído de partículas elementares ultrafrias — particularmente elétrons, pósitrons, fótons de frequência extremamente baixa e produtos de decaimento que sobraram de tempos anteriores. Quando o universo atingir esse estado, ele terá, de acordo com Adams e Laughlin, mais de 10^{100} (1 seguido de cem zeros) anos de idade!

Seguindo a ideia de Dyson da vida desacelerando seu ritmo para acomodar os recursos de baixa energia de um futuro distante, Adams e Laughlin pintaram um quadro otimista das perspectivas para a existência de seres inteligentes no longo prazo. Reconhecendo que a era atual tem muitos aspectos favoráveis para as formas de vida orgânicas (abundantes "casas de força" estelares como o Sol), os autores advertem, no entanto, para que se mantenha a mente aberta a respeito das perspectivas para entidades vivas alternativas em outras eras. Por exemplo, mesmo na Era do Buraco Negro, talvez seres vivos de uma composição muito diferente da vida baseada no carbono poderiam subsistir na temperatura extremamente frígida de um décimo milionésimo de grau Kelvin produzida pela radiação Hawking. Essas criaturas teriam metabolismos extremamente lentos e adaptados para a sobrevivência no *freezer* cósmico — com os processos de pensamento operando bilhões de vezes mais lentamente do que os nossos. Assim, é possível que os nossos descendentes distantes venham a comemorar a chegada do Ano-Novo 1 tredecilhão d.C. (10^{42}, ou 1 seguido de 42 zeros) brindando-se com coquetéis de radiação destinados a ser bebericados muito, muito lentamente.

O Coração de um Universo Solitário

A descoberta da aceleração cósmica, feita em 1998, veio apenas confirmar as previsões de Adams e de Laughlin, e comprovou desempenhar um papel decisivo nos prognósticos de um futuro distante. A menos que algum dia a aceleração diminua, os cenários do Big Crunch e do Big Whimper estão fora (pelo menos nas suas formas mais puras), e serão substituídos pela perspectiva assustadora de um Big Rip — ou, pelo menos, de um Big Stretch. As principais diferenças entre os cenários do Big Rip e do Big Whimper têm a ver com as perspectivas de se manter a comunicação com outras partes do universo, assim como com o destino do próprio espaço.

A expressão "Big Rip" foi cunhada em um artigo de 2003, escrito por Robert Caldwell, juntamente com Marc Kamionkowski e Nevin Weinberg, pesquisadores da Caltech, com o título alarmante de "Phantom Energy and Cosmic Doomsday" [Energia Fantasma e Dia do Juízo Final Cósmico]. Os autores descrevem o destino no longo prazo do universo sujeito à energia fantasma — a expressão com que se referem a uma forma persistente da energia escura com um fator w (razão entre a pressão e a densidade) que é inferior a 1 negativo. Como eles indicam, essa contribuição de pressão fortemente negativa se tornaria uma fração progressivamente maior da substância do universo. O espaço se expandiria cada vez mais depressa, afastando as galáxias umas das outras como um ventilador soprando para longe um montão de folhas. Uma a uma, cada galáxia remota se retiraria para além do horizonte cósmico, para nunca mais ser vista novamente. Chegaria um tempo em que as únicas galáxias dentro do alcance telescópico seriam membros do Grupo Local, como Andrômeda e as Nuvens de Magalhães.

Como Lawrence Krauss, da Universidade Estadual do Arizona, e Robert Scherrer, da Universidade Vanderbilt, observaram, ironicamente, uma vez que todas as galáxias, exceto as do Grupo Local, tiverem desaparecido, parecerá como se o universo tivesse "parado de se expandir". Isso porque o nosso atual calibre da expansão é o comportamento das galáxias mais remotas. Se as futuras formas de vida da Via Láctea não possuírem relatos históricos sobre a maneira desordenada que caracterizava o cosmos que costumávamos observar, elas poderão muito bem concluir que a nossa galáxia e seus satélites formavam a maior parte do universo. Seria um retrocesso para os dias anteriores às descobertas de Edwin Hubble, quando os astrônomos pensavam que a Via Láctea era tudo.

"Em certo sentido, é poético", disse Krauss. "O universo futuro será muito parecido com o que a princípio as pessoas pensavam que ele fosse, quando começaram a pensar sobre a cosmologia."[2]

No entanto, a influência da energia fantasma não cessaria: ela passaria a quebrar o Grupo Local e até mesmo a própria Via Láctea. Mais e mais conexões gravitacionais seriam rompidas à medida que a substância de pressão negativa passasse a ocupar parcelas cada vez maiores da realidade. Sua repulsão suprema superaria todas as forças atrativas da natureza, quebrando tudo em seus componentes. Finalmente, as próprias vestes do espaço seriam dilaceradas como um suéter de lã infestado de traças. Rasgando em farrapos o próprio tecido do espaço, o Grande Dilaceramento completaria sua fúria destrutiva.

O calendário para tal devastação depende do valor do fator w. Se isso acontecesse com um valor igual, por exemplo, a −1,5, demoraria cerca de 20 bilhões de anos para o Big Rip começar a entrar em ação e o espaço começar a ser dizimado. Cerca de 60 milhões de anos antes do fim do universo, a Via Láctea seria dilacerada. O Sistema Solar se romperia em somente três meses antes do fim. Apenas 30 minutos antes do Big Rip, o nosso planeta (a Terra, se ela ainda existisse, ou talvez um mundo sucessor, onde nossos descendentes se refugiassem) explodiria. O fim dos átomos precederia o colapso do próprio espaço por apenas uma minúscula fração de segundo: 10^{-19} segundo, para ser preciso.

Se o valor de w fosse menos negativo, mas ainda assim menor do que -1, então a energia fantasma levaria mais tempo para concluir seus atos covardes e o Big Rip aconteceria mais tarde. No entanto, se w fosse precisamente igual a -1, igualando-se assim ao cenário da constante cosmológica, ou se w estivesse entre 0 e -1, representando a quintessência, provavelmente nunca haveria um Big Rip. O *finale* da destruição espacial completa seria adiado para sempre.

Impulsionado por uma constante cosmológica, ou por uma forma de matéria com pressão negativa que não seja tão vigorosa quanto a energia fantasma, o espaço ainda iria se expandir mais e mais rapidamente, em um Big Stretch. Embora ele nunca fosse se dilacerar, ele ainda assim arremessaria galáxias distantes, uma a uma, para além do horizonte cósmico. Em muitos bilhões de anos, nosso Grupo Local de galáxias, incluindo a Via Láctea e Andrômeda, ficaria isolado. Gradualmente, à medida que a entropia se acumulasse e a morte térmica se estabelecesse, nossa galáxia envelheceria dignamente em uma coleção de remanescentes estelares, como as anãs brancas, as estrelas de nêutrons e os buracos negros. Galáxias remotas ficariam completamente inacessíveis e não observáveis. O Big Stretch combinaria, em uma boa medida, o fim arrepiante prometido pelo Big Whimper com uma boa dose de solidão. No espaço, ninguém nos veria congelar!

O Degelo Após a Geada

Sempre que há presságios de inverno cósmico, há também esperanças de primavera cósmica. Poderiam os brotos de uma nova vida ser enterrados na neve de um frio profundo? O cenário da colisão de branas de Steinhardt-Turok (discutido no Capítulo 7) é um desses mecanismos que nos permitem imaginar como o universo poderia se regenerar. Ao substituir o Big Bang pelo Big Bounce, ele conecta o fim dos tempos com o seu começo em um *loop* infinito.

Roger Penrose apresentou recentemente outro tipo de cenário cíclico, firmemente alojado na relatividade geral padrão em vez de dimensões extras invisíveis.

Seu modelo, chamado de Cosmologia Cíclica Conforme (Conformal Cyclic Cosmology), combina a Hipótese da Curvatura de Weyl com a ideia de invariância conforme. A invariância conforme ocorre quando certas quantidades físicas ou matemáticas são independentes da escala. Esse fato é aparentado a um menino que tem uma covinha no queixo ou outra característica facial que permanece durante toda a vida. Não importa o quanto ele cresça, o tamanho que ele terá quando adulto, a covinha sempre vai estar lá — com a mesma forma, mas apenas em tamanho diferente. De maneira semelhante, há certas simetrias e características na física e na matemática que dependem da forma e não do tamanho.

Em 2003, K. Paul Tod, matemático de Oxford e ex-aluno de Penrose, encontrou uma maneira de expressar a HCW como uma condição de partida especial para o Big Bang. A HCW determina que no início do universo a curvatura de Weyl tem um valor mínimo. A curvatura de Weyl representa um distúrbio gravitacional, ou seja, irregularidades na maneira como o espaço se desenvolve. Se a curvatura de Weyl for 0, então o universo é puramente isotrópico.

Na relatividade geral, matéria e energia dos tipos corretos agem como uma espécie de fórmula de crescimento. Se pensarmos nas trilhas traçadas por pontos na expansão do Big Bang como fios de cabelo, o material no universo os faz crescer mais e mais, tornando-os cada vez mais longos. No entanto, eles poderiam ser retos ou enrolados. A curvatura de Weyl governa a maneira como eles são torcidos, com 0 significando completamente sem nó, e um valor alto representando um emaranhado. Consequentemente, a HCW oferece uma espécie de condicionador para o universo primitivo, o qual remove todos os emaranhados e torna o seu crescimento inicial completamente isotrópico, como um cabelo perfeitamente liso.

Tod observou que geometrias isotrópicas puras têm invariância conforme. Mesmo se suas métricas ("mapas" das menores distâncias entre os pontos) forem multiplicadas por um fator de escala, elas representam a mesma forma. É como um estilista olhando para alguém com cabelos longos e lisos, como Marcia Brady do seriado de televisão *A Família Sol-Lá-Si-Dó*, e observando que eles têm sempre a aparência linear, por mais perto que ele esteja deles ou por mais longe que ele os examine.

Por causa de sua maneira clara de representar a isotropia, Tod mostrou que a invariância conforme no início do universo era um meio de definir a HCW. Isso significa que o primeiro instante do Big Bang parece ser o mesmo em todas as escalas, desde o diminuto até o astronômico. E quanto ao fim do universo? Se ele está cheio de buracos negros e de outros objetos gravitacionalmente complexos, ele é muito emaranhado e o valor global de sua curvatura de Weyl é muito alto. Neste caso, ele certamente não tem invariância conforme, assim como um local perto de um buraco negro visto de perto pareceria diferente se fosse visto de longe, de uma posição que incluísse outras regiões. No final, o tamanho importa, tanto quanto a forma.

Penrose pensou muito sobre o fim dos tempos e chegou a uma revelação surpreendente. Supondo que seu ex-colaborador, Steve Hawking, esteja certo e que os buracos negros de fato irradiem, conclui-se que, dado um tempo suficientemente longo, nenhum desses objetos seria deixado no final. E se os prótons e outras partículas elementares também decaíssem, como supõem as Grandes Teorias Unificadas? Não há nenhuma teoria sobre decaimento de elétrons, mas poderia ser possível. E se por volta de certo estágio extremamente tardio do universo não restasse massa nenhuma? Nesse caso, o universo teria uma rápida expansão, mas seria vazio. Porque, como um deserto plano, ele pareceria o mesmo de todos os pontos de vista, e, portanto, teria invariância conforme. Desse modo, com exceção do seu tamanho, ele seria idêntico ao que era no instante em que o tempo começou.

Emendando o princípio suave ao fim dos tempos, como um *loop* de filme clássico, Penrose chegou àquilo que ele chamou de uma "nova perspectiva ultrajante".[3] O universo, ele supôs, estaria executando um ciclo perfeito. O alfa é semelhante ao ômega, o choro do bebê ao nascer ao dobre fúnebre. A única diferença é a escala. Porém, assim como para uma nenezinha, o rosto de sua mãe é todo o seu universo, é possível que no amanhecer e no entardecer do tempo, o tamanho não tenha lugar. O cosmos, em seus momentos finais, esquece o seu tamanho — uma vez que, de qualquer maneira, ele não tem conteúdo — e se reencarna como uma criancinha.

Pelas razões filosóficas e psicológicas mencionadas anteriormente, como a necessidade de finalização, os modelos cíclicos têm muito a oferecer. O esquema de Penrose certamente une os extremos do tempo e do tamanho, apresentando a história do universo como um pacote perfeito. No entanto, como o próprio Penrose observou, ele se baseia nas noções não comprovadas segundo as quais todas as partículas elementares massivas acabarão sofrendo decaimento e todos os buracos negros se desintegrarão, não deixando absolutamente nada para trás. Esta última ideia tem sido o tema de muitos debates — estimulados pela sugestão de Hawking de que os buracos negros desovam universos-bebês.

Berçários para Universos-Bebês

As leis de conservação são os cobertores de segurança da física. Elas oferecem o conforto de nos garantir que certas propriedades normalmente não mudam. A carga total, a massa/energia (os dois são conversíveis), o *spin* e várias outras quantidades permanecem constantes em circunstâncias normais. No entanto, condições extremas, tais como as singularidades (pontos de densidade infinita) dos buracos negros e do Big Bang, parecem arrancar de cima de nós esses cobertores da constância e os atirar para longe.

Desde a sua criação, a teoria do Big Bang tem significado uma violação monumental das leis de conservação no incipiente momento da criação. Afinal de contas, a criação implica alguma coisa vinda do nada. Modelos cíclicos são geralmente tentativas de introduzir continuidade, oferecendo transições em vez de rupturas bruscas e aguçadas. Por exemplo, o modelo de Steinhardt-Turok deriva sua energia de interações entre branas. A cosmologia cíclica de Penrose, embora quebrando a conversão de carga ao permitir que os elétrons decaiam em energia pura, oferece continuidade geométrica.

Se o universo não é renovado, e encontra um fim terrível, como o Big Rip, ou mesmo uma morte mais tranquila, como o Big Whimper, outro tipo de continuidade será quebrada — a do nosso destino como espécie. É perfeitamente natural procurar uma saída. Além dos ciclos renovados, poderia haver outros caminhos para a permanência?

Em 1988, Hawking examinou a questão do que acontece com as informações do buraco negro depois que tal objeto irradia toda a sua energia. Será que o buraco negro destruirá as informações, ou será que elas poderiam, de alguma maneira, ser preservadas? Os pesquisadores desenvolveram uma teoria sobre universos-bebês que seriam gestados nos úteros gravitacionalmente intensos dos buracos negros e nasceriam em outra região do que hoje é chamado de multiverso. Os "cordões umbilicais" da prole seriam buracos de minhoca que conectariam esses "fetos" com o nosso universo. A carga e outras grandezas físicas poderiam atravessar esses portais, permitindo que os buracos negros, finalmente, se dissolvam em nada.

Hawking imaginou uma espaçonave que viajaria para dentro de um buraco negro e que ganharia acesso a um universo-bebê. Do ponto de vista do universo-bebê, ele teria um novo brinquedo — um foguete brilhante. No entanto, a linha do tempo do universo-bebê seria distinta da nossa — um tipo diferente de sucessão de momentos que Hawking chamou de "tempo imaginário". Infelizmente, a experiência do tempo dos ocupantes da espaçonave envolveria uma passagem rápida em direção a uma morte por implosão, e por isso eles nunca perceberiam sua entrada no universo-bebê.

Assim, no caso em que seres inteligentes do futuro desejassem escapar do destino do cosmos, os universos-bebês não ofereceriam uma rota de fuga segura. Por outro lado, eles poderiam oferecer um local de armazenamento de informações que desejássemos preservar. É concebível, se esses universos de fato existirem, que uma civilização ameaçada possa codificar a narração cronológica de sua história sob uma forma que poderia sobreviver à viagem.

Juntamente com Laflamme, Hawking também propõe um uso mais técnico para os universos-bebês — explicar o baixo valor da constante cosmológica. Eles calcularam que a incerteza quântica extra associada com a presença deles reduziria o valor provável da constante cosmológica, aproximando-a de sua quantidade observada. Como não haveria maneira de investigar universos-bebês diretamente, essa hipótese é mais uma ideia sobre o multiverso (juntamente com a inflação eterna, os muitos mundos, e assim por diante) que tem se mantido especulativa.

Vários anos depois que Hawking apresentou sua proposta, Lee Smolin habilmente observou que uma conexão entre os universos-bebês e a prole na biologia sugeria um processo de seleção natural cosmológica. Smolin propôs que os universos-bebês teriam leis ligeiramente diferentes das de seus universos pais (e mães) (*parent universes*) — de maneira semelhante ao conceito darwinista de variação. As crianças cresceriam e criariam buracos negros e universos-bebês próprios. Então, em uma espécie de sobrevivência do mais apto, os universos com as leis físicas que geram o maior número de buracos negros dominariam sobre os outros. Esses pais (e mães) bem-sucedidos também seriam os do tipo que produz as condições ideais para a vida, explicando por que estamos aqui.

O nosso universo, se fosse consciente, poderia estar pensando em nomes bonitos para toda a sua descendência. Ele já poderia ter comprado o livro *Beyond Astro and Celeste: Names for Cosmic Newborns* [*Além do Astro e do Celeste: Nomes para os Recém-Nascidos Cósmicos*], e folhear todas as possíveis sugestões de nomes. No entanto, uma declaração de Hawking em uma conferência realizada em Dublin, em junho de 2004, pode ter desencorajado tais planos. Ele admitiu que estava errado a respeito de buracos negros escondendo suas informações por meio de universos-bebês. Em vez disso, os dados escapam com a radiação que o buraco negro lentamente libera. Ao mudar de ideia, ele perdeu uma aposta que havia feito em 1997 juntamente com Kip Thorne, a respeito de informações do buraco negro, e teve de enviar uma enciclopédia de beisebol para o ganhador da aposta, John Preskill, da Caltech.

"Não há nenhum universo-bebê ramificando-se como eu pensava", Hawking disse na conferência. "Lamento decepcionar os fãs da ficção científica, mas se a informação é preservada, não há possibilidade de se usar buracos negros para viajar a outros universos. Se você pular em um buraco negro, sua energia-massa será devolvida ao nosso universo, mas sob uma forma mutilada que contém as informações a respeito da aparência que você tinha."

Ai de nós, retornar de "forma mutilada" não soa como uma maneira particularmente promissora de escapar ao destino do cosmos. Se a reavaliação de Hawking estiver correta, não precisamos dizer mais nada se tínhamos esperança na possibilidade de um *baby boom* cosmológico. Por outro lado, talvez um universo só seja suficiente.

O Último Estiramento da Realidade

É intrigante imaginar a possibilidade de fugir deste universo em direção a outros reinos, e a um futuro para além do fim dos tempos. É difícil para uma mente que sonda, investiga e se aprofunda aceitar limites. No entanto, para qualquer conjectura cosmológica, é sábio basear sua probabilidade em evidências obtidas com observações e não em especulações abstratas sobre longínquas distâncias desconhecidas.

A maior parte das evidências cosmológicas aponta atualmente para um quadro com o qual a concordância é generalizada e segundo o qual o universo é plano e isotrópico em sua escala muito grande e é uma mistura de matéria comum, matéria escura fria e energia escura. A energia escura, pelo que parece, é uma contribuição persistente, assemelhando-se ao termo da constante cosmológica. A estrutura no universo corresponde bem às previsões de uma época muito primitiva da inflação que transformou flutuações quânticas minúsculas em pedaços de material que por fim vieram a se acumular em estrelas e galáxias.

A reunião dessas descobertas oferece um cenário com o melhor palpite sobre o futuro do espaço. Embora seja reconfortante imaginar ciclos de tempo, não há nenhuma evidência direta de que algo como o Big Bang vá acontecer novamente. O Big Crunch, em que a expansão dá marcha a ré e se transforma em contração, exigiria uma reviravolta assombrosa no papel da energia escura. Ela teria de se dissipar de alguma maneira ou de mudar suas propriedades para permitir que a aceleração se torne desaceleração. Além disso, como, pelo que parece, o espaço é plano, significando-se com isso que a densidade do universo é igual à densidade crítica, mesmo que a gravidade não fosse impedida pela energia escura, ela não teria força suficiente para voltar a unir o espaço em um movimento de contração.

Os modelos cíclicos de Steinhardt e Turok-Penrose incluem, cada um deles, proposições que ainda não foram comprovadas. O modelo de Steinhardt-Turok envolve interações de brana em uma dimensão extra, ou pelo menos em um campo de energia que simule esse efeito. O modelo de Penrose parece exigir o decaimento de todas as partículas massivas, inclusive os elétrons. Assim, embora um Big Bounce ou outro tipo de modelo cíclico tenha vantagens filosóficas sobre a ideia da criação a partir do nada, muito trabalho experimental precisa ser feito para justificar seus alicerces. Por outro lado, embora a inflação seja amplamente aceita, os teóricos ainda precisam identificar o inflaton (campo inflacionário) que a causou. Eles também não podem explicar adequadamente por que a inflação não está acontecendo em miríades de lugares e tempos, como na eterna inflação, ou, se ela é onipresente, o que conseguiria explicar nossas condições especiais.

Se nós presumirmos que o universo não realiza ciclos, isso nos deixa com vários cenários finais possíveis. Se a energia escura desaparecer aos poucos, como uma forma decadente de quintessência, o Big Whimper poderia ser o resultado provável. Se a energia escura for turborreforçada, como na energia fantasma, prepare-se (se você pretende estar por aqui daqui a dezenas de bilhões de anos) para o Big Rip! Até agora, as evidências parecem apontar para um curso médio — a contínua aceleração do cosmos que ameaça isolar nossa galáxia, mas não o suficiente para rasgar o tecido do próprio espaço.

A morte do universo por meio do Big Stretch, envolvendo a dominação da energia escura em sua era final, seria menos dramática do que muitas das outras possibilidades. A civilização poderia sobreviver por muitos bilhões de anos, prosperando com base no uso da radiação estelar e, em seguida, talvez muitos bilhões de anos mais, reduzindo seu metabolismo a um estado progressivamente mais frio, como na hipótese de Dyson. Seguindo o conselho poético de Dylan Thomas, ela poderá partir festivamente, em vez de suavemente, para dentro da "longa noite escura".

Ao longo dos éons, a Via Láctea passaria a ocupar um lugar cada vez mais central no nosso âmbito, pois as outras galáxias, à medida que fossem recuando, seriam cada vez mais difíceis de ser observadas. Desse modo, se a raça humana sempre quis tentar a exploração intergaláctica, o tempo para isso seria mais cedo, e não mais tarde. Em última análise, mesmo que nossa cultura não pudesse esperar sobreviver aos ciclos futuros ou fugir para universos-bebês, pelo menos ela poderia orgulhar-se de suas grandes conquistas, inclusive o seu domínio dos enigmas da ciência. Até que os últimos buracos negros se evaporem, será esse o nosso legado.

15

Quais São os Limites Definitivos do Nosso Conhecimento a Respeito do Cosmos?

> Venha, ó homem; e lá nas longínquas distâncias olhe de perto o domo azul,
> E nele essas lâmpadas que geram o dia eterno.
> Traga suas lunetas; clareie seus olhos deslumbrados:
> Milhões surgem a mais, além dos milhões que já havia:
> Olhe mais longe; — mais outros milhões trazem chamas de céus
> ainda mais remotos.
>
> — HENRY BAKER, *"THE UNIVERSE"* (1727)

Empoleirados em um planeta minúsculo, orbitando uma estrela média, situada na periferia de uma galáxia espiral típica, talvez seja audacioso pretendermos compreender os mecanismos de um universo imenso, possivelmente infinito. Tais aspirações parecem ainda mais absurdas em vista de que o nosso próprio universo poderia muito bem ser uma mera folha em um multiverso de páginas sem fim. Como, porém, até onde nós sabemos, nenhum outro ser sensível em qualquer lugar do cosmos deu um passo para realizar essa tarefa, alguém tem de fazer o trabalho. Então, por que não nós?

O diâmetro da Terra, que mede aproximadamente 12.740 quilômetros, representa apenas cerca de 0,000000000000000002% do diâmetro do universo observável, que se estima medir aproximadamente 93 bilhões de anos-luz. Em outras palavras, seria preciso alinhar mais de 40 milhões de trilhões de Terras em uma fila para abranger o universo observável. Somos apenas um mero pontinho no firmamento celeste, mas queremos saber tudo!

Os antigos marinheiros viajaram através dos mares para explorar terras desconhecidas. Se quiséssemos hoje explorar o universo dessa maneira, ficaríamos totalmente desencorajados diante das enormes distâncias envolvidas. Do nosso minúsculo enclave, mapear o universo observável parece uma tarefa hercúlea. Até que a ciência desenvolva meios de propulsão muito mais poderosos, nossas chances de nos aventurarmos em espaçonaves e de explorarmos uma grande porção da galáxia, para não dizer o restante do universo observável, são mínimas. Os voos interestelares ainda poderão estar séculos à nossa frente. Antes que sejamos capazes de partir para arrojados voos entre as estrelas, precisamos explorar o cosmos a partir do conforto de nossos lares.

Felizmente, uma torrente de luz vinda de partes do espaço até bilhões de anos-luz de distância constantemente chove na Terra. Nos últimos anos, desenvolvemos as ferramentas de que precisávamos para explorar os confins do espaço exterior, coletar as multidões de *pixels* de informações luminosas e viajar com nossas mentes até os lugares mais distantes que nossos telescópios podem observar. Graças a instrumentos astronômicos poderosos, como a sonda WMAP e o Telescópio Espacial Hubble, os astrônomos foram abençoados com dados cada vez mais precisos, abrangentes e significativos sobre o cosmos. Para pressionar os limites do conhecimento ainda para mais longe, uma nova geração de telescópios de resolução ainda maior do que aqueles que tínhamos até agora já começou a tomar o seu lugar.

Trocando a Guarda

Em 20 de agosto de 2010, a sonda WMAP captou seu vislumbre final da radiação cósmica de fundo na faixa das micro-ondas, a culminação de uma magnífica jornada de nove anos que mudou a história da ciência. Três semanas mais tarde, ela se instalou em seu lar de aposentada: uma órbita solar estacionária. No entanto, com certeza não será a última vez que ouviremos falar da WMAP. Os dados coletados por esse satélite ainda estão sendo analisados e interpretados. Um relatório final foi divulgado em dezembro de 2012.

As realizações da WMAP em estabelecer com precisão parâmetros cosmológicos foram incomparáveis. Dada a incerteza na idade do universo durante a maior parte da história científica, até o fim do século XX, o valor relativamente preciso obtido graças aos dados coletados pela WMAP, de 13,75 bilhões de anos (com margem de erro de 100 milhões de anos para menos ou para mais) é um triunfo impressionante. Juntando essa contribuição incrível com as descobertas, obtidas com a precisão de um corte cirúrgico, da composição do universo em seus principais componentes — a matéria comum, a matéria escura e a energia escura, é claro que a sonda WMAP revolucionou a cosmologia, tornando-a uma ciência exata.

Enquanto a WMAP, e o COBE antes dela, ofereceram "orelhas" ultrassensíveis para "escutar" o chiado de fundo, o Telescópio Espacial Hubble forneceu "olhos" dotados de uma visão extraordinariamente aguçada para fitar as profundezas do universo cognoscível. O avô de todos os instrumentos espaciais usados na cosmologia, o Hubble ainda está forte depois de mais de duas décadas de serviço. Novos equipamentos adicionados em 2009, incluindo a Wide Field Camera 3, estenderam seu tempo de vida ainda mais. Entre as conquistas que coroaram suas façanhas está a descoberta da energia escura, pela qual Perlmutter, Schmidt e Riess receberam o Prêmio Nobel de 2011. O Hubble também obteve imagens de manchas que indicavam regiões aparentemente vazias do céu, revelando o "campo profundo" para ser salpicado de galáxias fracas; obteve imagens de numerosas explosões de supernovas; e ajudou a estabelecer a idade do universo. Mais localmente, ele serviu para obter novas e detalhadas imagens das regiões limítrofes do Sistema Solar, e para oferecer imagens impressionantes de berçários de estrelas recém-nascidas; ele ofereceu provas da existência de buracos negros, ajudou a identificar planetas orbitando estrelas distantes, e obteve imagens astronômicas para incontáveis outros fins.

Os recém-chegados na cena também destravaram, de maneira semelhante, abóbadas exóticas de segredos cósmicos. O Telescópio Espacial Fermi de Raios Gama, lançado em 2008, ofereceu dados de importância vital sobre o céu dos raios gama, rastreou rajadas de raios gama e emissões de raios gama de galáxias ativas, e introduziu um novo mistério: os dragões do nevoeiro de raios gama. Seriam esses dragões cósmicos sinais de interações da matéria escura, evidências da formação de aglomerados ou indícios de algum outro fenômeno ainda desconhecido? Os valentes astrônomos continuam em sua missão para matar essa bestial charada cósmica.

Em 14 de maio de 2009, a Agência Espacial Europeia lançou, de sua base espacial em Kourou, na Guiana Francesa, dois novos instrumentos: o satélite Planck e o Observatório Espacial Herschel. A missão Planck tem o propósito de continuar de onde a WMAP parou, oferecendo um mapeamento preciso da radiação cósmica de fundo (RCF) com uma resolução angular sem precedentes. O Planck carrega um telescópio com um espelho de 1,5 metro (aproximadamente 5 pés) de diâmetro. O espelho coleta radiação de micro-ondas e a canaliza para dois detectores ultrassensíveis, denominados LFI (Low Frequency Instrument, Instrumento de Baixa Frequência) e HFI (High Frequency Instrument, Instrumento de Alta Frequência). Esses instrumentos, em conjunto, cobrem uma ampla faixa de frequências que se destacam na RCF. Enquanto o LFI tem 22 receptores de rádio sintonizados em quatro diferentes canais de frequência, o HFI tem 52 detectores bolométricos que trabalham encaminhando a radiação até um material sensível ao calor, cuja resistência elétrica muda com a temperatura de maneira mensurável, o que os faz agir como termômetros elétricos. Planck realizou isso esplendidamente até agora, produzindo um mapa incrivelmente detalhado de variações sutis de temperatura na RCF.

Muitos projetos importantes estão dependendo dos resultados finais do Planck. Parte dos dados mais recentes obtidos por ele foi divulgada em dezembro de 2014 e em fevereiro de 2015, e outros conjuntos de dados em 9, 13 e 23 de julho de 2015. As manchas que aparecem no fundo cósmico e que foram descobertas em 2011 por Peiris, Johnson, Feeney e colaboradores, em meio aos dados coletados pela WMAP, e que se suspeita serem sinais de colisões entre universos-bolhas primordiais, requerem, para um estudo mais aprofundado, os dados de maior resolução que serão fornecidos pelo Planck. Quando os dados do Planck forem analisados mais profundamente, a equipe espera emitir um veredito rápido revelando se essas manchas são estatisticamente significativas ou não. Se assim for, então talvez tenhamos encontrado primos bebês do universo, que há muito tempo cresceram e se afastaram! Com um ceticismo saudável sobre tais fenômenos de longo alcance, a comunidade científica provavelmente vai reservar seu julgamento até que outros grupos corroborem as descobertas.

O Planck também será usado para distinguir diferentes modelos inflacionários do universo e investigar maneiras alternativas de explicar sua aparente uniformidade em grande escala, tais como as cosmologias com ricochete. Dados de resolução mais alta sobre a RCF ajudarão os astrônomos a mapear com maior precisão como as estruturas se formaram no universo primitivo. Eles nos ajudarão a compreender se o universo é completamente isotrópico, tendo a mesma aparência em todas as direções, ou se tem anisotropias sutis. Neste último caso, o Planck poderia oferecer pistas sobre as origens de tais anisotropias. Finalmente, ele ajudará os astrônomos a encontrar valores mais precisos da constante de Hubble, da taxa de aceleração e de outros parâmetros cosmológicos.

O Herschel, colega de lançamento do Planck, está sondando a região do infravermelho extremo do espectro. Com um espelho primário de 3,5 metros, o Herschel é o maior telescópio espacial lançado até hoje. Seu propósito é mapear alguns dos objetos mais frios do espaço, inclusive o gélido meio interestelar. Sem dúvida, ele oferecerá informações profundas e esclarecedoras sobre a formação das galáxias e outros aspectos da evolução das estruturas do universo.

Ao aplaudirmos os telescópios espaciais, não podemos nos esquecer dos numerosos observatórios terrestres ao redor do mundo — desde o Observatório Keck, em Mauna Kea, no Havaí, até o Gran Telescopio Canarias, em La Palma, nas Ilhas Canárias. Atualizado com câmeras digitais precisas e sistemas ópticos adaptativos planejados para contrabalançar o efeito da distorção atmosférica, esses dispositivos ópticos oferecem imagens muito mais nítidas do que as que se conseguia obter nos anos anteriores. Tomados em conjunto, os telescópios modernos — escaneando os céus em uma vasta gama de frequências visíveis e invisíveis — inauguraram uma verdadeira idade de ouro da cosmologia.

Uma Emaranhada Webb

Em maio de 2009, na mesma semana do lançamento das sondas Planck e Herschel, astronautas da NASA a bordo do ônibus espacial *Atlantis* completaram a última missão de serviço previsto para o Hubble. Seus esforços valentes ajudaram a prolongar o tempo de vida desse grande instrumento para além até mesmo de seus recordes de duas décadas. No entanto, o programa do ônibus espacial terminou — todas as possibilidades de novas atualizações foram eliminadas. Infelizmente, o reluzente telescópio, fonte de tantas imagens deslumbrantes e de dados de importância crítica coletados de recessos extremamente longínquos do espaço, não pode continuar para sempre — especialmente sem quaisquer novas missões de serviço planejadas.

Resultados impressionantes do Hubble têm aguçado o apetite da comunidade científica por uma exploração mais profunda do espaço. Gostaríamos de ver a fronteira do universo observável tão perto quanto possível. Para compreender como a primeira geração de estrelas se desenvolveu por volta do período de encerramento da Idade das Trevas cósmica e como as galáxias nascentes passaram a existir exige que empurremos os próprios limites da observação telescópica. Isso, por sua vez, exige um telescópio espacial maior e mais potente.

O Telescópio Espacial James Webb, sucessor designado pela NASA para o Hubble, esteve em fase de planejamento desde a década de 1990. Originalmente chamado de Telescópio Espacial Next Generation, foi rebatizado em 2002, em homenagem ao segundo administrador da NASA, James E. Webb, falecido em 1992. Programado para ser lançado em 2018, o telescópio contará com um espelho de 6,4 metros e um enorme escudo para proteção solar, projetado para se desdobrar quando o telescópio estiver em segurança em sua órbita, que ficará cerca de 1,6 milhão de quilômetros da Terra. Ele varrerá o céu, principalmente na faixa do infravermelho, mas também na faixa visível, escaneando pistas importantes a respeito do desenvolvimento primitivo de galáxias e coletando informações sobre sistemas planetários em formação. Em suma, ele oferecerá uma máquina do tempo para sondar os anos de infância do universo, quando características essenciais como estrelas e galáxias ainda estavam em seus estágios iniciais.

Como muitos projetos federais, suas perspectivas têm aumentado e diminuído com as marés cambiantes das decisões orçamentárias do Congresso. Até hoje, mais de 3 bilhões de dólares foram investidos no programa. O custo total projetado cresceu ao longo dos anos para mais de 8 bilhões de dólares. Embora essas cifras representem apenas uma pequena parte do orçamento federal, déficits crescentes as trouxeram à atenção dos cortadores de custos do Congresso.

Em 6 de julho de 2011, o House Appropriations Committee (Comitê de Apropriações da Câmara) lançou a conta do Commerce, Justice, Science Appropriations de 2012, delineando o financiamento para a NASA e outras agências. O projeto de lei recomendou cortar o financiamento para programas de ciência da NASA e cancelar o lançamento do Telescópio Espacial Webb. Ele citou a má gestão e as saturações de custo como as razões para encerrar o projeto.

A situação ameaçava ser uma repetição do desacreditado cancelamento do SSC (Superconducting Super Collider, Supercolisor Supercondutor), um acelerador de partículas que havia sido planejado e que foi cortado pelo Congresso na década de 1990 antes de ser concluído. Tal como o SSC, o Webb já estava em construção quando a decisão orçamental foi tomada.

O gigantesco espelho primário do Webb é composto por dezoito segmentos. Estes são feitos de berílio, uma substância conhecida pela sua leveza, rigidez e resistência à deformação ao ser submetida a variações extremas de temperatura. Em junho de 2010, os engenheiros começaram o processo de revestir os espelhos com finas camadas de ouro, que são ideais para refletir a luz infravermelha recolhida das profundezas do espaço. O delicado procedimento levaria mais de um ano para ser concluído. Teria sido loucura cancelar o Webb bem no meio da construção de um de seus principais componentes.

Felizmente, depois de meses de negociações, em novembro de 2011 o Congresso votou pelo financiamento integral do Telescópio Espacial Webb. Os legisladores reconheceram o quanto a importância do Webb é vital para descobertas científicas futuras, bem como para a criação de empregos (o telescópio sustenta 1.200 empregos). Os defensores do Telescópio Webb estão agora otimistas de que sua meta de lançamento em 2018 será cumprida.

Onde está a Antimatéria?

O Telescópio Espacial Webb, o satélite Planck e outros instrumentos astronômicos poderão, em suas sondagens dos primórdios do universo, levar a ciência até mais longe do que ela foi até agora, até uma antiguidade extremamente recuada. Compreender como o amontoado caótico de energia que foi o Big Bang estratificou-se em partículas familiares com uma diversificada gama de propriedades requer que façamos a conexão entre as descobertas astronômicas e as descobertas da física de partículas. Os físicos de partículas estão tentando discernir as definitivas leis da natureza que guiaram os processos que levaram, por um lado à quebra das simetrias, e por outro, às escancaradas diferenças que existem no mundo subatômico. A quebra de simetrias, em particular, influenciou a maneira como o cosmos primitivo se desenvolveu.

Um aspecto especialmente intrigante do Big Bang e que os cientistas estão se esforçando para compreender é este: "Por que o equilíbrio cósmico inicial de matéria e antimatéria se rompeu?" Se o universo começou em um estado de neutralidade, o "balanço contábil" da carga positiva e da carga negativa deveria constatar que ambas foram mútua e precisamente anuladas. Portanto, para cada quantidade de partículas de matéria, tais como os elétrons, deveria ter havido, em contrapartida, a mesma quantidade de partículas de antimatéria, de carga oposta, tais como os pósitrons. Cada um desses teria aniquilado cada um dos outros, criando um banho de pura radiação. No entanto, não foi isso o que aconteceu. De algum modo, o universo terminou com um enorme excesso de matéria — e muitíssimo pouca antimatéria.

Será que a antimatéria estaria se escondendo em estrelas e galáxias distantes? Até hoje, ninguém detectou quaisquer grandes reservas de antimatéria, e muito menos "antiestrelas" e "antigaláxias". Além disso, ninguém encontrou sinais das enormes quantidades de energia que seriam liberadas se corpos de matéria colidissem com corpos de antimatéria. (Precisamos distinguir a antimatéria da matéria escura, uma vez que a primeira é bem compreendida, mas escassa, e a última é comum, mas muito pouco compreendida.)

Para verificar se quaisquer bolsões de antimatéria existem no espaço, o Departamento de Energia dos Estados Unidos, o CERN, e uma equipe internacional de pesquisadores desenvolveram um instrumento sensível chamado AMS-02 (Alpha Magnetic Spectrometer, Espectrômetro Magnético Alfa). Atualmente atracado na ISS (International Space Station, Estação Espacial Internacional), ele foi levado ao espaço pelo ônibus espacial *Endeavour* em maio de 2011 na penúltima missão antes de o programa do ônibus espacial terminar. Foi a última viagem do próprio *Endeavour*, antes de ele ser aposentado.

Para se ter uma ideia da importância da viagem do *Endeavour* para a cosmologia basta refletir sobre o *design* do emblema dessa missão. Como a NASA descreveu: "A forma do logo é inspirada pelo símbolo atômico internacional, e representa o átomo com elétrons em órbita ao redor do núcleo. A explosão perto do centro refere-se à teoria do Big Bang e à origem do universo. O ônibus espacial *Endeavour* e a estação espacial voam juntos rumo ao nascer do Sol sobre a orla da Terra, representando o alvorecer de uma nova era, a compreensão da natureza do universo".[1]

O comandante da missão, Mark Kelly, enfrentou uma decisão extremamente difícil. Em 8 de janeiro de 2011, apenas alguns meses antes do lançamento que estava programado, a esposa de Kelly, a deputada Gabrielle Giffords, do Arizona, foi baleada em uma tentativa de assassinato. Durante o período de intensa reabilitação física de Gabrielle, Kelly precisou fazer a difícil escolha de abandonar a missão ou voltar a treinar para o voo ao espaço enquanto ainda a ajudava a se recuperar.

Em 4 de fevereiro, Kelly anunciou sua decisão. "Estamos nos preparando há mais de dezoito meses e estaremos prontos para entregar o Espectrômetro Magnético Alfa para a Estação Espacial Internacional e completar os demais objetivos do voo."[2]

Graças à Kelly e à sua tripulação, o AMS-02 foi cuidadosamente preso à ISS, onde começou a coletar dados. Dentro de suas entranhas, há um sofisticado detector de partículas capaz de farejar a presença de anti-hélio, se esse existir, e de medir a razão entre a quantidade de anti-hélio e a quantidade de hélio comum. Núcleos de hélio e anti-hélio teriam a mesma massa, mas cargas opostas: positiva *versus* negativa. Como os campos magnéticos dobram as trajetórias das cargas positivas e negativas em sentidos opostos, um poderoso ímã dentro do detector é usado para revelar cada um dos núcleos. O AMS-02 está procurando evidências da matéria escura, bem como de antimatéria. Sua proeza na detecção de partículas é tal que ele foi apelidado de "LHC no espaço".[3]

Sam Ting, ganhador do Prêmio Nobel, foi o paciente timoneiro da missão, tendo-a planejado e encabeçado desde o início da década de 1990. Mesmo sendo improvável que nós venhamos a encontrar antimatéria no espaço, ele argumentou que precisamos saber com certeza se ela existe. Como ele observou:

Pode parecer um tiro no escuro. No entanto, não há nenhuma razão convincente para o universo ser feito de matéria, em vez de uma mistura igual de matéria e antimatéria.[4]

Um protótipo chamado AMS-01, lançado em 1998 a bordo do ônibus espacial *Discovery*, estabeleceu um limite superior para a proporção entre anti-hélio e hélio no espaço como sendo de menos de uma parte em um milhão. O AMS-02 é mil vezes mais preciso do que seu antecessor, permitindo medir de maneira efetiva se existe anti-hélio em todo o espaço observável. O tempo está se esgotando para a antimatéria se revelar — se, afinal, houver qualquer uma lá fora.

De alguma maneira, bem no início do universo, uma espécie de revolução rompeu o equilíbrio entre matéria e antimatéria. A matéria derrotou a antimatéria e se tornou a rainha indiscutível. Os teóricos têm uma boa ideia do que causou essa sublevação. Eles conjecturam que essa quebra de simetria resultou de processos mediados pela interação fraca, os quais violam uma condição chamada de simetria CP (Carga-Paridade). (Lembre-se de que nós mencionamos a simetria CP no Capítulo 8 em nossa discussão sobre os áxions).

A simetria CP envolve o processo de manter o decaimento de uma partícula restrito a um conjunto de espelhos gêmeos. Um desses corresponde a uma inversão entre esquerda e direita, chamada reversão de paridade. É como tirar uma luva da mão esquerda e substituí-la por uma luva da mão direita. A outra transformação, chamada conjugação de carga, muda todas as cargas positivas para cargas negativas, e vice-versa. Efetivamente, isso significa que partículas carregadas são substituídas pelas suas companheiras antipartículas, e as antipartículas por partículas comparáveis. Os teóricos pensavam que a combinação de ambas as operações e sua aplicação a qualquer situação física, como o decaimento, levariam a um processo equivalente e que aconteceria com igual probabilidade.

Em 1964, os pesquisadores James Cronin e Val Fitch, juntamente com seus colaboradores, fizeram a descoberta extraordinária da violação da CP em certos decaimentos fracos. Ao observar o decaimento de uma partícula chamada káon neutro de vida longa (também conhecido como méson K^0), eles constataram que os subprodutos eram dois píons (outro tipo de méson) com cargas opostas. A conservação da CP só previa o decaimento em três píons, não em dois. Em honra de sua descoberta desbravadora, Cronin e Fitch receberam o Prêmio Nobel de Física de 1980. Desde a época do seu trabalho, numerosos experimentos detectaram a violação da CP em decaimentos fracos (mas nunca nas interações eletromagnéticas ou fortes). Como tais decaimentos com violação da CP podem resultar em um excesso de partículas com relação a antipartículas, eles constituem um mecanismo natural para explicar como esse desequilíbrio surgiu no início do cosmos.

Dentro de um lapso de microssegundos após o Big Bang, o universo era frio o suficiente para que os fótons não mais se transformassem naturalmente em duos partícula-antipartícula. As partículas e antipartículas dos pares existentes cancelaram-se mutuamente, voltando a se transformar em radiação. No entanto, provavelmente por causa da violação da CP, um excesso de partículas permaneceu. Essas incluíam os quarks que formariam os prótons e os nêutrons, juntamente com os elétrons, os neutrinos e outras partículas. A matéria como nós a conhecemos pôde finalmente começar a se unir.

Um projeto vital que investiga a natureza da violação da CP é o experimento LHCb (Large Hadron Collider Beauty Experiment, Experimento do Grande Colisor de Hádrons [com quarks] Beauty). Realizado em um dos pontos de interseção do feixe do Grande Colisor de Hádrons do CERN, o experimento mede as propriedades de decaimentos envolvendo partículas e antipartículas que incluam o quark b (quark "beauty" ou "bottom") ou o antiquark b. Essas propriedades ajudam a verificar diferenças entre matéria e antimatéria, diferenças essas que têm importância crítica para a compreensão de como o primeiro veio a dominar o segundo no universo conhecido.

Outro projeto do LHC, o chamado experimento ALICE (A Large Ion Collider Experiment, Um Experimento do Grande Colisor de Íons), investiga uma questão diferente sobre a matéria presente no início do universo: o seu estado caótico, ultradenso chamado de plasma de quarks-glúons. Para a matéria normal em temperaturas moderadas, os seus constituintes elementares — prótons, nêutrons e outros tipos de partículas — são compostos de três quarks cada (exceto para um tipo chamado mésons, que são pares quark-antiquark). De acordo com a teoria da força forte, a cromodinâmica quântica (CDQ), esses quarks são ligados por glúons. Quanto mais os quarks tentam se separar, mais fortemente os glúons os puxam de volta, impedindo-os de jamais se libertarem. No entanto, acredita-se que bem no início do universo, quando as temperaturas eram 100 mil vezes mais quentes do que no núcleo do Sol, os quarks tinham energia suficiente para terem a liberdade de se mover, formando combinações fugazes com glúons e outros quarks em um plasma de quarks-glúons. No LHC, parte da temporada de operação é planejada com o propósito de produzir colisões entre íons de chumbo, em vez das colisões próton-próton habituais. Essas colisões entre íons já tiveram sucesso em evidenciar a presença do estado de plasma de quarks-glúons. Ao estudar a "sopa de quarks" extremamente quente criada por alguns breves momentos em colisões de íons de chumbo, os cientistas esperam obter uma compreensão melhor do estado do cosmos primordial.

A física de partículas oferece as perspectivas de suprir as peças que faltam para completar e resolver o enigma cosmológico que a astronomia, por si só, é incapaz de fornecer. Embora o Telescópio Webb e outras futuras ferramentas astronômicas venham a estender o alcance da cosmologia até profundezas sem precedentes do espaço e do tempo, eles, nesse processo de recuo no tempo, não poderão atingir os momentos iniciais do Big Bang, bem antes da época em que o universo se tornou transparente à luz. Portanto, somente agindo em conjunto, a física de partículas e a astronomia serão capazes de resolver os mistérios mais profundos da cosmologia.

Rumo às Profundezas Desconhecidas

Esse é o melhor dos tempos e também o tempo mais estranho para a cosmologia. Ironicamente, embora o campo esteja em excelente forma no que se refere aos instrumentos, à coleta de dados e à análise desses dados, devemos envergonhadamente reconhecer uma enorme falta de compreensão do que constitui mais de 95% do cosmos. É como um botânico que tem um conhecimento enciclopédico a respeito de 5% de todas as plantas, adquirido com base em anos de experiência e medições meticulosas, e encolhe os ombros quando indagado sobre os outros tipos, dizendo que não tem ideia do que são esses 95% de outras plantas.

O atual modelo-padrão do universo é um tripé com duas de suas três pernas tenuamente empoleiradas em terra solta. Ele repousa sobre a existência da matéria convencional, da matéria escura e da energia escura. A matéria escura fornece o andaime necessário para que a matéria visível se assente. Com o passar do tempo, depois que todas as galáxias atinjam, mais ou menos, as suas formas maduras, a energia escura desencadeia uma aceleração notável da expansão cósmica. Desses três apoios necessários, os dois últimos são entidades totalmente desconhecidas — apesar de anos de esforços para a sua detecção —, medidas apenas indiretamente por meio de suas ações sobre a matéria visível.

Embora nós ainda não saibamos o que compõe a matéria escura e a energia escura, há numerosas possibilidades intrigantes. Será que as WIMPs ou os áxions se revelarão em experimentos subterrâneos, em testes espaciais ou nos "entulhos" deixados pela atividade dos aceleradores de partículas? Ou será que a matéria escura comprovará ser uma ilusão — simplesmente uma modificação da lei da gravidade?

A energia escura é ainda mais esquiva do que a matéria escura. Ainda assim, as teorias sobre a energia escura holográfica, a quintessência, as partículas camaleão e a energia fantasma oferecem possibilidades intrigantes para serem testadas. Em conjunto com a técnica de plotagem dos perfis de energia das supernovas, o método das Oscilações Acústicas Bariônicas usado na abordagem pioneira da equipe que trabalha com os dados do Levantamento Digital Sloan do Céu e por outros grupos oferece uma abordagem promissora para mapear o impacto da energia escura e, no final, revelar sua verdadeira natureza.

Um dos mais estranhos novos resultados é a presença do fluxo escuro — o movimento precipitado de aglomerados de galáxias em direção a uma região particular do espaço. Será que isso poderia representar a evidência de um multiverso? Poderia o estranho alinhamento conhecido como "Eixo do Mal", ou as grandes manchas frias, oferecer suporte adicional para as influências externas, ou seriam eles apenas acasos estatísticos, como as iniciais de Hawking no céu das micro-ondas? O que seriam essas manchas no ruído de fundo na faixa das micro--ondas? Seriam indícios de primitivas colisões entre universos-bolhas? E o que dizer dos estranhos dragões que habitam o nevoeiro de raios gama?

Se a ciência, de alguma maneira, comprovar a existência de um multiverso, não há escassez de teorias para descrevê-lo. Seriam as outras partes do multiverso produtos da inflação eterna ou outro mecanismo? Poderia haver conexões entre o multiverso e a Interpretação dos Muitos Mundos da mecânica quântica? Poderosos buracos de minhoca poderiam levar a universos-bebês? E o que dizer das dimensões extras? Será que a física conseguirá algum dia determinar se o nosso universo é uma brana flutuando em um *bulk* de dimensão mais elevada, colidindo periodicamente com outras branas? A fronteira entre a ciência e a especulação certamente parece estar erodindo à medida que mais e mais hipóteses de longo alcance e difíceis de se testar vão sendo apresentadas. Se não podemos sequer visitar efetivamente o restante do multiverso, como poderíamos medir suas propriedades com certeza? Por outro lado, talvez seja necessário pressionar a nossa imaginação até os seus próprios limites para explicar as novas e bizarras descobertas da cosmologia.

Como será o fim do universo? As descobertas mais recentes parecem indicar que a energia escura desempenhará um papel dominante estirando o espaço e isolando as galáxias umas das outras. Ainda assim, parece que temos muitos bilhões de anos até que Via Láctea se torne um eremita. Vamos usar bem esse tempo, a fim de sondar o máximo que pudermos do cosmos. Talvez algum dia entraremos em contato com colegas inteligentes de outros setores do espaço que estão realizando suas próprias pesquisas sobre o céu.

Chegamos ao fim de nossa exploração do universo observável e de nosso corajoso impulso para além das suas próprias fronteiras em direção a reinos desconhecidos. Agora é hora de voltar para a Terra e nos maravilhar com a beleza do nosso planeta e com os notáveis progressos científicos realizados por nossa própria humilde espécie. Na sondagem dos profundos mistérios do vasto cosmos a partir de tão minúsculo ponto de vista, talvez o poder da nossa mente ofereça a maior maravilha de todas.

AGRADECIMENTOS

Eu gostaria de agradecer o apoio de minha família, amigos e colegas, que tornaram este livro possível. Agradeço aos professores e funcionários da Universidade de Ciências da Filadélfia, incluindo Russell DiGate, Suzanne Murphy, Elia Eschenazi, Bernard Brunner, Sergio Freire, Ping Cunliffe, Dorjderem Nyamjav, Tarlok Aurora, Laura Pontiggia, Carl Walasek, Babis Papachristou, Salar Alsardary, Ed Reimers, Lia Vas, Amy Kimchuk, Barbara Bendl, Jude Kuchinsky, Phyllis Blumberg, Kevin Murphy, Robert Boughner, Samuel Talcott, Alison Mostrom, Jim Cummings, Christine Flanagan, Kim Robson, Roy Robson, Justin Everett, Elizabeth Bressi-Stoppe e Brian Kirschner, que apoiaram e incentivaram minha pesquisa e me ajudaram a redigir este livro.

Agradeço muito a Justin Khoury, Kate Land e Will Percival pelas valiosas e esclarecedoras percepções a respeito de seus respectivos programas de pesquisa. Agradeço o apoio da comunidade e escritores científicos da Filadélfia, entre eles Greg Lester, Faye Flam e Mark Wolverton, e as palavras encorajadoras de escritores, pesquisadores e outras pessoas criativas com os quais me correspondi, entre elas Michael Gross, Marcus Chown, Clare Dudman, Michael LaBossiere, Victoria Carpenter, Lisa Tenzin-Dolma, Cheryl Stringall, Joanne Manaster e Jen Govey. Agradeço a Linda Dalrymple Henderson, David Zitarelli, Thomas Bartlow, Paul S. Wesson, Roger Stuewer, David Cassidy e Peter Pesic pelo seu encorajamento. Agradeço também aos meus amigos pelo apoio e conselhos, entre eles Michael Erlich, Fred Schuepfer, Pam Quick, Mitchell e Wendy Kaltz, Dubravko Klabucar, Simone Zelitch, Doug Buchholz, Kris Olson, Robert Clark, Elana Lubit, Carolyn Brodbeck, Marlon Fuentes, Kumar Shwetketu Virbhadra, Steve Rodrigue, o vocalista Mark e Robert Jantzen.

Agradeço às sugestões e conselhos úteis da equipe da John Wiley & Sons, incluindo meus editores, Eric Nelson e Connie Santisteban, sua assistente-editorial, Rebecca Yeager, e meu editor de produção, Richard DeLorenzo. Sou grato pela ajuda vital e apoio da minha agente, Giles Anderson.

Acima de tudo, agradeço à minha família pelo amor e apoio inabaláveis, incluindo minha esposa, Felicia, que tem sido uma fonte de grandes conselhos; meus filhos, Eli e Aden; meus pais, Stan e Bunny; meus sogros, Joe e Arlene; juntamente com os Antner, os Kessler e os Batoff, Shara Evans, Lane e Jill Hurewitz, Richard, Anita, Emily, Jake, Alan, Beth, Tessa e Ken Halpern, e Aaron Stanbro.

NOTAS

1. Até Onde Nós Conseguimos Enxergar?

1. J. Richard Gott III *et al.* "A Map of the Universe." *Astrophysical Journal* 624 (2005), p. 463.
2. Charles Misner, Kip Thorne e John Wheeler. *Gravitation* (Nova York: W. H. Freeman, 1973), p. 5.

2. Como o Universo Nasceu?

1. Ralph Alpher, Hans Bethe e George Gamow. "The Origin of Chemical Elements." *Physical Review* 73 (1948), pp. 803-04.
2. E. Margaret Burbidge, Geoffrey Burbidge, William Fowler e Fred Hoyle. "Synthesis of the Elements in Stars." *Reviews in Modern Physics* 29 (1957), pp. 547-650.
3. Robert H. Dicke, P. James E. Peebles, Peter G. Roll e David T. Wilkinson. "Cosmic Black-Body Radiation." *Astrophysical Journal* 142 (1965), pp. 414-19.
4. Arno A. Penzias e Robert W. Wilson. "A Measurement of Excess Antenna Temperature at 4080 Mc/s." *Astrophysical Journal* 142 (1965), pp. 419-21.
5. J. Richard Gott III *et al.* "A Map of the Universe." *Astrophysical Journal* 624 (2005), p. 463.
6. John C. Mather, Lyman Page e P. James E. Peebles. "David Todd Wilkinson." *Physics Today* 56 (maio de 2003), p. 76.

3. Até Onde se Estendem as Fronteiras do Universo?

1. Adam Riess. "Logbook: Dark Energy." *Symmetry Magazine* 4 (outubro/novembro de 2007), p. 37.
2. Michael Turner. "Explained in 60 Seconds." *CAP Journal* 2, nº 2 (fevereiro de 2008), p. 8.
3. Kate Land, correspondência com o autor, 14 de setembro de 2010.

4. Timothy Clifton, Pedro Ferreira e Kate Land. "Living in a Void: Testing the Copernican Principle with Distant Supernovae." *Physical Review Letters* 101 (2008), 131302.
5. *Ibid.*
6. Adam Riess, citado em "NASA's Hubble Rules Out One Alternative to Dark Energy." *New release*, Space Telescope Science Institute, 14 de março de 2011. http://hubblesite.org/newscenter/archive/releases/2011/08. Último acesso em 9 de abril de 2012.
7. Alex Filippenko, citado em Robert Sanders, "New Hubble Treasury to Survey First Third of Cosmic Time, Study Dark Energy." *Press release* da UC Berkeley, 15 de março de 2010, http://www.berkeley.edu/news/media/releases/2010/03/15_hubble_treasury.shtml. Último acesso em 9 de abril de 2012.
8. J. Richard Gott III *et al.* "A Map of the Universe." *Astrophysical Journal* 624 (2005), p. 463.

4. Por Que o Universo Parece Tão Uniforme?

1. Alan Guth. "Inflationary Universe: A Possible Solution to the Horizon and Flatness Problems." *Physical Review D* 23 (1981), p. 347.
2. Malvina Reynolds. *Little Boxes and Other Handmade Songs* (Nova York: Oak Publications, 1964).
3. Alan Guth. "Inflation", *in Carnegie Observatories Astrophysics Series*, vol. 2, *Measuring and Modeling the Universe*, org. por W. L. Freedman (Cambridge, Reino Unido: Cambridge University Press, 2004), p. 49.

5. O Que é a Energia Escura?

1. Lee Smolin e George F. R. Ellis. "The Weak Anthropic Principle and the Landscape of String Theory." Pré-impressão, janeiro de 2009, http://arxiv.org/abs/0901.2414.
2. George F. R. Ellis, Ulrich Kirchner e W. R. Stoeger. "Multiverses and Physical Cosmology." *Monthly Notices of the Royal Astronomical Society* 347 (2004), pp. 921-36.
3. Paul Steinhardt, entrevista com o autor, Princeton University, 5 de novembro de 2002.
4. Paul Steinhardt. "The Quintessential Universe." Texas Symposium on Relativistic Astrophysics, Austin, dezembro de 2000. Relatado em Christopher Wanjek, "Quintessence: Accelerating the Universe." *Astronomy Today*, http://www.astronomytoday.com/cosmology/quintessence.html.
5. Justin Khoury, correspondência com o autor, 13 de setembro de 2011.
6. *Ibid.*
7. Will Percival, correspondência com o autor, 13 de setembro de 2010.

6. Nós Vivemos em um Holograma?

1. John Archibald Wheeler com Kenneth Ford. *Geons, Black Holes, and Quantum Foam* (Nova York: W.W. Norton & Company, 1998), p. 298.
2. Craig Hogan. "Holographic Noise in Interferometers." Purdue University Colloquium, março de 2010.
3. Max Tegmark, Angelica de Oliveira-Costa e Andrew Hamilton. "A High Resolution Foreground Cleaned CMB Map from WMAP." *Physical Review D* 68 (2003), pp. 123523.

7. Existem Alternativas para a Inflação?

1. Paul Steinhardt, entrevista com o autor, Princeton University, 5 de novembro de 2002.
2. Linda Dalrymple Henderson. *The Fourth Dimension and Non-Euclidean Geometry in Modern Art* (Princeton: Princeton University Press, 1983).
3. Petr Hořava e Edward Witten. "Heterotic and Type I String Dynamics from Eleven Dimensions." *Nuclear Physics B* 460 (1996), p. 506.
4. Justin Khoury, correspondência com o autor, 13 de setembro de 2011.
5. Paul Steinhardt e Neil Turok, palestra sobre a Matéria Escura 2004, Santa Monica, Califórnia, 18 a 20 de fevereiro de 2004.
6. Paul Steinhardt, palestra sobre New Horizons in Particle Cosmology: The Inaugural Workshop of the Center for Particle Cosmology, University of Pennsylvania, 11 de dezembro de 2009.

8. O Que Proporciona Estrutura ao Universo?

1. C. E. Aalseth *et al.* "Results from a Search for Light-Mass Dark Matter with a P-type Point Contact Germanium Detector." *Physical Review Letters*, apresentado em fevereiro de 2010, http://arxiv.org/abs/1002.4703.
2. Juan Collar. "Juan Collar on Dark Matter Detection." *Cosmic Variance: Discover Magazine*, 21 de abril de 2008, http://blogs.discovermagazine.com/cosmicvariance/2008/04/21/guest-post-juan-collar-on-dark-matterdetection/. Último acesso em 9 de abril de 2012.

9. O Que Está Arrastando as Galáxias?

1. Mike Hudson. "Research Profile", University of Waterloo website, http://science.uwaterloo.ca/research/profiles/mike-hudson. Último acesso em 23 de outubro de 2011.
2. A. Kashlinsky *et al.* "A Measurement of Large-Scale Peculiar Velocities of Clusters of Galaxies: Results and Cosmological Implications." *Astrophysical Journal Letters* 686, nº 2 (outubro de 2008), p. L49.

3. Carl Sagan. *Cosmos*, série de televisão de 1980.

10. O Que é o "Eixo do Mal"?

1. Stephen Hawking, entrevistado no filme *Uma Breve História do Tempo* (1991).
2. C. L. Bennett *et al.* "Seven Year Wilkinson Microwave Anisotropy Probe (WMAP) Observations: Are There Cosmic Microwave Background Anomalies?" *Astrophysical Journal Supplement Series*, submetida em janeiro de 2010, http://arxiv.org/abs/1001.4758.
3. *Ibid.*
4. Kate Land em Karen Masters, "She's an Astronomer: Kate Land", blog Galaxy Zoo, 1º de setembro de 2009, http://blogs.zooniverse.org/galaxy- zoo/2009/shes-an-astronomer-kate-land/. Último acesso em 9 de abril de 2012.
5. George Ellis. "Note on Varying Speed of Light Cosmologies." *General Relativity and Gravitation* 39, nº 4 (abril de 2007), pp. 511-20.
6. Max Tegmark, Angélica de Oliveira-Costa e Andrew Hamilton. "A High Resolution Foreground Cleaned CMB Map from WMAP." *Physical Review D* 68 (2003), 123523.
7. Kate Land, correspondência com o autor, 14 de setembro de 2010.
8. *Ibid.*
9. *Ibid.*
10. *Ibid.*
11. L. J. Hall e Y. Nomura. "Evidence for the Multiverse in the Standard Model and Beyond." *Physical Review D* 78 (2008), 035001.
12. Hiryana Peiris, entrevistada por Jason Palmer, "Multiverse Theory Suggested by Microwave Background." *BBC News*, 3 de agosto de 2011.

11. O Que São as Imensas Rajadas de Energia Vindas das Mais Longínquas Regiões do Universo?

1. Sean Farrell. "Extreme X-ray Source Supports New Class of Black Hole", *press release* da Universidade de Leiceister, 8 de setembro de 2010.
2. Keith Cowing, "Compton Gamma Ray Observatory Crashes on Earth", *SpaceRef*, 4 de junho de 2000, http://www.spaceref.com/news/viewnews .html?id = 153. Último acesso em 9 de abril de 2012.
3. Stan Woosley, citado em Louise Donahue, "Scientists Part of Team Decoding Gamma-Ray Burst Mystery", *press release* da UC Santa Cruz, 18 de junho de 2003, http://news.ucsc.edu/2003/06/366.html. Último acesso em 9 de abril de 2012.

12. Será Que Podemos Viajar para Universos Paralelos?

1. Stephen W. Hawking. "Chronology Protection Conjecture." *Physical Review D* 46 (1992), p. 603.
2. R. Paul Butler, citado em Seth Borenstein, "Could 'Goldilocks' Planet Be Just Right for Life?." *Associated Press*, 29 de setembro de 2010.
3. Alejandro Jenkins, citado em Anne Trafton, "Life beyond Our Universe." *MIT News*, 22 de fevereiro de 2010.
4. Robert Jaffe, citado em Anne Trafton, "Life beyond Our Universe." *MIT News*, 22 de fevereiro de 2010.

13. Será Que o Universo Está se Dividindo Incessantemente em Realidades Múltiplas?

1. Walter J. Moore. *Schrödinger: Life and Thought* (Nova York: Cambridge University Press, 1989), p. 233.
2. *Ibid.*, p. 294.
3. Erwin Schrödinger. "The Present Situation in Quantum Mechanics: A Translation of Schrödinger's 'Cat Paradox Paper'." *Proceedings of the American Philosophical Society* 124 (1980), pp. 323-38.
4. Eugene Shikhovtsev. "Biographical Sketch of Hugh Everett III", http://space.mit.edu/home/tegmark/everett/everettbio.pdf. Último acesso em 9 de abril de 2012.

14. Como Será o Fim do Universo?

1. Freeman Dyson. "Time without End: Physics and Biology in an Open Universe." *Reviews of Modern Physics* 51, nº 3 (julho de 1979), p. 448.
2. Lawrence Krauss, citado em Anne Minard, "Future Universe Will 'Stop Expanding', Experts Suggest." *National Geographic News*, 4 de junho de 2007, http://news.nationalgeographic.com/news/2007/06/070604-universe.html. Último acesso em 9 de abril de 2012.
3. Roger Penrose. "Before the Big Bang: An Outrageous New Perspective and Its Implications for Particle Physics." *Proceedings of 10th European Particle Accelerator Conference (EPAC 06)*, Edimburgo, Escócia (26 a 30 de junho de 2006), pp. 2.759-767.

15. Quais São os Limites Definitivos do Nosso Conhecimento a Respeito do Cosmos?

1. "STC-134 Mission Patch", NASA, http://www.nasa.gov/mission_pages/ shuttle/shuttlemissions/sts134/multimedia/gallery/134patch_prt.htm. Último acesso em 9 de abril de 2012.

2. Michael Curie e Nicole Cloutier-Lemasters. "NASA Astronaut Mark Kelly Resumes Training for STS-134 Mission", *press release* da NASA 11-036, http://www.nasa.gov/home/hqnews/2011/feb/HQ_11-36_Kelly_Returns.html. Último acesso em 9 de abril de 2012.
3. Jonathan Amos. "How the 'LHC in Space' Lost Its British 'Engine'." *BBC News*, 27 de agosto de 2010, www.bbc.co.uk/blogs/thereporters/ jonathanamos/2010/08/how-the-grand-space-experiment.shtml. Último acesso em 9 de abril de 2012.
4. Sam Ting, citado em Marcus Chown, "Worlds beyond Matter." *New Scientist* (3 de agosto de 1996), p. 36.

LEITURAS RECOMENDADAS

Os trabalhos técnicos estão marcados com asterisco.

Adams, Fred e Greg Laughlin, *The Five Ages of the Universe: Inside the Physics of Eternity*, Nova York: Free Press, 1999.

Barrow, John, *The Constants of Nature: From Alpha to Omega — the Numbers That Encode the Deepest Secrets of the Universe*, Nova York: Pantheon, 2003.

Bartusiak, Marcia, *The Day We Found the Universe*, Nova York: Pantheon, 2009.

_____. *Through a Universe Darkly: A Cosmic Tale of Ancient Ethers, Dark Matter, and the Fate of the Universe*, Nova York: HarperCollins, 1993.

Carroll, Sean, *From Eternity to Here: The Quest for the Ultimate Theory of Time*, Nova York: Dutton, 2010.

Chown, Marcus, *The Afterglow of Creation*, Herdon, VA: University Science Books, 1996.

_____. *The Matchbox That Ate a Forty-Ton Truck: What Everyday Things Tell Us about the Universe*, Londres: Faber & Faber, 2010.

_____. "Our World May Be a Giant Hologram", *New Scientist* 2.691 (15 de janeiro de 2009).

_____. *The Universe Next Door: The Making of Tomorrow's Science*, Nova York: Oxford University Press, 2003.

Croswell, Ken. *The Universe at Midnight: Observations Illuminating the Cosmos*, Nova York: Free Press, 2001.

Davies, Paul e John Gribbin, *The Matter Myth: Dramatic Discoveries That Challenge Our Understanding of Physical Reality*, Nova York: Simon & Schuster, 1992.

Ferris, Timothy, *The Whole Shebang: A State-of-the-Universe(s) Report*, Nova York: Simon & Schuster, 1997.

Gates, Evalyn, *Einstein's Telescope: The Hunt for Dark Matter and Dark Energy in the Universe*, Nova York: W. W. Norton, 2009.

Goldberg, Dave e Jeff Blomquist, *A User's Guide to the Universe: Surviving the Perils of Black Holes, Time Paradoxes, and Quantum Uncertainty*, Hoboken, NJ: John Wiley & Sons, 2010.

Goldsmith, Donald, *The Runaway Universe: The Race to Discover the Future of the Cosmos*, Reading, MA: Perseus, 2000.

Gott, J. Richard e Robert J. Vanderbei, *Sizing Up the Universe: The Cosmos in Perspective*, Washington: National Geographic, 2010.

Greene, Brian, *The Elegant Universe: Superstrings, Hidden Dimensions, and the Quest for the Ultimate Theory*, Nova York: Vintage, 2000.

_____. *Fabric of the Cosmos: Space, Time, and the Texture of Reality*, Nova York: Alfred A. Knopf, 2004.

_____. *The Hidden Reality: Parallel Universes and the Deep Laws of the Cosmos*, Nova York: Alfred A. Knopf, 2011.

Gribbin, John, *In Search of the Multiverse: Parallel Worlds, Hidden Dimensions, and the Ultimate Quest for the Frontiers of Reality*, Hoboken, NJ: John Wiley & Sons, 2010.

Guth, Alan, *The Inflationary Universe: The Quest for a New Theory of Cosmic Origins, Reading*, MA: Perseus, 1998.

Halpern, Paul. *Collider: The Search for the World's Smallest Particles*, Hoboken, NJ: John Wiley & Sons, 2009.

_____. *Cosmic Wormholes: The Search for Interstellar Shortcuts*, Nova York: E. P. Dutton, 1992.

_____. *The Cyclical Serpent: Prospects for an Ever-Repeating Universe*, Nova York: Plenum, 1995.

_____. *The Great Beyond: Higher Dimensions, Parallel Universes and the Extraordinary Search for a Theory of Everything*, Hoboken, NJ: John Wiley & Sons, 2004.

_____. *Structure of the Universe*, Nova York: Henry Holt, 1996.

Halpern, Paul e Paul Wesson, *Brave New Universe: Illuminating the Darkest Secrets of the Cosmos*, Washington, DC: National Academies Press, 2006.

Harrison, Edward, *Cosmology: The Science of the Universe*, Nova York: Cambridge University Press, 2000.

Hawking, Stephen, *Black Holes and Baby Universes and Other Essays*, Nova York: Bantam, 1993.

_____. *A Brief History of Time*, Nova York: Bantam, 1987.

_____. *The Universe in a Nutshell*, Nova York: Bantam, 2001.

Hawking, Stephen e Leonard Mlodinow, *The Grand Design*, Nova York: Bantam, 2010.

Kaku, Michio, *Hyperspace: A Scientific Odyssey through Parallel Universes, Time Warps, and the Tenth Dimension*, Nova York: Oxford University Press, 1994.

_____. *Parallel Worlds: A Journey through Creation, Higher Dimensions, and the Future of the Cosmos*, Nova York: Doubleday, 2004.

Kirshner, Robert. *The Extravagant Universe: Exploding Stars, Dark Energy, and the Accelerating Cosmos*, Princeton, NJ: Princeton University Press, 2004.

*Kolb, Edward e Michael Turner, *The Early Universe*, Reading, MA: Addison-Wesley, 1990.

*Land, Kate e João Magueijo. "The Axis of Evil", *Physical Review Letters* 95 (2005), 071301.

*Miralda-Escudé, Jordi. "The Dark Age of the Universe", *Science* 300, nº 5.627 (2003), pp. 1.904-909.

Peebles, P. James E., Lyman A. Page e R. Bruce Partridge (eds.), *Finding the Big Bang*, Cambridge, UK: Cambridge University Press, 2009.

Penrose, Roger, *Cycles of Time: An Extraordinary New View of the Universe*, Londres: Bodley Head, 2010.

_____. *The Road to Reality: A Complete Guide to the Laws of the Universe*, Nova York: Alfred A. Knopf, 2005.

Randall, Lisa, *Warped Passages: Unraveling the Mysteries of the Universe's Hidden Dimensions*, Nova York: HarperCollins, 2005.

*Rowan-Robinson, Michael, *Cosmology*, Nova York: Oxford University Press, 1996.

Sagan, Carl, *Cosmos*, Nova York: Bantam, 1985.

Singh, Simon, *Big Bang: The Origin of the Universe*, Nova York: Fourth Estate, 2004.

Smolin, Lee, *The Life of the Cosmos*, Nova York: Oxford University Press, 1999.

_____. *The Trouble with Physics: The Rise of String Theory, the Fall of a Science, and What Comes Next*, Nova York: Houghton Mifflin Harcourt, 2006.

Steinhardt, Paul e Neil Turok, *Endless Universe: Beyond the Big Bang*, Nova York: Doubleday, 2007.

Susskind, Leonard, *The Cosmic Landscape: String Theory and the Illusion of Intelligent Design*, Nova York: Back Bay Books, 2006.

Weinberg, Steven, *The First Three Minutes: A Modern View of the Origin of the Universe*, Nova York: Basic, 1993.

White, Michael e John Gribbin. *Stephen Hawking: A Life in Science*, Nova York: E. P. Dutton, 1992.

Yau, Shing-Tung e Steve Nadis, *The Search for Inner Space: String Theory and the Geometry of the Universe's Hidden Dimensions*, Nova York: Basic, 2010.